企业全流程一本通

建设工程
全流程
风险防控
一|本|通

泰和泰律师事务所 编著

钟俊芳 主编

COMPLETE FLOW
RISK MANAGEMENT
OF
CONSTRUCTION
PROJECTS

华中科技大学出版社
http://press.hust.edu.cn
中国·武汉

图书在版编目（CIP）数据

建设工程全流程风险防控一本通 / 泰和泰律师事务所编著；钟俊芳主编. -- 武汉：华中科技大学出版社，2025. 1. -- ISBN 978-7-5772-1274-6

Ⅰ. TU71

中国国家版本馆 CIP 数据核字第 20255MY079 号

建设工程全流程风险防控一本通   泰和泰律师事务所   编著

Jianshe Gongcheng Quanliucheng Fengxian Fangkong Yibentong   钟俊芳   主编

策划编辑：郭善珊   张婧旻

责任编辑：田兆麟

封面设计：沈仙卫

版式设计：赵慧萍

责任校对：程 慧

责任监印：朱 玢

出版发行：华中科技大学出版社（中国·武汉）   电话：（027）81321913

             武汉市东湖新技术开发区华工科技园   邮编：430223

录   排：华中科技大学出版社美编室

印   刷：武汉科源印刷设计有限公司

开   本：710mm×1000mm   1/16

印   张：24

字   数：418 千字

版   次：2025 年 1 月第 1 版第 1 次印刷

定   价：98.00 元

建设工程项目具有周期长、金额高、主体多、法律关系复杂的特点，尽管我国颁布了众多法律法规、政策文件等，对建设工程领域各个主体参与工程建设的行为进行规范，但是建设工程施工企业仍然进行着粗放式管理。对于施工企业而言，它们更关注如何获取项目，往往容易忽视风险管理的重要性。

施工企业的业务内容非常庞大和繁杂，风险管理难度较大。一方面，随着建设工程市场竞争的加剧，建设工程领域存在围标串标、违法转包分包、商业贿赂等乱象；另一方面，国家对建设工程安全的重视程度和建设工程领域监管力度不断加大。如果施工企业仍然保持之前的粗放式管理，其风险会大大增加。因此，施工企业有必要树立风险意识并建立风险管理体系。

基于此，笔者团队希望总结十余年来为施工企业提供法律顾问服务及代理各类诉讼案件的经验，针对施工企业在建设工程项目各个环节中遇到的法律问题与法律风险进行研判，对典型、疑难的合规风险进行案例研究及裁判观点梳理，从而帮助施工企业树立起风险意识并做好风险管理。本书对建设工程中施工企业从项目获取到项目筹备，再到项目管理、项目结算和质量保修等的各个阶段，选择最为典型、最为常见和最容易被忽略的法律风险，通过典型案例对风险进行描述与详细分析，并提出相应的应对指南，旨在为施工企业提升风险意识、采取风险管理措施提供参考。

因笔者团队自身水平有限，恐有错误遗漏之处，还望读者不吝批评指教。

钟俊芳
二〇二四年十月

目录 •

↘ 第三篇　项目管理篇

第四篇　竣工验收与结算篇

第五篇 质量与保修篇

CHAPTER I

第一篇
项目获取篇

建设工程项目获取是整个建设工程项目的初始环节，项目本身的质量以及以获取项目为目的的招标投标活动均会对项目最终的盈亏产生重要影响。

首先，在开展某建设工程项目之前，施工企业必须对该项目本身可能存在的风险进行充分的预估，如：业主是否有资金实力、业主信誉是否良好、建设项目的相关证照是否齐全、建设资金的来源是否有保障等。若在承接建设工程项目之前未对上述风险进行充分评估，则将直接影响建设工程项目后期工作的开展以及利益的实现，甚至可能产生重大法律风险。

其次，施工企业为获取项目所进行的招标投标活动，一方面需要规范自身的招标投标行为，防止因违反招标投标领域的相关强制性规范导致施工合同无效；另一方面也需要防范因处于劣势地位而接受不合理条件所导致的部分权利丧失的风险。因此，项目招标投标过程中可能存在的风险成为施工企业在项目获取阶段需要关注的重要问题。

因此，本篇将从项目获取的项目风险评估和招标投标活动风险防控两个方面，帮助施工企业认识项目本身可能存在的普遍风险，并提示施工企业在项目获取和招标投标过程中规范自身行为，同时最大程度地保护自身利益。

第一章
项目风险评估

一般而言，有经验的施工企业，都会在项目获取的第一步进行充分评估，并根据风险等级匹配不同程度的风险防控等级，由此项目风险评估的风险防控就显得异常重要。本章将通过相关案例，阐释项目风险评估风险防控，提示施工企业在承包项目前，应对项目消息来源的真实性、相关证照的办理情况、施工合同内容是否与工程规划许可证一致，以及建设单位的资金实力进行核实，必要时对建设项目进行实地考察并组织相关人员对项目信息进行讨论。

一、风险提示：未取得建设工程规划许可证签订的建设工程施工合同无效

> 案例

镇江某建设集团有限公司、大同市某有限责任公司建设工程施工合同纠纷

基本案情

镇江某建设集团有限公司与大同市某有限责任公司签订《建设工程施工合同》，并签订《补充协议》。该合同约定，镇江某建设集团有限公司承建大同市某有限责任公司发包的水泥生产线一期工程。就上述工程项目，原大同市某区住房保障和城乡建设管理局作出《建设项目规划设计条件及

附图》，原大同市国土资源局某分局作出《同意用地计划函及附图》，但工程项目并未获取建设工程规划审批手续。

法院裁判

关于《建设工程施工合同》以及《补充协议》的效力问题。法院认为，根据《最高人民法院关于审理建设工程施工合同纠纷案件适用法律问题的解释（二）》第二条第一款规定："当事人以发包人未取得建设工程规划许可证等规划审批手续为由，请求确认建设工程施工合同无效的，人民法院应予支持，但发包人在起诉前取得建设工程规划许可证等规划审批手续的除外。"[1] 原大同市某区住房保障和城乡建设管理局印发的文件、原大同市国土资源局某分局给大同市某有限责任公司的函，均不能证明大同市某有限责任公司已取得前述司法解释规定的建设工程规划许可证等规划审批手续。此外，大同市某有限责任公司亦不能举证证明其已取得案涉工程的建设工程规划许可证等规划审批手续，故案涉《建设工程施工合同》以及《补充协议》均无效。

▓▓ 风险分析 ▓▓

我国实行建设工程规划许可制度，现行法律法规明确规定在建设工程开工之前，建设单位或个人应当申领建设工程规划许可证。如《中华人民共和国城乡规划法》[2] 第四十条第一款规定："在城市、镇规划区内进行建筑物、构筑物、道路、管线和其他工程建设的，建设单位或者个人应当向城市、县人民政府城乡规划主管部门或者省、自治区、直辖市人民政府确定的镇人民政府申请办理建设工程规划许可证。"故在建设工程项目开工

---

[1] 已被《最高人民法院关于废止部分司法解释及相关规范性文件的决定》（2020 年 12 月 29 日发布，2021 年 1 月 1 日起实施）废止，下同。《最高人民法院关于审理建设工程施工合同纠纷案件适用法律问题的解释（二）》第二条第一款对应《最高人民法院关于审理建设工程施工合同纠纷案件适用法律问题的解释（一）》第三条第一款。

[2] 如无特别说明，本书引用的《中华人民共和国城乡规划法》均为 2019 年修正版。

前应当获取该项目的规划审批手续。

同时，我国现行法律法规否定了在未取得规划审批手续的情况下签订的建设工程施工合同的效力。《最高人民法院关于审理建设工程施工合同纠纷案件适用法律问题的解释（一）》①第三条第一款规定："当事人以发包人未取得建设工程规划许可证等规划审批手续为由，请求确认建设工程施工合同无效的，人民法院应予支持，但发包人在起诉前取得建设工程规划许可证等规划审批手续的除外。"

二、风险提示：建设工程施工合同约定超过建设工程规划许可证所许可范围的，建设工程施工合同无效

案例

淮南市某房地产开发有限公司、某建设公司建设工程施工合同纠纷

基本案情

2015 年 8 月 12 日，淮南市某房地产开发有限公司与某建设公司签订《建设工程施工合同》，合同约定某建设公司承建某项目一期 3#、4# 商住楼。在前述工程的施工过程中，主楼和裙楼的建设层数及面积均严重超出了规划许可证的许可范围。

法院裁判

《最高人民法院关于审理建设工程施工合同纠纷案件适用法律问题的解释（二）》第二条第一款规定："当事人以发包人未取得建设工程规划许可证等规划审批手续为由，请求确认建设工程施工合同无效的，人民法

① 如无特别说明，本书引用的《最高人民法院关于审理建设工程施工合同纠纷案件适用法律问题的解释（一）》均为 2020 年通过并发布版，即法释〔2020〕25 号。

院应予支持，但发包人在起诉前取得建设工程规划许可证等规划审批手续的除外。"① 本案中，淮南市某房地产开发有限公司虽在案涉合同签订之前取得了建设工程规划许可证等规划审批手续，但根据法院已经查明的事实，案涉合同所约定的建设工程面积和层数均超过该建设工程规划许可证的许可范围，并被淮南市规划局认定为超规划建设。此外，淮南市某房地产开发有限公司未提供证据证明其在某建设公司起诉前已补办相关手续，其结果等同于在未取得对应合同约定的工程面积和层数的建设工程规划许可证的情况下，签订案涉工程施工合同。因此，根据《最高人民法院关于审理建设工程施工合同纠纷案件适用法律问题的解释（二）》第二条②之规定，一审法院认定案涉合同无效。

风险分析

《最高人民法院关于审理建设工程施工合同纠纷案件适用法律问题的解释（一）》第三条第一款规定："当事人以发包人未取得建设工程规划许可证等规划审批手续为由，请求确认建设工程施工合同无效的，人民法院应予支持，但发包人在起诉前取得建设工程规划许可证等规划审批手续的除外。"对于其中"未取得建设工程规划许可证等规划审批手续"应当进行扩大解释。在《最高人民法院新建设工程施工合同司法解释（一）理解与适用》③ 中对"未取得建设工程规划许可证等规划审批手续"进行了明确的阐述，即"本条中规定的未取得建设工程规划许可证等规划审批手续主要是指未取得建设工程规划许可证，或未按照建设工程规划许可证的规定进行建设。"因此，除未取得建设工程规划许可证签订的建设工程施工合同为无效合同外，施工合同签订后未按照建设工程施工许可证载明的内容进行建设，也会导致施工合同无效。

---

① 对应《最高人民法院关于审理建设工程施工合同纠纷案件适用法律问题的解释（一）》第三条第一款。

② 对应《最高人民法院关于审理建设工程施工合同纠纷案件适用法律问题的解释（一）》第三条。

③ 最高人民法院民事审判第一庭编著：《最高人民法院新建设工程施工合同司法解释（一）理解与适用》，人民法院出版社2021年版。

三、风险提示：未取得规划审批手续导致合同无效后的损失分担

案例

某建筑公司与某置业公司建设工程施工合同纠纷案

基本案情

2019 年 5 月，某建筑公司与某置业公司就某项目施工事宜达成协议，后某建筑公司就案涉项目进行外围施工。某建筑公司已经完成案涉项目 2 号楼和 3 号楼（该两栋楼实际系对外出售的公寓楼）主体封顶施工。现案涉项目属于停工状态，未进行验收、交付或使用，案涉项目尚未办理取得建设工程规划许可证、建设工程施工许可证等审批手续。

法院裁判

《最高人民法院关于审理建设工程施工合同纠纷案件适用法律问题的解释（二）》第二条第一款规定："当事人以发包人未取得建设工程规划许可证等规划审批手续为由，请求确认建设工程施工合同无效的，人民法院应予支持，但发包人在起诉前取得建设工程规划许可证等规划审批手续的除外。"[1] 本案中，被告某置业公司自认系案涉工程的发包人，其在未取得建设工程规划许可证和施工许可证的情况下，与原告某建筑公司就施工事宜达成协议。而后某建筑公司进行施工，某置业公司至起诉时仍未取得建设工程规划许可证和施工许可证，某置业公司与某建筑公司就案涉项目达成的建设工程施工合同应认定为无效合同。

根据《中华人民共和国合同法》（以下简称《合同法》）第五十八条规定："合同无效或者被撤销后，因该合同取得的财产，应当予以返还；

---

[1]　对应《最高人民法院关于审理建设工程施工合同纠纷案件适用法律问题的解释（一）》第三条。

不能返还或者没有必要返还的，应当折价补偿。有过错的一方应当赔偿对方因此所受到的损失。双方都有过错的，应当各自承担相应的责任。"① 本案中，案涉建设工程施工合同因未取得规划许可归于无效，某置业公司作为原告的实际结算方应承担相应责任。从庭审中可知，某置业公司亦认可自身发包人的地位，且实际已向原告支付部分款项，某建筑公司对案涉项目未取得建设工程规划许可证和施工许可证等审批手续，亦属明知。故某建筑公司明知某置业公司没有取得相关审批手续而与该公司订立施工协议并进行施工亦存在过错，某建筑公司作为承包人应承担相应责任。

▩‖ 风险分析 ‖▩

《中华人民共和国民法典》（以下简称《民法典》）第一百五十七条规定："民事法律行为无效、被撤销或者确定不发生效力后，行为人因该行为取得的财产，应当予以返还；不能返还或者没有必要返还的，应当折价补偿。有过错的一方应当赔偿对方由此所受到的损失；各方都有过错的，应当各自承担相应的责任。法律另有规定的，依照其规定。"

《最高人民法院关于审理建设工程施工合同纠纷案件适用法律问题的解释（一）》第六条规定："建设工程施工合同无效，一方当事人请求对方赔偿损失的，应当就对方过错、损失大小、过错与损失之间的因果关系承担举证责任。损失大小无法确定，一方当事人请求参照合同约定的质量标准、建设工期、工程价款支付时间等内容确定损失大小的，人民法院可以结合双方过错程度、过错与损失之间的因果关系等因素作出裁判。"

根据上述法律规定可以看出，在建设工程施工合同被认定无效后，法院一般根据导致合同无效的过错进行损失分摊的认定。虽然获取建设工程项目的规划审批手续属于建设单位的义务，但是作为有资质、有经验的施工企业，在明知建设工程项目未取得规划审批手续的情况下，仍然与建设单位签订建设工程施工合同并进场施工，施工企业亦存在过错，亦应当承担建设工程施工合同无效后的相关损失。

---

① 已被《中华人民共和国民法典》（2021年1月1日起实施）废止。《合同法》第五十八条对应《中华人民共和国民法典》第一百五十七条。

四、风险提示：未取得施工许可证导致损失的承担问题

案例一

四川某建筑公司与盘州某房地产开发公司施工合同纠纷案

基本案情

2019 年 3 月 28 日，四川某建筑公司与盘州某房地产开发公司签订了《建设工程施工合同》，约定四川某建筑公司承建盘州某房地产开发公司开发的位于盘州市某经济开发区的项目。

合同履行过程中，因案涉项目工程未办理质量监督、安全监督和施工许可手续，贵州某住建局向盘州某房地产开发公司、四川某建筑公司发出停工通知书，要求停止施工，待完善相关手续后方可施工。但案涉项目因土地性质等原因一直未办理完毕施工许可证。

法院裁判

关于原告四川某建筑公司主张的停工损失问题。贵州某住建局以未办理质量监督、安全监督和施工许可手续为由，向原告及被告盘州某房地产开发公司发放停工通知书，因质量监督、安全监督和施工许可手续需由建设单位办理，被告盘州某房地产开发公司未取得上述手续进行施工而造成停工存在过错，应对造成原告的停工损失承担责任。安全报监等应由施工企业完成，具有建筑企业资质的原告对于能否施工应当是明知的。原告方在下发停工通知后仍进行施工，其对停工造成的损失也存在过错，故对造成的停工损失也应承担责任。

案例二

某房地产公司与某集团公司、刘某建设工程施工合同纠纷

基本案情

刘某借用某集团公司资质与某房地产公司签订两份《施工合同》，约定由某集团公司承接某房地产公司开发某建设项目。合同履行过程中，因未按规定办理施工许可证。某市建设工程管理处向某房地产公司、某集团公司发出告知书，要求立即停止施工，在消除施工安全隐患、工程质量经有关部门鉴定合格后，抓紧补办各项手续，补缴各项规费和基金，手续完备后，才能恢复施工。

法院裁判

关于停工的原因及责任承担问题。某市建设工程管理处作出的告知书指向某房地产公司、某集团公司，并非仅针对施工企业某集团公司，且该告知书中称："你单位未按规定办理建设工程相关手续，违反了《建筑法》等法规……"应当理解为既包括某房地产公司未办理建设工程规划许可手续即发包本案工程，也包括刘某未办理建设工程施工许可证擅自施工。某房地产公司对停工原因所作的片面理解，意在逃避责任，法院不予支持。根据鉴定机构作出的工程造价咨询报告，停工损失为1178775.77元，法院综合考虑双方的过错，认定某房地产公司承担停工损失的70％，刘某承担停工损失的30％。

▓┃ 风险分析 ┃▓

《中华人民共和国建筑法》[①]（以下简称《建筑法》）第七条第一款规

[①] 如无特别说明，本书引用的《中华人民共和国建筑法》均为2019年修正版。

定："建筑工程开工前，建设单位应当按照国家有关规定向工程所在地县级以上人民政府建设行政主管部门申请领取施工许可证；但是，国务院建设行政主管部门确定的限额以下的小型工程除外。"《建筑工程施工许可管理办法》①第二条规定："在中华人民共和国境内从事各类房屋建筑及其附属设施的建造、装修装饰和与其配套的线路、管道、设备的安装，以及城镇市政基础设施工程的施工，建设单位在开工前应当依照本办法的规定，向工程所在地的县级以上地方人民政府住房城乡建设主管部门（以下简称发证机关）申请领取施工许可证。"

从上述法律规定可以看出，我国现行法律规定要求建设工程项目在开工前必须办理建设工程施工许可证，但法律并未否定建设工程项目未取得施工许可证时建设工程施工合同的效力。如在某再审判决中，最高人民法院认为，虽然《中华人民共和国建筑法》第七条规定建设单位在开工前应当向有关主管部门申请领取施工许可证，但该规定系管理性强制性规定，因此，案涉工程是否办理建筑工程施工许可证并不影响案涉合同的效力。

虽然建设工程施工许可证的取得并不影响建设工程施工合同的效力，但是未取得建设工程施工许可证必然构成合同履行的障碍，产生相应的损失。相关损失承担问题将成为发承包双方的主要争议，对于此，需要厘清两个问题：

第一，现行法律规定，建设工程施工许可证的办理主体为建设单位。如《建筑工程施工许可管理办法》第二条规定："建设单位在开工前应当依照本办法的规定，向工程所在地的县级以上地方人民政府住房城乡建设主管部门（以下简称发证机关）申请领取施工许可证。"第四条规定："建设单位申请领取施工许可证，应当具备下列条件，并提交相应的证明文件：……"第五条规定："申请办理施工许可证，应当按照下列程序进行：（一）建设单位向发证机关领取《建筑工程施工许可证申请表》……"

第二，即使办理施工许可证属于建设单位的责任，但施工企业作为有相应资质及经验的主体，在明知案涉施工项目未取得建设工程施工许可证的情况下仍进场施工建设，其亦存在相应的责任。如在前述案例一中，法院认为被告盘州某房地产开发公司未取得上述手续进行施工而造成停工存在过错，对造成原告的停工损失应承担责任，但安全报监等是由施工企业

①　如无特别说明，本书引用的《建筑工程施工许可管理办法》均为2021年修正版。

完成，且作为具有建筑企业资质的原告对于能否施工应当是明知的，其在下发停工通知后仍进行施工，故原告方对停工造成的损失也存在过错。案例二中，法院认为"告知书中称：'你单位未按规定办理建设工程相关手续，违反了《建筑法》等法规……'应当理解为既包括某房地产公司未办理建设工程规划许可手续即发包本案工程，也包括刘某未办理建设工程施工许可证擅自施工。"

五、应对指南

（一）在项目获取之前需要核实项目消息来源的真实性

为了保证项目信息的真实性，施工企业在确定开展项目之前应当对项目信息的真实性进行核查：

（1）若为居间人介绍项目信息或非指定媒体发布项目信息，应当向项目建设单位核实是否拟发布该项目信息；

（2）向相关政府部门查询项目用地信息的真实性，查询是否存在该地块以及该地块的使用权人是否与已掌握的信息一致；

（3）查询项目的备案信息，核实是否存在该建设工程项目；

（4）若建设项目已经出具招标投标信息，则应当在各地区的公共资源交易中心等正规媒介中查询建设项目是否已经对外发布招标信息。

（二）获取项目之前注意核实项目相关证照的办理情况

根据前文论述，若项目未取得规划审批手续，则建设工程施工合同为无效合同；若项目未取得施工许可证，施工企业擅自进行施工的，亦需承担部分责任。鉴于此，在获取项目之前，施工企业应当向建设主管部门、自然资源部门查询项目证件的取得情况，即是否取得建设用地规划许可证、建设工程规划许可证、建设工程施工许可证等证件。

（三）签订《建设工程施工合同》时注意核实其内容与建设工程规划许可证载明的相关内容是否一致

在司法实践中，建设工程施工合同的约定超过建设工程规划许可证所许可范围的，一般认定建设工程施工合同无效。因此，在签订建设工程施工合同时应当注意对建设工程规划许可证中载明的内容进行核实。

（四）获取项目之前应当核实建设单位的资金实力

如建设单位存在经营异常，或涉及标的较大的诉讼执行案件，或被列入失信被执行人名单，则建设单位的信用及资金实力存在一定的问题，可能在施工过程中存在拖欠工程款或工程烂尾的风险。故在项目获取之前，一定要对建设单位的资金实力进行审查。

常见审查方式：

（1）通过国家企业信用信息公示系统、企查查、天眼查等媒介查询招标方的工商基本信息，是否存在经营异常情况、诉讼情况，以及是否存在被执行案件等，通过案件标的初步判断相关诉讼是否对招标方资金造成压力；

（2）向政府部门查询项目用地国有土地使用权及建设单位其他项目的国有土地使用权证、房屋的抵押、查封情况，若建设单位的大量财产被查封，则建设单位的合同履行能力存在较大风险；

（3）通过中国执行信息公开网查询建设单位是否属于失信被执行人，若属于，则其资金实力可能不强，在后续履约过程中可能存在拖欠工程款的风险。

（五）在项目建设之前应当对建设项目进行实地考察

对项目现场进行实地考察，能够直观地感受项目的相关情况，从而便于进一步评估项目施工过程中的重点、难点。故在获取建设项目之前应当至项目所在地进行实地考察，对项目现场进行踏勘，考察项目所在地的基本情况，并对项目所在地周边情况进行考察，结合项目坐落位置、用地性质、业态等因素，预估周边情况对施工可能造成的影响，并评估项目前景。

（六）组织相关人员对项目信息进行讨论

在项目获取之前，施工企业内部应当组织人员对项目信息进行分板块讨论。

1. 资信板块

查看项目对资信的要求，明确施工企业是否能够达到项目要求的资信条件。若无法达到，则分析其资信条件是否过高，并通过编制偏离文件对资信板块提出异议。

2. 技术板块

核实是否能够达到项目的技术条件。

3. 经济板块

初步核实是否达到项目对报价的要求。

4. 合同板块

查看合同条款，重点审查付款节点、付款进度、履约保证金等条款，考虑是否接受招标方提出的合同条件。考虑是否能够达到合同约定的质量条件、工期条件等。

5. 特殊要求板块

查看招标文件是否存在特殊要求，例如：放弃优先受偿权，必须接受一定比例的"以房抵款"等。

第二章
招标投标阶段风险防控

第一节　招标阶段风险防控

　　建设工程项目招标是指建设单位就拟建的工程项目发布公告，潜在的施工企业根据招标公告作为投标人参加到招标活动中，建设单位通过法定的程序从中选择较优者来完成工程建设活动的一种法律行为。鉴于建设工程的特殊性，建设工程招标投标活动对规范建筑市场有着积极意义，不仅可以通过招标活动确定相对合适的施工企业，从而提升建筑工程活动的管理水平，保证工程项目的建设质量，而且可以合理降低项目建设成本，提高项目的经济效益。因此，无论是否属于强制性招标的项目，建设单位都会倾向于通过招标方式确定施工企业，招标投标过程中可能涉及的风险成为施工企业在项目获取阶段需要关注的重要问题。本节将通过案例分别对招标阶段的常见风险进行分析，以帮助施工企业更好地参与到招标投标活动中。

一、必须进行招标项目的认定

　　招标投标制度是我国对工程建设领域进行规范和管理的重要制度之一，正确理解与适用招标投标相关法律法规，不仅关系到施工企业在项目获取阶段的合法权益，也关系到施工企业如何顺利地履行合同并取得工程价款。而对于施工企业而言，识别其拟获取的项目是否属于必须招标的工程项目是其参与项目工程建设活动的关键步骤之一。

（一）《中华人民共和国招标投标法》及其配套规定关于必须进行招标项目的规定

我国通过《中华人民共和国招标投标法》[①]（以下简称《招标投标法》）、《中华人民共和国招标投标法实施条例》[②]（以下简称《招标投标法实施条例》）、《必须招标的工程项目规定》（国家发展和改革委员会令第16号）、《必须招标的基础设施和公用事业项目范围规定》（发改法规规〔2018〕843号）等相关规定从项目性质、资金来源、合同金额等方面确定了必须进行招标的项目范围，具体规定如下。

1. 《招标投标法》的规定

第三条规定："在中华人民共和国境内进行下列工程建设项目包括项目的勘察、设计、施工、监理以及与工程建设有关的重要设备、材料等的采购，必须进行招标：（一）大型基础设施、公用事业等关系社会公共利益、公众安全的项目；（二）全部或者部分使用国有资金投资或者国家融资的项目；（三）使用国际组织或者外国政府贷款、援助资金的项目。前款所列项目的具体范围和规模标准，由国务院发展计划部门会同国务院有关部门制订，报国务院批准。法律或者国务院对必须进行招标的其他项目的范围有规定的，依照其规定。"

2. 《必须招标的工程项目规定》对于《招标投标法》规定的细化

第二条规定："全部或者部分使用国有资金投资或者国家融资的项目包括：（一）使用预算资金200万元人民币以上，并且该资金占投资额10％以上的项目；（二）使用国有企业事业单位资金，并且该资金占控股或者主导地位的项目。"

第三条规定："使用国际组织或者外国政府贷款、援助资金的项目包括：（一）使用世界银行、亚洲开发银行等国际组织贷款、援助资金的项目；（二）使用外国政府及其机构贷款、援助资金的项目。"

---

① 如无特别说明，本书引用的《中华人民共和国招标投标法》均为2017年修正版。

② 如无特别说明，本书引用的《中华人民共和国招标投标法实施条例》均为2019年修订版。

第四条规定："不属于本规定第二条、第三条规定情形的大型基础设施、公用事业等关系社会公共利益、公众安全的项目，必须招标的具体范围由国务院发展改革部门会同国务院有关部门按照确有必要、严格限定的原则制订，报国务院批准。"

第五条规定："本规定第二条至第四条规定范围内的项目，其勘察、设计、施工、监理以及与工程建设有关的重要设备、材料等的采购达到下列标准之一的，必须招标：（一）施工单项合同估算价在 400 万元人民币以上；（二）重要设备、材料等货物的采购，单项合同估算价在 200 万元人民币以上；（三）勘察、设计、监理等服务的采购，单项合同估算价在 100 万元人民币以上。同一项目中可以合并进行的勘察、设计、施工、监理以及与工程建设有关的重要设备、材料等的采购，合同估算价合计达到前款规定标准的，必须招标。"

3. 《必须招标的基础设施和公用事业项目范围规定》

第二条规定："不属于《必须招标的工程项目规定》第二条、第三条规定情形的大型基础设施、公用事业等关系社会公共利益、公众安全的项目，必须招标的具体范围包括：（一）煤炭、石油、天然气、电力、新能源等能源基础设施项目；（二）铁路、公路、管道、水运，以及公共航空和 A1 级通用机场等交通运输基础设施项目；（三）电信枢纽、通信信息网络等通信基础设施项目；（四）防洪、灌溉、排涝、引（供）水等水利基础设施项目；（五）城市轨道交通等城建项目。"

（二）"国有资金占控股或者主导地位的项目"的界定

对于国有资金占控股或者主导地位的界定对国有背景的发包人而言十分关键。《中华人民共和国公司法》[①]（以下简称《公司法》）第二百六十五条第（二）项、第（三）项规定："（二）控股股东，是指其出资额占有限责任公司资本总额超过百分之五十或者其持有的股份占股份有限公司股本总额超过百分之五十的股东；出资额或者持有股份的比例虽然低于百分之五十，但依其出资额或者持有的股份所享有的表决权已足以对股东会的

---

① 如无特别说明，本书引用的《中华人民共和国公司法》均为 2023 年修订版。

决议产生重大影响的股东。（三）实际控制人，是指通过投资关系、协议或者其他安排，能够实际支配公司行为的人。"故国有资金占控股或主导地位应是指国有资金占有限责任公司资本总额 50％以上或者国有股份占股份有限公司股本总额 50％以上；国有资金或者国有股份的比例虽然不足50％，但依其出资额或者所持股份所享有的表决权已足以对股东会的决议产生重大影响的；或者国有企事业单位通过投资关系、协议或者其他安排，能够实际支配公司行为的，也属于国有资金占控股或者主导地位。

理解和把握"该资金占控股或者主导地位"，还需要注意以下三点：

一是国有资金应当是项目资金来源中所有国有资金之和；

二是国有企事业单位的自有和自筹资金均属于国有资金；

三是即使属于此情形，但若未达到《必须招标的工程项目规定》第五条所规定的标准，可以不进行招标。

（三）"其他大型基础设施、公用事业等关系社会公共利益、公众安全的项目"的界定

《招标投标法》及其配套规定均采用完全列举的方式列举了必须进行招标项目的工程范围，并且国家发展改革委办公厅在《国家发展改革委办公厅关于进一步做好〈必须招标的工程项目规定〉和〈必须招标的基础设施和公用事业项目范围规定〉实施工作的通知》（发改办法规〔2020〕770号，以下简称《通知》）中规定："（三）关于招标范围列举事项。依法必须招标的工程建设项目范围和规模标准，应当严格执行《招标投标法》第三条和 16 号令[①]、843 号文[②]规定；法律、行政法规或者国务院对必须进行招标的其他项目范围有规定的，依照其规定。没有法律、行政法规或者国务院规定依据的，对 16 号令第五条第一款第（三）项中没有明确列举规定的服务事项、843 号文第二条中没有明确列举规定的项目，不得强制要求招标。"因此，部分司法观点从《招标投标法》的立法倾向及《通知》的规定出发，认为《必须招标的基础设施和公用事业项目范围规定》第二条中没有明确列举规定的项目，不得强制要求招标。

---

① 《必须招标的工程项目规定》（国家发展改革委 2018 年第 16 号令，简称"16 号令"）。

② 《必须招标的基础设施和公用事业项目范围规定》（发改法规规〔2018〕843 号，简称"843 号文"）。

（四）必须进行招标项目的认定规则

施工企业在判断拟获取的工程项目是否属于依法必须进行招标的项目时，可以根据《招标投标法》及其配套规定从以下方面进行判断：

首先，看项目性质是否属于大型基础设施、公用事业等关系社会公共利益、公众安全的项目；其次，看项目是否属于全部或者部分使用国有资金投资或国家融资的项目，或者使用国际组织或外国政府贷款、援助资金的项目；再次，看项目合同金额是否达到《必须招标的工程项目规定》第五条规定的标准；最后，实践中还有一种误区是认为以上规定只是规范相关施工招标，但是通过上述规定可以看出必须招标的内容不仅仅是针对工程施工，包括勘察、设计、施工、监理以及与工程建设有关的重要设备、材料等的采购符合上述条件的都必须进行招标，否则将面临合同无效等风险。

二、施工企业在招标阶段的风险防控

通常而言，施工企业在招标阶段的主要风险分为以下两大类：一是施工企业为提前锁定项目而与发包人进行实质性磋商，在中标前先进场施工而导致合同无效的风险；二是施工企业处于投标人的劣势地位，在参与投标活动时不得不对发包人在招标文件中提出的不合理条件进行承诺而导致其放弃部分权利的风险。

（一）风险提示：必须进行招标的项目未经招标的，施工合同无效

> 案例

某工程公司与某工业园区建设工程施工合同纠纷案

基本案情

某工程公司未经招标投标程序直接与某工业园区签订《BT 项目协议

书》。根据协议约定，工业园区基础设施项目回购资金的来源为某省援疆资金。由于工程分为六项单独的工程，后该工业园区作为发包人与该工程公司分别订立六份《建设工程施工合同》。

法院裁判

所涉工程系基础设施、公用事业项目，涉及社会公共利益和公众安全，项目资金来源为某省援疆资金，故案涉工程应属必须进行招标投标的建设工程项目。某工程公司与某工业园区之间应为建设工程施工合同关系。某工业园区在选定某工程公司作为施工企业时，未进行公开招标，即与其签订了协议书并开展了施工，违反了法律、行政法规的强制性规定，依照《最高人民法院关于审理建设工程施工合同纠纷案件适用法律问题的解释》① 第一条第（三）项的规定，协议书应属无效。

风险分析

《招标投标法》第三条之规定属于效力性强制规范，即如必须进行招标的项目未经招标而确定中标人的，该中标及后续签订的合同无效。《最高人民法院关于审理建设工程施工合同纠纷案件适用法律问题的解释（一）》第一条第一款第（三）项规定，建设工程施工合同具有此情形的，应当依据《民法典》第一百五十三条第一款的规定，认定无效："建设工程必须进行招标而未招标或者中标无效的。"

因此，若施工企业拟获取的工程项目属于必须进行招标的项目，但其并未通过招标投标程序而直接与发包人签订《建设工程施工合同》，则该合同会因违反法律法规的强制性规定而被认定为无效。

如《建设工程施工合同》被认定为无效，施工企业将不得基于合同约定向发包人主张权利。尽管施工企业可以基于《民法典》第七百九十三条第一款关于"建设工程施工合同无效，但是建设工程经验收合格的，可以

---

① 《最高人民法院关于审理建设工程施工合同纠纷案件适用法律问题的解释》第一条对应《最高人民法院关于审理建设工程施工合同纠纷案件适用法律问题的解释（一）》第一条。

参照合同关于工程价款的约定折价补偿承包人"之规定向发包人主张工程价款，但是合同中关于相关违约责任的约定将无效。对于合同履行过程中造成的损失，法院将基于过错责任进行认定。

（二）风险提示：必须进行招标的项目，标前进行实质性谈判可能导致施工合同无效

案例

南通某建筑公司与新疆某工程局建设工程施工合同纠纷案

基本案情

新疆某工程局就案涉工程向包括南通某建筑公司在内的四家施工企业发出招标邀请。南通某建筑公司在取得招标图纸及资料后，初步预算确定的预算价高于招标总价5800多万元，于是就上述差价问题向新疆某工程局发出《关于工程招标有关问题的请示函》。新疆某工程局回复意见为："经领导研究决定：一、招标图纸中地下车库应由我局下属的酒店投资建设，该部分将补办规划变更手续进行较大幅度变更，原计划投资不包含地下车库造价。二、为顺利开标并及时开工建设，施工单位在不超过1.3亿元的前提下进行投标报价，报价范围包括招标的全套图纸内容。三、鉴于招标价低于施工成本，且预计有大幅度设计变更，签订施工合同后可与中标单位另行签订补充协议，约定本项目按实结算。"

随后，南通某建筑公司以12160万元中标该工程并与新疆某工程局根据招标投标情况签订《施工合同》。后又通过签订《补充协议》约定主合同中的中标价为暂定价，最终决算按实际工作量进行结算，取费按工程所在类别计取。

法院裁判

案涉工程尚在招标投标过程中，根据南通某建筑公司与新疆某工程局

之间的函件往来内容可以看出，双方在此时已就投标价格、投标方案进行实质性协商，以实现由南通某建筑公司中标的目的。根据《招标投标法》第四十三条规定，在确定中标人前，招标人不得与投标人就投标价格、投标方案等实质性内容进行谈判。《招标投标法》第五十五条规定，依法必须进行招标的项目，招标人违反本法规定，与投标人就投标价格、投标方案等实质性内容进行谈判，影响中标结果的，中标无效。本案中，因南通某建筑公司与新疆某工程局违反上述规定，在工程招标过程中，已就投标价格和方案等实质性内容进行谈判，使南通某建筑公司在其预算价格明显高出招标价的情况下顺利中标，影响招标投标结果，该中标应属无效。根据《最高人民法院关于审理建设工程施工合同纠纷案件适用法律问题的解释》第一条①规定，建设工程必须进行招标而未招标或者中标无效的，建设工程施工合同应认定无效。

▓‖ 风险分析 ‖▓

1. 招标投标双方在中标前就实质性内容进行谈判的，中标及合同将被认定为无效

《招标投标法》之所以会禁止招标投标双方提前对实质性内容进行磋商，主要是由于如果招标投标双方对实质性内容进行磋商并达成一致意见，将会对其他投标人合法权益造成损害并对中标结果产生实质影响，从而使得招标投标程序与《招标投标法》规定的公平性、公正性、公开性及诚实信用的原则相违背，与《招标投标法》关于"保护国家利益、社会公共利益和招标投标活动当事人的合法权益，提高经济效益，保证项目质量"的立法宗旨相背离。

因此，在正式招标前或招标过程中，投标人与招标人签订标前协议或就实质性合同条款进行协商的，将被认定为合同无效。

2. 司法实践中关于实质性内容的认定

《招标投标法实施条例》第五十七条第一款规定："招标人和中标人应

---

① 对应《最高人民法院关于审理建设工程施工合同纠纷案件适用法律问题的解释（一）》第一条。

当依照招标投标法和本条例的规定签订书面合同，合同的标的、价款、质量、履行期限等主要条款应当与招标文件和中标人的投标文件的内容一致。招标人和中标人不得再行订立背离合同实质性内容的其他协议。

法院基于前述条款的规定认为，《招标投标法》第四十三条规定的"实质性内容"是指"合同的标的、价款、质量、履行期限等"。因此，司法实践中一旦认为招标投标双方在中标前对工程内容、建设模式、计价依据、结算标准、付款方式、违约责任等内容进行实质性磋商的，将被认定为违反了《招标投标法》第四十三条之规定。

（三）风险提示：必须进行招标的项目，招标投标前进行与招标投标范围有关的施工可能导致施工合同无效

案例

江苏某建工集团与山东某房地产公司建设工程施工合同纠纷案

基本案情

山东某房地产公司（发包人）发布招标文件，对其开发的某住宅楼及地下车库进行招标。江苏某建工集团参与投标，经评选后中标，并与山东某房地产公司签订《建设工程施工合同》。但在山东某房地产公司发布招标文件前及招标过程中，双方已就案涉工程价款等内容进行了实质性的磋商，且江苏某建工集团已经进入了施工现场并进行了施工。

法院裁判

法院认为，山东某房地产公司提交的工程定位测量放线记录汇总表、基槽沿线记录、楼层平面放线记录、施工日志、图纸会审记录、技术交底记录等资料均形成于案涉工程招标之前，工程资料上有双方签章，充分证实了江苏某建工集团早在正式招标前就进行了施工。并且工程资料所载明的施工的内容，在没有对工程具体方案进行实质性磋商的前提下是无法进

行的，江苏某建工集团提交的相关证据无法否认其提前进场施工的事实。在之后进行的招标投标中，江苏某建工集团投标并中标，说明之前的协商影响到了中标结果。上述招标投标行为违反了《招标投标法》第五十五条之规定，中标无效。

▓▓ 风险分析 ▓▓

《招标投标法》等相关法律规定明确禁止发包人与承包人在招标投标之前或招标过程中进行实质性谈判，双方进行实质性内容谈判并且该行为"影响中标结果的"，中标应被认定为无效。因此，若承包人在中标前先行进场施工，违反了招标人与投标人在确定中标人前不得就投标价格、投标方案等实质性内容进行谈判的禁止性规定，存在导致中标无效进而导致施工合同无效的风险。

（四）风险提示：将投标范围外的工程列入施工合同可能导致施工合同无效

案例

某建筑公司与某学校建设工程施工合同纠纷案

基本案情

被告某小学作为教学楼工程的业主方，通过招标的形式将建设工程施工进行对外发包。原告某建筑公司作为投标人参与该教学楼工程的招标活动并中标。双方签订该教学楼工程施工合同时，某小学要求将招标范围之外的校园学生超市房屋一并纳入建设工程施工合同约定的工程范围，由某建筑公司一并进行施工，且并未变更中标价格。某建筑公司迫于业主方的压力，同意将该校园学生超市房屋纳入建设工程施工合同约定的施工范围内。

工程竣工验收合格结算时，某建筑公司要求某学校对校园学生超市房屋另行进行结算；某学校则以该校园学生超市房屋属于中标工程合同内容为由，主张中标价款已将该部分工程的价款包含在内，不同意另行支付额外的工程价款。

法院裁判

被告强行将不属于招标范围的工程订入施工合同的行为变更了招标内容，背离了中标合同实质性内容，应属于无效条款。因学生超市房屋质量合格，双方当事人对此没有约定工程价款，故应按实结算。

▓▌风险分析▐▓

工程范围不仅是建设工程项目招标文件的重要组成部分，而且是投标人考虑是否参与招标活动、制作投标文件并进行报价的关键因素。一旦招标人在确定中标人后对施工范围进行变更，不仅将对中标人、其他投标人的合法权益产生影响，而且与招标投标活动的公开、公平、公正和诚实信用的原则相违背。

《招标投标法》第四十六条第一款规定："招标人和中标人应当自中标通知书发出之日起三十日内，按照招标文件和中标人的投标文件订立书面合同。招标人和中标人不得再行订立背离合同实质性内容的其他协议。"《招标投标法实施条例》第五十七条第一款规定："招标人和中标人应当依照招标投标法和本条例的规定签订书面合同，合同的标的、价款、质量、履行期限等主要条款应当与招标文件和中标人的投标文件的内容一致。招标人和中标人不得再行订立背离合同实质性内容的其他协议。"

根据上述规定，建设工程的工程范围作为建设工程施工合同的标的，不得在中标后，由招标人与中标人双方通过约定的方式进行变更，否则将被认定为违反《招标投标法》第四十六条、《招标投标法实施条例》第五十七条规定。而对于必须进行招标的项目而言，前述规定通常被认为属于效力性强制规定，违反将导致合同无效。因此，施工企业在中标后不得随意将招标范围之外的工程纳入建设工程施工合同约定的范围内，否则应属于无效条款。

（五）风险提示：投标时放弃优先受偿权可能导致工程款无法收回

案例

大连某建设公司与大连某房地产开发有限公司
建设工程施工合同纠纷案

基本案情

某建设公司参与某房地产开发公司组织的招标活动，在投标文件中承诺放弃建设工程价款优先受偿权。后案涉工程经招标投标由某建设公司中标，双方签订了《建设工程施工合同》。

同时，某房地产公司作为借款人与某银行签订《贷款合同》，某建设公司向某银行、某房地产公司出具书面《承诺书》，承诺自愿放弃在建工程的优先受偿权。后由于某房地产开发公司拖欠某建设公司工程款，某建设公司将某房地产开发公司诉至法院，诉请法院确认其对在建工程享有优先受偿权，判令某房地产开发公司支付工程价款。

法院裁判

第一，某建设公司在某房地产开发公司欠付工程款的范围内对案涉工程享有优先受偿权。《合同法》第二百八十六条规定①，发包人未按照约定支付价款的，承包人可以催告发包人在合理期限内支付价款。发包人逾期不支付的，除按照建设工程的性质不宜折价、拍卖的以外，承包人可以与发包人协议将该工程折价，也可以申请人民法院将该工程依法拍卖。建设工程的价款就该工程折价或者拍卖的价款优先受偿。本案中该工程已经竣

---

① 已被《民法典》（2021年1月1日起实施）废止。《合同法》第二百八十六条对应《民法典》第八百零七条。

工验收合格，且某房地产开发公司对工程款数额予以认可。在此情况下，某建设公司在某房地产公司欠付工程款范围内依法对案涉工程享有优先受偿权。

第二，某建设公司已放弃了案涉工程优先受偿权。本案中，某建设公司出具的《承诺书》明确载明，无论某房地产公司现在及以后是否欠付某建设公司在建工程的工程款，其自愿放弃上述《抵押合同》中约定的在建工程的优先受偿权。本承诺书一经签发不可撤销。该《承诺书》是某建设公司的真实意思表示，不违反法律、行政法规的强制性规定，合法有效。某建设公司上诉称该《承诺书》是为了某房地产公司取得贷款作出的，不是其真实意思表示，但其作为专业建筑企业，应当知道出具《承诺书》的法律后果，而且，其也没有证据证明在出具《承诺书》时存在欺诈、胁迫、乘人之危等违背真实意愿的情形，应当为出具《承诺书》的行为负责。因此，某建设公司该项上诉请求证据不足，不应支持。某建设公司在明确放弃优先受偿权之后，再次提起诉讼主张案涉工程优先受偿权，违反了《承诺书》的约定，也违背了诚实信用原则，依法不应支持。

第三，某建设公司放弃优先受偿权不违反法律规定。《中华人民共和国民事诉讼法》（以下简称《民事诉讼法》）① 第十三条规定，当事人有权在法律规定的范围内处分自己的民事权利和诉讼权利。建设工程优先受偿权是法律赋予建设工程施工人的法定权利，属于具有担保性质的民事财产权利。作为民事财产权利，权利人当然可以自由选择是否行使，当然也应当允许其通过约定放弃。而且，放弃优先受偿权并不必然侵害建设工程承包人或建筑工人的合法权益，承包人或建筑工人的合法权益还可通过其他途径的保障予以实现。因此，某建设公司关于优先受偿权属于法定权利，不能通过约定放弃的上诉理由，于法无据，不应支持。

---

① 此处引用的《中华人民共和国民事诉讼法》为2021年修正版，已于2023年再次修正。

▨▎风险分析▎▨

1. 承包人依据法律规定享有建设工程价款优先受偿权

《民法典》第八百零七条规定："发包人未按照约定支付价款的，承包人可以催告发包人在合理期限内支付价款。发包人逾期不支付的，除根据建设工程的性质不宜折价、拍卖外，承包人可以与发包人协议将该工程折价，也可以请求人民法院将该工程依法拍卖。建设工程的价款就该工程折价或者拍卖的价款优先受偿。"

《最高人民法院关于审理建设工程施工合同纠纷案件适用法律问题的解释（一）》第三十五条规定："与发包人订立建设工程施工合同的承包人，依据民法典第八百零七条的规定请求其承建工程的价款就工程折价或者拍卖的价款优先受偿的，人民法院应予支持。"

因此，建设工程施工合同中的承包人按照合同约定对建设工程进行施工后，发包人未按照合同约定期限给付工程款，承包人依法享有就承包工程折价或拍卖价款优先受偿的权利。

2. 承包人放弃建设工程价款优先受偿权可能导致其工程款无法收回

实践中，发包人往往会要求承包人放弃优先受偿权。对此，承包人放弃优先受偿权的行为是否有效主要存在以下两种观点。（1）有效。根据意思自治原则，在不违反法律法规的强制性规定和公序良俗的情况下，施工承包人可以对优先受偿权进行自由处分。（2）无效。优先受偿权的立法目的在于保护建筑工人的工资权益，如果允许承包人可以任意放弃建设工程价款优先受偿权，可能会导致该立法目的无法实现。

最高人民法院在综合考虑以上两种不同观点的基础上，结合优先受偿权的立法目的，通过《最高人民法院关于审理建设工程施工合同纠纷案件适用法律问题的解释（一）》第四十二条的规定对此问题予以明确："发包人与承包人约定放弃或者限制建设工程价款优先受偿权，损害建筑工人利益，发包人根据该约定主张承包人不享有建设工程价款优先受偿权的，人民法院不予支持。"

（六）风险提示：招标人要求清单错项漏项风险由中标人承担，可能对施工款项产生重大影响

类型一：对于国有资金投资的项目，该约定无效，由发包人承担相应责任

案例一

某建筑工程总公司与某公司建设工程施工合同纠纷案

基本案情

某公司采取工程量清单方式组织招标，某建筑工程总公司参与投标并同意按照招标文件载明的工程量清单施工并办理结算。后双方就某生产基地货运综合库工程签订了《建设工程施工合同》，合同约定采用包工包料形式；工程量计算执行国家标准《建设工程工程量清单计价规范》（GB 50500—2008），承包人实际完成的工程量按约定的工程量，依照计算规则和有合同约束力的图纸进行计量。工程竣工后，在双方办理结算的过程中，某建筑工程总公司认为招标工程量清单较施工图纸工程量存在漏项，漏项涉及的工程造价为××元并要求按照施工图纸的工程量进行结算。某公司认为某建筑工程总公司诉请的工程款系工程范围内的施工图纸与工程量清单之间不符部分，属于合同约定的施工范围，其相应价款已包含于合同总价之内，施工合同对此明确约定不予调整及支付，故双方对此产生争议。

法院裁判

《建筑法》第十八条规定，建筑工程造价应当按照国家有关规定，由发包单位与承包单位在合同中约定。本案工程属于使用国有资金投资的工程，采用工程量清单计价方式通过招标投标签订合同作为计算工程造价的

依据，《建设工程工程量清单计价规范》（GB 50500—2008）^① 系国家建设主管部门对工程量清单计价方式的规范文件，根据其中强制性条文第3.1.2条规定，采用工程量清单方式招标，工程量清单必须作为招标文件的组成部分，其准确性和完整性由招标人负责。本案建设工程施工合同第23.2条 C 款，如工程量清单存在漏项、错误、特征及工作内容描述不准确则由某建筑工程总公司承担不利后果的约定，与该强制性条款相冲突，故不应作为双方的结算依据，而应当按照实际工程量进行结算。

类型二：如果为非国有资金项目，则该约定有效，由承包人承担相应责任

案例二

江苏某工程有限公司与苏州某投资公司建设工程施工合同纠纷案

基本案情

某投资公司（非国有企业）就某照明工程对外招标并制定了《施工招标文件》，该文件载明投标报价方式为本工程采用工程量清单固定单价报价。投标报价的计价方法为本工程采用工程量清单计价的方法，投标单位应根据提供的图纸和技术资料，对提供的工程量清单进行认真审核。如发现工程量清单上的内容与图纸有异，应在开标前4天及时向招标单位提出，如不提出，则认同为投标单位已确认工程量清单上的内容已包含图纸上的所有内容。

某工程公司根据上述招标文件向某投资公司递交投标文件，某工程公司按照招标文件列明的工程量进行投标报价，并据此中标，并在《建设工

---

① 已被《住房城乡建设部关于发布国家标准〈建设工程工程量清单计价规范〉的公告》（2012 年 12 月 25 日发布，2013 年 7 月 1 日起实施）废止。另，中华人民共和国住房和城乡建设部于 2024 年 11 月 26 日发布国家标准《建设工程工程量清单计价标准》（GB/T 50500—2024），该国家标准自 2025 年 9 月 1 日实施，原国家标准《建设工程工程量清单计价规范》（GB 50500—2013）同时废止。

程施工合同》中约定：因实际工程量与招标工程量的量差以及工程量清单缺项等工作内容引起的所有费用均包含在投标报价中，不作调整。

法院裁判

关于工程公司主张投资公司应给付工程量清单与实际施工量不符造成差价 51 万余元问题。招标文件约定："投标人参照施工图纸核对工程量清单，如认为工程量清单有误，可以进行修改，如不作修改，将视为同意工程量清单，如中标，在签订合同价款时不予调整。"而工程公司在投标时认可按上述图纸和合同履行相关义务。双方签订的《施工合同》及《招标文件》《投标文件》，均系双方的真实意思表示，对本案双方当事人均具有约束力。因此，对工程公司索要工程量清单与实际施工量不符产生的差价款的主张，法院无法予以支持。

类型三：如差异过大，根据过错原则由发承包双方共同承担责任

案例三

广州某建筑公司与某中学建设工程施工合同纠纷案

基本案情

某中学某项目发出《建设工程施工招标文件》规定：工程报价方式采取工程量清单报价，招标人提供的工程量清单项目只供投标人参考，如施工图纸有遗漏的地方投标人必须补上，如出现图纸上的项目遗漏未补上造成的一切损失和责任由投标人承担。某建筑公司向某中学发出《投标文件》，其中《投标函》承诺按照招标文件载明的《工程量清单》进行报价，并据此进行合同签订及履行。后双方因工程价款支付问题诉至法院。

法院裁判

　　根据某公司出具的鉴定意见，某中学一期工程施工图所包含的工程内容的相应工程造价为××元，与工程招标时的工程量清单××元差异部分的工程造价为××元，工程量清单漏项漏量超过50%。采用工程量清单计价作为招标方式属现行招标的主要形式，鉴于建设工程工程量清单确定的复杂性和专业性，招标人确定的工程量清单难免会出现漏项漏量的情形，招标人和投标人可以对这种漏项漏量的风险通过合同的方式进行分配。但这种漏项漏量应控制在合理范围之内，发包人和承包人在招标投标过程中应本着诚信原则，尽量减少漏项漏量的发生，以维护建筑市场的正常交易秩序。发包人未履行其作为招标人编制工程量清单的审慎义务，将超过合理范围的漏项漏量责任全部归由承包人承担，不仅有违《建设工程工程量清单计价规范》的规定，也有违诚信原则。承包人作为专业的建筑公司，亦应审慎核实招标人编制的工程量清单，及时指出工程量清单中的漏项漏量情况，如果对于超过合理范围的漏项漏量未能发现和指出，不仅与其专业建筑公司的能力水平不符，也有违诚信原则。

　　本案中，工程量清单漏项漏量超过50%，显然已超出了建设项目漏项漏量的合理范围，表明双方在案涉工程招标中不仅存在过错，也未遵循诚信原则参与招标投标。因此，某中学向某建筑公司补偿工程量清单漏项漏量差价××元，既考虑了双方的过错程度，又有利于弘扬诚信原则。

风险分析

　　在建设工程领域，尤其是在依法必须招标的工程项目中，发承包双方多选择采用工程量清单的报价方式，而在该报价方式下，发承包双方之间最常见的争议则为工程量清单漏项而导致的工程价款结算争议。

　　工程量清单漏项是指在招标投标的工程项目中，招标人发布的招标文件中载明的招标工程量清单未将施工图纸中的全部施工内容包含在内，或者投标人在投标报价过程中，未能发现或者及时提出招标文件所漏掉的工程量，导致投标报价时提供的已标价工程量清单与施工图纸包含的工程量不相符，造成承包人实际完成的工程量超过已标价工程量清单的工程量，进而导致工程价款的变化。

现实中，发包人为避免工程类漏项对其造成的风险，通常会在招标文件以及建设工程施工合同中约定由承包人承担工程量清单报价漏项的责任，承包人迫于发包人的压力，通常会对此进行承诺和约定。在司法实践中对于该工程量清单漏项的风险由承包人承担的约定存在如下三种观点：

（1）使用财政资金或国有资金投资的建设工程，该约定无效，由发包人承担相应责任：虽然招标文件和施工合同明确约定应由承包人对工程量清单漏项风险承担相应责任，但是该约定违反了《建设工程工程量清单计价标准》（GB/T 50500—2024）第 3.1.1 项的规定，结合第 3.1.8 项关于"采用单价合同的工程，分部分项工程项目清单的准确性、完整性应由发包人负责；采用总价合同的工程，已标价分部分项工程项目清单的准确性、完整性应由承包人负责。建设工程无论是采用单价合同或总价合同，按项编制的措施项目清单的完整性及准确性均应由承包人负责"之规定，如果发包人在招标文件或合同中对于工程量清单完整性和准确性的规定违反了《建设工程工程量清单计价标准》（GB/T 50500—2024）的规定的，则会因免除了责任人应对工程量准确性负责的义务，而被法院认定为无效。

（2）该约定有效，由承包人承担相应责任：发承包双方关于工程量清单漏项风险责任的承担属于双方意思自治的范畴，如招标文件和施工合同明确约定清单漏项责任由投标人承担的，该约定有效且发承包双方应遵照约定执行，承包人不得就工程量清单中的漏项主张价款调整。

（3）由发承包双方按照过错承担相应责任：发包人应当对工程量的准确性负责，同时承包人亦应当审慎核实招标人编制的工程量清单是否准确，如果合同履行过程中的工程量漏项超过合理范围且承包人在投标时未发现且对此予以承诺的，发承包双方对于工程量清单漏项均有过错，应根据过错程度承担清单漏项的责任。

因此，在司法实践中，根据项目特点不同以及错项、漏项的程度不同，不同案件中"工程量清单漏项风险由承包人承担"的约定的有效性，以及争议发生时如何分配发承包双方的责任有所差异。

（七）应对指南

1. 在招标阶段应避免先定后招

（1）在招标前避免与发包人就实质性内容进行磋商。

施工企业在招标阶段应加强风险意识，尽量避免与发包人进行磋商。即使需要与发包人进行谈判，亦应将沟通范围限定在常规沟通内容，避免直接与发包人在中标前就工程范围、计价依据、结算方式等实质性内容进行磋商或签订相关协议，从而降低因招标投标双方在招标阶段进行实质性磋商而被认定为中标无效或后续签订的合同无效的风险。

（2）避免在招标前即进场施工。

发包人在根据评标规则确定中标人前，施工企业均不是合法有效的施工承包人，原则上不得进行工程建设项目的施工活动。尽管在招标前进场施工可以提前锁定项目，但同样可能会导致双方签订的合同无效。此外，提前进场施工，还可能导致工期从实际进场之日开始起算。

2. 在招标阶段避免工程量与招标文件列明的工程量清单不符的风险

（1）施工企业应在招标文件规定的期限内提出异议。

发包人通常会在招标文件中规定，施工企业可以对工程量清单错项、漏项提出异议。投标人在参与项目投标时，应对施工图纸和工程量清单进行仔细复核，根据招标文件的规定，对错项、漏项提出意见或异议，避免因超出规定期限而无法提出异议，最终使自己被动。

（2）重视投标报价的组成。

施工企业应仔细审阅招标文件、图纸及图纸说明文件，将发包人在招标文件中提供的工程量清单与施工图纸进行认真核对，避免抛开图纸而无法发现工程量清单的错项、漏项，造成清单报价内容与施工图纸不一致，并进而导致报价遗漏的情形。

（3）谨慎在《建设工程施工合同》中对漏项风险承担进行承诺。

施工企业在签订正式的《建设工程施工合同》时，应避免约定工程量清单漏项法律责任由施工企业承担，并尽量争取多约定诸如"暂定工程量""暂定合同单价""暂定合同价"等非固定包干总价的约定。

第二节　投标阶段风险防控

一般而言，施工企业在参与招标投标项目时需要完成以下关键工作：获取资格预审文件—编制资格预审申请文件—资格预审通过后获取招标文件—根据招标文件要求编制投标文件—递交投标文件—参与开标—与招标人签订合同（如中标）。因此，投标主体（尤其是组成联合体参与投标的）、投标文件以及投标行为的合法合规性是施工企业在投标阶段应当关注的重点问题。本部分对施工企业在投标阶段的常见法律风险进行梳理与分析。

一、风险提示：投标人使用虚假业绩投标的，中标无效、合同无效

案例

某公司与某人民政府建设工程施工合同纠纷案

基本案情

某人民政府作为招标人，就道路硬化工程对外发布招标公告，某公司中标并与某人民政府按招标投标文件签订了施工合同。后案外人向某人民政府举报称，某公司在参加道路硬化工程投标时，提供了虚假的业绩资料，要求招标人进行查处。某人民政府经查属实，故取消某公司中标资格并向人民法院提起诉讼，请求确认合同无效。

法院裁判

《招标投标法》第三十三条规定："投标人不得以低于成本的报价竞标，也不得以他人名义投标或者以其他方式弄虚作假，骗取中标。"第五

十四条第一款规定："投标人以他人名义投标或者以其他方式弄虚作假，骗取中标的，中标无效，给招标人造成损失的，依法承担赔偿责任；构成犯罪的，依法追究刑事责任。"《招标投标法实施条例》第四十二条第二款第（二）项规定，投标人有此情形的，属于《招标投标法》第三十三条规定的以其他方式弄虚作假的行为："提供虚假的财务状况或者业绩"。依据上述法律规定可知，投标人以弄虚作假方式骗取中标的，中标无效。从已查明的事实可知，某公司提交的业绩虚假，违反了《招标投标法》的禁止性规定，应认定其签署的合同无效。

▓▓ 风险分析 ▓▓

1. 法律法规明确禁止提供虚假业绩等弄虚作假行为

《招标投标法实施条例》第四十二条第二款规定："投标人有下列情形之一的，属于招标投标法第三十三条规定的以其他方式弄虚作假的行为：（一）使用伪造、变造的许可证件；（二）提供虚假的财务状况或者业绩；（三）提供虚假的项目负责人或者主要技术人员简历、劳动关系证明；（四）提供虚假的信用状况；（五）其他弄虚作假的行为。"

投标人的业绩、财务情况、项目主要负责人等是招标人对投标人是否满足招标文件要求的条件、是否具备承接项目的能力和资质的重要考虑因素，提供虚假的业绩、财务情况、人员简历等不仅违背《招标投标法》规定的诚实信用原则，而且将影响招标人对投标人能力与资质的判断，进而对招标投标造成不利影响。因此，我国招标投标相关法律法规明确禁止投标人的弄虚作假行为。

2. 投标人弄虚作假的，中标无效、合同无效，并应承担相应的赔偿责任

根据《招标投标法》第五十四条第一款"投标人以他人名义投标或者以其他方式弄虚作假，骗取中标的，中标无效，给招标人造成损失的，依法承担赔偿责任；构成犯罪的，依法追究刑事责任"之规定，如投标人在投标过程中弄虚作假的，即便其中标也应当被认定为无效、合同无效，并应承担相应的赔偿责任。

二、风险提示：使用虚假业绩投标的，存在被主管机关予以行政处罚的风险

案例

某工程建设公司与某城市管理和综合执法局行政复议纠纷案

基本案情

某工程建设公司在参加某交通轨道工程项目投标中，提供了"××师范大学××校区教学实训楼及5号、6号、7号大门工程"项目作为其工程业绩。经核实，该项目不存在，某工程建设公司提供的工程业绩为虚假业绩。某城市管理和综合执法局向某工程建设公司作出行政处罚决定书。某工程建设公司对处罚决定不服，向法院提起行政诉讼。

法院裁判

《招标投标法》第二十七条规定，投标人应当按照招标文件的要求编制投标文件。招标项目属于建设施工的，投标文件的内容应当包括拟派出的项目负责人与主要技术人员的简历、业绩和拟用于完成招标项目的机械设备等。故投标人投标的行为已纳入《招标投标法》的规范范畴，投标人在投标阶段就有义务对投标资料的真实性负责，否则应当承担相应的责任。根据《招标投标法实施条例》第四十二条和六十八条之规定，投标过程中提供虚假的财务状况或者业绩即构成弄虚作假的行为，执法部门有权作出处罚决定，投标人最终中标与否不影响行政处罚的合法性。

▓▓ 风险分析 ▓▓

《招标投标法》第五十四条规定："投标人以他人名义投标或者以其他方式弄虚作假，骗取中标的，中标无效，给招标人造成损失的，依法承担赔偿责任；构成犯罪的，依法追究刑事责任。依法必须进行招标的项目的投标人有前款所列行为尚未构成犯罪的，处中标项目金额千分之五以上千

分之十以下的罚款，对单位直接负责的主管人员和其他直接责任人员处单位罚款数额百分之五以上百分之十以下的罚款；有违法所得的，并处没收违法所得；情节严重的，取消其一年至三年内参加依法必须进行招标的项目的投标资格并予以公告，直至由工商行政管理机关吊销营业执照。"

因此，如投标人在投标过程中弄虚作假的，投标人及其直接负责的主管人员和其他直接责任人员将被予以行政处罚，甚至将会取消投标人参与投标的资格。

三、风险提示：投标过程中发生串标的，中标无效、施工合同无效

案例

某建筑公司与某政府建设工程施工合同纠纷案

基本案情

某建筑公司通过招标投标程序中标某政府配电室改造工程，后建筑公司与某政府签订施工合同。后双方因工程价款结算事宜产生纠纷，某政府将建筑公司诉至法院。庭审过程中，某政府以建筑公司在投标过程中与其他两个投标人存在串标行为为由主张施工合同无效。

法院裁判

某省高级人民法院刑事裁定书认定建筑公司在投标过程中与其他投标人存在串标行为。根据《招标投标法》第五十三条规定，"投标人相互串通投标或者与招标人串通投标的，投标人以向招标人或者评标委员会成员行贿的手段谋取中标的，中标无效"，以及《最高人民法院关于审理建设工程施工合同纠纷案件适用法律问题的解释》第一条①关于建设工程必须

———————————

① 对应《最高人民法院关于审理建设工程施工合同纠纷案件适用法律问题的解释（一）》第一条。

进行招标而未招标或者中标无效的，应当认定合同无效的规定，案涉中标无效。中标无效，承包公司、发包公司签订的施工合同亦无效。

▓▓ 风险分析 ▓▓

其一，常见的串通投标行为。

串通投标行为主要包括投标人之间串通投标及投标人和招标人之间串通投标，《招标投标法实施条例》对这两种类型下的串通投标行为进行了列举。

《招标投标法实施条例》第三十九条规定："禁止投标人相互串通投标。有下列情形之一的，属于投标人相互串通投标：（一）投标人之间协商投标报价等投标文件的实质性内容；（二）投标人之间约定中标人；（三）投标人之间约定部分投标人放弃投标或者中标；（四）属于同一集团、协会、商会等组织成员的投标人按照该组织要求协同投标；（五）投标人之间为谋取中标或者排斥特定投标人而采取的其他联合行动。"

《招标投标法实施条例》第四十条规定："有下列情形之一的，视为投标人相互串通投标：（一）不同投标人的投标文件由同一单位或者个人编制；（二）不同投标人委托同一单位或者个人办理投标事宜；（三）不同投标人的投标文件载明的项目管理成员为同一人；（四）不同投标人的投标文件异常一致或者投标报价呈规律性差异；（五）不同投标人的投标文件相互混装；（六）不同投标人的投标保证金从同一单位或者个人的账户转出。"

《招标投标法实施条例》第四十一条规定："禁止招标人与投标人串通投标。有下列情形之一的，属于招标人与投标人串通投标：（一）招标人在开标前开启投标文件并将有关信息泄露给其他投标人；（二）招标人直接或者间接向投标人泄露标底、评标委员会成员等信息；（三）招标人明示或者暗示投标人压低或者抬高投标报价；（四）招标人授意投标人撤换、修改投标文件；（五）招标人明示或者暗示投标人为特定投标人中标提供方便；（六）招标人与投标人为谋求特定投标人中标而采取的其他串通行为。"

尽管相关法律法规对串通投标的行为进行列举，但是由于串通投标行为的表现形式多种多样，且隐蔽性越来越强，外部人员很难察觉和掌握，政府部门及司法机关通常很难发现、查处和认定，实践中很多串通投标行为是因投标人之间内讧检举而暴露。

其二，串通投标将导致中标无效、合同无效。

《最高人民法院关于审理建设工程施工合同纠纷案件适用法律问题的解释（一）》第一条第一款第（三）项规定，建设工程施工合同具有此情形的，应当依据《民法典》第一百五十三条第一款的规定，认定无效："建设工程必须进行招标而未招标或者中标无效的。"

因此，如投标人在投标过程中串通的，即便中标也会被认定为中标无效，进而导致其与招标人签订的合同无效。

四、风险提示：投标过程中发生串标的，可能承担刑事责任

案例

钱某某串通投标罪

基本案情

钱某某挂靠江苏 A 集团有限公司承接工程项目期间，为承接由上海 B 有限公司发包的实验室施工总承包项目，采用寻找其他单位配合投标、串通投标价格、安排员工为陪标单位制作标书等方式，最终使江苏 A 集团公司中标。此后，钱某某采用上述相同的方式串通投标，成功中标多个工程项目。

法院裁判

钱某某在承接工程项目期间，与其他投标人相互串通投标报价，损害

招标人与其他投标人利益，情节严重，其行为已构成串通投标罪，判处有期徒刑一年六个月，并处罚金人民币五万元。

▓‖ 风险分析 ‖▓

《中华人民共和国刑法》[①]（以下简称《刑法》）第二百二十三条规定："投标人相互串通投标报价，损害招标人或者其他投标人利益，情节严重的，处三年以下有期徒刑或者拘役，并处或者单处罚金。投标人与招标人串通投标，损害国家、集体、公民的合法利益的，依照前款的规定处罚。"

《最高人民检察院 公安部关于公安机关管辖的刑事案件立案追诉标准的规定（二）》[②] 第六十八条规定了串通投标罪的立案追诉标准："〔串通投标案（刑法第二百二十三条）〕投标人相互串通投标报价，或者投标人与招标人串通投标，涉嫌下列情形之一的，应予立案追诉：（一）损害招标人、投标人或者国家、集体、公民的合法利益，造成直接经济损失数额在五十万元以上的；（二）违法所得数额在二十万元以上的；（三）中标项目金额在四百万元以上的；（四）采取威胁、欺骗或者贿赂等非法手段的；（五）虽未达到上述数额标准，但二年内因串通投标受过二次以上行政处罚，又串通投标的；（六）其他情节严重的情形。"

司法实践在对是否构成串通投标罪进行认定时，一般会从以下要件进行认定。① 主体要件：主管、负责、参与招标、投标事项的人。② 行为要件：投标人相互串通投标报价或者投标人与招标人串通投标。③ 结果要件：损害招标人或者其他投标人利益，或者损害国家、集体、公民的合法利益，情节严重的。④ 主观要件：投标人具有串通投标的主观故意。

---

① 如无特别说明，本书引用的《中华人民共和国刑法》均为根据 2023 年《中华人民共和国刑法修正案（十二）》修正版。

② 如无特别说明，本书引用的《最高人民检察院 公安部关于公安机关管辖的刑事案件立案追诉标准的规定（二）》均为 2022 年修订版。

五、应对指南

（一）重视投标文件的真实性，通过合法合规的方式而非弄虚作假行为取得投标的竞争优势

随着市场竞争越来越激烈，投标人为了追求经济利益，容易伪造、变造资格证明文件，从而使得自身资格符合招标文件要求的条件，以达到提高投标竞争优势、谋取中标的目的。但是，弄虚作假行为的识别难度相对较低、监管力度相对较大、违法成本过高，一旦被查出确实存在弄虚作假行为，施工企业不仅将被予以罚款，而且可能被取消后续的投标资格。

（二）注重招标投标领域的风险防控，避免承担刑事法律责任

由于招标投标行为不仅涉及民商事交易活动的公平性、公正性和诚实信用，而且涉及整个社会主义市场经济秩序的稳定性，严重的招标投标违法违规行为可能要承担刑事法律责任。串通投标罪是企业在经营过程中常见的经济犯罪，在建设工程行业更是高发，最高人民检察院于2021年6月3日、2021年12月8日和2022年7月21日连续发布的三批"涉案企业合规典型案例"中均涉及串通投标罪的案件。

因此，施工企业应注重招标投标阶段的风险防控，依法合规开展投标活动。

第三节　中标后风险防控

中标对于施工企业而言是成功获取建设工程项目的开始，《招标投标法》第四十五条至第四十八条对于中标后招标投标双方应当遵守的规范进行了明确规定。因此，中标后的风险防控对于施工企业而言也至关重要。

一、风险提示：中标通知书发出后，承包人放弃签订施工合同可能承担相应法律责任

观点一：中标通知书发出后合同未成立，承包人承担缔约过失责任

案例

某实业公司与某项目管理公司建设工程合同纠纷案

基本案情

2018 年 9 月 5 日，某实业公司对某项目监理服务进行公开招标。2018 年 9 月 25 日，某实业公司给某项目管理公司发出中标通知书。2018 年 10 月 19 日，某实业公司认为某项目管理公司的总监理工程师无法满足建委备案要求，向某项目管理公司发函要求终止合作。

法院裁判

根据《招标投标法》第四十六条、《招标投标法实施条例》第七十三条规定，招标人和中标人应当自中标通知书发出之日起 30 日内，按照招标文件和中标人的投标文件订立书面合同。招标人无正当理由不与中标人订立合同，给他人造成损失的，依法承担赔偿责任。某项目管理公司中标后，要求某实业公司与其订立书面合同有法律依据。某实业公司已经向某项目管理公司发出中标通知书，其应受到该通知书约束，依约与某项目管理公司签订合同。某实业公司以某项目管理公司提供的总监理工程师无法满足建委备案要求为由，拒绝与某项目管理公司订立合同，但是该理由并不构成导致中标无效、合同无法订立并履行的情形。某实业公司以不合理理由拒绝订立合同的行为违反了诚实信用原则，应承担相应责任。

关于某实业公司承担的责任性质问题：某实业公司发出中标通知书后，单方面要求终止合作并拒绝与某项目管理公司签订合同，该行为属于在合同成立前的缔约过程中，因单方违反诚实信用原则导致合同未成立，某实业公司应向某项目管理公司承担缔约过失责任。

观点二：中标通知书发出后合同成立，承包人承担违约责任

案例

某房地产公司与某建设工程公司建设工程施工合同纠纷案

基本案情

某建设工程公司参与了某房地产公司某住宅项目施工总承包单位的招标活动并中标。中标通知书送达某建设工程公司后，某建设工程公司以项目实际工程量可能大于招标文件列明的工程量为由，迟迟不与某房地产公司签订建设工程施工合同并要求增加合同价款。

法院裁判

招标人发出招标通告或投标邀请书是一种要约邀请，投标人进行投标是发出要约，而招标人确定中标人的行为则是承诺，承诺生效时合同成立。因此，在招标活动中，当中标人确定中标通知书到达中标人时，招标人与中标人之间以招标文件和中标人的投标文件为内容的合同已经成立。中标人在中标通知书送达之后，提出要求招标人另行投入资金等诸多实质性背离招标投标文件的内容，导致不能签订书面合同。招标人没有按约取消中标人的中标资格，而是继续就新条件展开延期协商，其行为也违反了招标投标文件和中标合同的约定，造成中标人在长期磋商过程中经济损失不断扩大。双方均存在违约行为，应承担相应违约责任。

▓▓ 风险分析 ▓▓

1.《招标投标法》明确规定了中标通知书对招标投标双方的法律约束力

《招标投标法》第四十五条规定:"中标人确定后,招标人应当向中标人发出中标通知书,并同时将中标结果通知所有未中标的投标人。中标通知书对招标人和中标人具有法律效力。中标通知书发出后,招标人改变中标结果的,或者中标人放弃中标项目的,应当依法承担法律责任。"

因此,中标通知书对于招标人与投标人均具有法律约束力,但司法实践中对于中标通知书存在何种法律约束力存在不同的观点:

(1)中标通知书发出后合同成立。招标人发布招标公告和发送投标邀请书,其目的是邀请投标人向招标人发出订立建设工程合同的要约,该行为属于要约邀请。投标人向招标人领取招标文件并进行投标,其目的是希望与招标人订立建设工程合同,该行为属于发出要约。经过法定的开标、评标程序后,招标人向中标投标人发出中标通知书,该行为属于承诺。因此,中标通知书发出后合同成立。

(2)中标通知书发出后合同未成立。根据《招标投标法》第四十六条第一款的规定,建设工程施工合同应当采用书面形式。因此,不应认定在中标通知书发出时合同即成立。

2. 投标人放弃投标资格或拒绝订立书面合同的,将承担法律责任

目前无论是理论界还是实务界,对于中标通知书的性质和法律效力存在两种观点,而两种观点之下也引发了投标人放弃投标资格后应承担何种法律责任的区别:

如认为中标通知书发出后合同成立,则投标人放弃中标资格后应承担违约责任;如认为中标通知书发出后合同并未正式成立,则投标人放弃中标资格应承担缔约过失责任。两种责任最大的区别在于赔偿范围的不同:一般而言,缔约过失责任的过错方赔偿损失限于信赖利益;而违约责任的赔偿损失除信赖利益外还包括可得利益损失。但无论是违约责任还是缔约过失责任，中标通知书发出后，承包人放弃签订施工合同都会面临承担相应法律责任的风险。

二、风险提示：中标后对施工合同实质性条款进行变更的，可能导致实质性变更无效

案例

某房地产公司、某建设公司建设工程施工合同纠纷案

基本案情

某房地产公司就开发的某项目公开向社会招标，某建设公司中标该工程，双方就该工程先后签订了两份建设工程施工合同。两份建设工程施工合同关于工期的约定不一致，第一份合同为中标合同且已办理合同备案手续，第二份合同是双方实际履行的合同。后双方因工期事宜产生纠纷。

法院裁判

关于逾期竣工的天数：对于合同工期，第一份合同的约定与第二份合同的约定不一致。第一份合同系中标合同，第二份合同对工期所做的变更属于实质性变更。根据《最高人民法院关于审理建设工程施工合同纠纷案件适用法律问题的解释》第二十一条规定"当事人就同一建设工程另行订立的建设工程施工合同与经过备案的中标合同实质性内容不一致的，应当以备案的中标合同作为结算工程价款的根据"[①]，应以第一份合同约定的工期为依据计算逾期天数。

---

① 对应《最高人民法院关于审理建设工程施工合同纠纷案件适用法律问题的解释（一）》第二十三条。

▒▓ 风险分析 ▓▒

1. 法律法规明确禁止签订背离合同实质性内容的协议

（1）《招标投标法》的相关规定。

第四十六条第一款规定："招标人和中标人应当自中标通知书发出之日起三十日内，按照招标文件和中标人的投标文件订立书面合同。招标人和中标人不得再行订立背离合同实质性内容的其他协议。"

（2）《最高人民法院关于审理建设工程施工合同纠纷案件适用法律问题的解释（一）》的相关规定。

第二条第一款规定："招标人和中标人另行签订的建设工程施工合同约定的工程范围、建设工期、工程质量、工程价款等实质性内容，与中标合同不一致，一方当事人请求按照中标合同确定权利义务的，人民法院应予支持。"

第二十二条规定："当事人签订的建设工程施工合同与招标文件、投标文件、中标通知书载明的工程范围、建设工期、工程质量、工程价款不一致，一方当事人请求将招标文件、投标文件、中标通知书作为结算工程价款的依据的，人民法院应予支持。"

第二十三条规定："发包人将依法不属于必须招标的建设工程进行招标后，与承包人另行订立的建设工程施工合同背离中标合同的实质性内容，当事人请求以中标合同作为结算建设工程价款依据的，人民法院应予支持，但发包人与承包人因客观情况发生了在招标投标时难以预见的变化而另行订立建设工程施工合同的除外。"

因此，招标投标双方签订与招标文件实质性内容相背离的协议属于法律法规禁止的行为，该行为将导致实质性变更被认定为无效。

2. 司法实践关于实质性变更的认定

目前并无法律法规对于何种合同条款的变更应被认定为实质性变更进行规定。但是最高人民法院民事审判第一庭认为：一方面，实质性变更并不等同于合同主要条款、要约主要内容的变更；另一方面，实质性变更应当从是否影响其他中标人中标、是否较大影响招标人与中标人的权利义务两方面进行考量认定。[①]

因此，法院在审理此类案件时一般会从以下三个方面进行考虑：

首先，从变更事项进行考量：法院认为构成实质性变更的合同变更事项主要包括合同主体、工程范围、工程工期、工程价款等事项的变更。

其次，从变更程度进行考量：如果法院认为合同条款变更幅度较大或者该变更影响其他人中标的，即可认定为实质性变更。

最后，对变更的原因进行考量：如果合同的变更是基于客观情况的变化，而不是由于招标投标双方为了规避招标投标制度或者故意使得投标人从变更中获益的，一般会被认定为合理的变更。

3. 被认定为实质性变更的法律后果

一方面，存在被认定为无效的民事风险。招标投标双方签订与招标文件实质性内容相背离的协议属于法律法规禁止的行为，该行为将导致实质性变更被认定为无效。

另一方面，存在被处以行政处罚的行政风险。招标人与中标人实质性变更中标合同的，政府监督部门有权责令改正，还可以处中标项目合同金额千分之五以上千分之十以下的罚款，对单位直接负责的主管人员和其他直接责任人员依法给予处分。

三、应对指南

（一）谨慎放弃中标资格，避免对招标人承担赔偿责任

放弃中标资格或放弃签署正式合同，不仅属于《招标投标法》禁止的行为，而且可能对招标人造成损失。施工企业不仅可能承担民事赔偿责任，而且可能面临行政处罚。

---

① 最高人民法院民事审判第一庭编著：《最高人民法院新建设工程施工合同司法解释（一）理解与适用》，人民法院出版社2021年版，第29页。

因此，施工企业在投标前应当对自己的履约能力进行初步评估，避免出现中标后无法履约而放弃中标资格、放弃签订正式合同的情况。此外，施工企业更不得以放弃中标资格、拒绝签订正式合同作为取得有利谈判地位的手段，这不仅不会获得利益，而且可能遭受更大的损失。

（二）尽量避免对合同内容进行实质性变更，进而导致合同无效

如施工企业基于客观情况变化确需变更协议的，需注意：

一方面，施工企业应注意合同条款变更的时间节点：应尽量避免在签订建设工程施工合同后立即签订与其关于工期、工程价款、工程范围等实质性内容不符的协议。

另一方面，施工企业应注意合同变更情况的说明与证据保存：如由于客观原因导致合同变更的，应注重对导致合同条款变化的背景性资料进行梳理，将该资料进行固定，并在补充协议中进行说明，避免被认定为违法变更从而导致合同被认定为无效的风险。

第四节　非必须招标项目的风险防控

对于未列入必须招标投标范围的项目，法律并没有要求当事人必须招标，当事人可以采取自由磋商、竞争性谈判或者询价等非招标方式来签订施工合同。但在实践中，部分当事人因自身管理等要求，对于非必须招标投标的项目，仍然采取招标投标的方式选定施工企业，在此种情形下，只要当事人系自愿选择通过招标投标程序订立合同，司法实践主流观点认为其也应当受《招标投标法》等法律规定的约束，如当事人实施的招标投标行为违反《招标投标法》等法律的强制性规定，也可能存在相关法律风险。

一、风险提示：非必须招标项目采用招标投标方式，但违反《招标投标法》规定的，施工合同的效力存在争议

观点一：招标投标行为并未损害国家利益、社会公共利益，其签订的施工合同有效

案例

某建设公司与某发展公司建设工程施工合同纠纷案

基本案情

2012年5月9日，某发展公司与某建设公司签订《某工程承发包框架协议》，主要内容为：某发展公司将其开发建设的某项目交某建设公司总承包。2012年7月5日，某发展公司通知某建设公司进行一期工程的现场交接。2012年8月1日，某发展公司与招标代理机构签订招标代理委托书，约定由招标代理机构为某发展公司开发的案涉项目提供招标代理服务。2012年9月27日，某发展公司向某建设公司发出中标通知书。同日，某建设公司、某发展公司签订建设工程施工合同。

法院裁判

本案双方在签订施工合同之前，签订框架协议对工程范围、取费标准、履约保证金、垫资施工等进行了约定，并约定该项目采用邀标方式招标，某发展公司承诺采取适当措施保证某建设公司中标，存在《招标投标法》第四十三条规定的情形。《招标投标法》是规范建筑市场招标投标活动的具有公法性质的一部法律，目的是通过规范建筑项目的招标投标活动，进而保护国家利益、社会公共利益及公共安全。本案无证据证明双方当事人的招标投标行为损害了国家利益、社会公共利益及公共安全。

此外，案涉工程并非必须进行招标投标的项目，而《招标投标法》第五十五条关于因招标人和投标人就实质性内容进行谈判导致中标无效的规

定是针对"依法必须进行招标的项目"。本案不属于因违反《最高人民法院关于审理建设工程施工合同纠纷案件适用法律问题的解释》第一条第（三）项①规定而应认定无效的情形。框架协议、施工合同系双方当事人的真实意思表示，施工合同关于工程范围、建设工期、工程质量、工程价款等内容与招标文件基本一致，某建设公司具有案涉项目的建设工程施工资质，也不存在法律规定的其他无效情形，应认定为有效。

观点二：非招标投标项目采用招标投标方式，违反《招标投标法》等法律规定签订的施工合同应属无效

案例

某建筑工程公司与某房地产开发公司建设工程施工合同纠纷案

基本案情

2012 年 5 月 14 日，某房地产开发公司与某建筑工程公司签订施工合同，合同约定：工程内容为 1 号至 11 号楼；建筑面积约 33500 平方米；工期自 2012 年 4 月 15 日至 2012 年 10 月 31 日；合同总造价约 4000 万元。

2012 年 6 月 18 日，双方经招标投标程序签订建设工程施工合同，合同主要内容为：工程内容为某项目 1 号至 10 号楼；建筑面积约 33000 平方米；施工期限自 2012 年 5 月 20 日至 2013 年 7 月 30 日；合同价款 4000 万元。

法院裁判

《招标投标法》第二条规定："在中华人民共和国境内进行招标投标活动，适用本法。"该条规定并未区分依法必须招标的工程项目和非必须招标

---

① 对应《最高人民法院关于审理建设工程施工合同纠纷案件适用法律问题的解释（一）》第一条第（三）项。

的工程项目的招标投标活动，因此，凡是在中华人民共和国领域内发生的招标投标活动均应符合《招标投标法》的规定。

本案中，案涉工程存在先施工后履行招标投标程序的情形。双方在履行招标投标程序之前已经签订了施工合同，违反了《招标投标法》的相关规定，故案涉两份建设工程施工合同均无效。

▨▨ 风险分析 ▨▨

1. 对于非必须招标的工程项目，如果当事人自愿选择通过招标投标程序订立施工合同，当事人的招标投标行为也应当遵守《招标投标法》的规定

《招标投标法》第二条规定："在中华人民共和国境内进行招标投标活动，适用本法。"可见，《招标投标法》适用于我国境内的所有招标投标活动，并没有将其适用范围仅仅限定于依法必须招标的工程项目。

另外，《最高人民法院关于审理建设工程施工合同纠纷案件适用法律问题的解释（一）》第二十三条规定："发包人将依法不属于必须招标的建设工程进行招标后，与承包人另行订立的建设工程施工合同背离中标合同的实质性内容，当事人请求以中标合同作为结算建设工程价款依据的，人民法院应予支持，但发包人与承包人因客观情况发生了在招标投标时难以预见的变化而另行订立建设工程施工合同的除外。"该规定亦对非必须招标的工程项目另行订立背离中标合同实质性内容的其他协议的行为进行了约束，体现出非必须招标的工程项目同样应遵守《招标投标法》等法律规定。

因此，非必须招标的工程项目不采用招标方式时，不受《招标投标法》等法律规定的约束。但若当事人自愿选择通过招标投标程序订立合同，应当受《招标投标法》等法律规定的约束。

2. 当事人就非必须招标的工程项目采用招标投标方式，若招标投标行为违反《招标投标法》等法律规定，其签订的施工合同存在无效的风险

司法实践中，对于非必须招标的工程项目采用招标投标方式的，若当事人招标投标行为违反《招标投标法》等法律规定，其签订的施工合

同可能存在被认定为无效的风险。认为该情形下施工合同无效的理由主要是：当事人对非必须招标的工程项目自行采用招标投标方式的，为了保护其他参与招标投标活动的投标主体的利益，维护公平的市场竞争秩序，当事人的招标投标行为应受《招标投标法》等法律规定的规范和约束，当事人违反《招标投标法》等法律法规的强制性规定签订的施工合同无效。

重庆市高级人民法院、四川省高级人民法院《关于审理建设工程施工合同纠纷案件若干问题的解答》第十二条解答明确提出："在非必须招标项目中，当事人选择通过招标投标程序订立建设工程施工合同，应当受《中华人民共和国招标投标法》的约束和调整，中标前进行实质性谈判并签订合同，属于'先定后招'实质性谈判的行为，违反了《中华人民共和国招标投标法》第四十三条的强制性规定，应属无效。"

因此，即使是非必须招标的工程项目，若当事人自愿选择通过招标投标程序订立施工合同，当事人的招标投标行为应受《招标投标法》等法律规定的约束。若当事人违反《招标投标法》等法律法规的强制性规定，则当事人所签订的施工合同存在被认定为无效的风险。

二、应对指南

（一）避免主动采用招标投标方式

司法实践中的主流观点认为，非必须招标的工程项目采用招标投标方式时，也应受《招标投标法》等法律规定的约束。因此，对于非必须招标的工程项目应避免主动采用招标投标方式。

（二）依照《招标投标法》等法律规定严格履行必要程序

对于非必须招标项目，若选择招标投标方式，招标投标双方就应当依照《招标投标法》等法律规定严格履行必要的程序，确保程序规范。尤其是施工企业在投标时，应当严格根据招标文件、《招标投标法》《招标投标法实施条例》等相关规定履行投标人的义务。

CHAPTER II

第二篇

项目筹备篇

成功获取项目后，施工企业应当尽快启动项目筹备工作。施工企业在项目筹备过程中做好以下风险防控，有助于将各类潜在风险控制在项目正式启动前，以防患于未然。

第一是印章管理，这也是项目筹备阶段的重中之重，大量的建设工程诉讼风险源于失控的印章管理。实践中常见的高风险情形有公司或相关个人（法定代表人、实际施工人）刻制多枚印章并与备案印章同时使用；实际施工人私刻公司印章、项目部印章并使用，倘若相关人员被认为具备相应的代理外观或代表权限，则法院极有可能认定合同后果由施工企业承担，并由此给施工企业造成巨额损失。

第二是授权管理，施工企业相关人员有无授权、授权的范围大小也是建设工程诉讼中常见的争议。从大量的司法实践案例看，如果施工企业未能建立起有效实施的授权管理制度，明确授权范围并及时终止授权，则在风险发生后施工企业再主张相关人员不具备相应的权限往往难以得到法院支持，而相关人员签订的合同、作出的意思表示的后果此时也需要施工企业来承担。

第三是人员管理，施工企业需要重点关注相关法定配备人员能否在项目开工后按时按约到岗工作，对存在不能及时到岗考勤风险的相关人员，施工企业应及时与发包人协商更换，避免后期发生结算争议时发包人以此索赔或主管机关以此进行行政处罚。

第四是资料管理，资料的收集管理关涉潜在的建设工程诉讼的诸多方面，也往往较容易被施工企业忽视。资料的管理本质上也是对证据的管理，施工资料的缺失可能导致项目造价无法确定、施工企业无法向发包人索赔，更有甚者施工企业可能被发包人反索赔却无法有力抗辩。

第五是针对采用联合体方式投标的项目，项目实际中标情况、实际分工情况可能与投标时存在不一致，也可能在联合体协议中并未对各方的权利义务进行有效区分。若未能及时完成相关补充约定，可能导致相关法律风险。

第六是内部承包风险防控，我国法律严令禁止没有资质的实际施工人借用施工企业资质挂靠施工，但在工程实践中这类情形仍较为普遍。这类情形不仅严重违反法律规定，而且也为施工企业的权益实现带来了诸多风险，甚至可能导致施工企业承担巨额债务。建议施工企业采用合法合规的内部承包模式进行施工。

因此，本篇将从前述六个方面，帮助施工企业梳理项目筹备阶段需要重点关注的合规事项，并提示施工企业如何完成相应的制度建设、合同签订和资料收集工作，从而将风险尽可能阻却在前端。

第一章
印章风险防控

在建设工程领域，施工企业的项目往往地域分布广、施工周期长、人员来历杂、人员更换快，为了满足企业印章的使用需要、保证各类活动的正常运转，施工企业往往会刻制多种印章甚至刻制多枚企业公章。虽然该操作便利了项目的实施，但也为后续纠纷埋下了隐患。因此施工企业有必要在项目筹备阶段即对公司、项目的印章进行风险防控，以防患未然。

一、施工单位常见的印章风险

（一）失窃风险

在工程实践中，通常有大量的合同、单据、文件需要加盖施工企业印章进行确认。若施工企业印章管理人员配备不足、用印流程落实不严，则极有可能出现印章管理失控甚至丢失、被盗的情况。

施工企业如果能在发现印章失窃后第一时间由企业负责人携带有关证明材料到公安机关报案，及时登报声明或在有影响力的媒体上公告传达印章失窃的信息，并在前述流程完成后重新根据有关部门的要求重新刻制印章备案，则若无其他不利证据，法院更倾向于认定不需要对失窃印章引发的纠纷承担任何责任。但若施工企业放任印章失窃，他人取得印章后用于签订虚假合同建立债权债务关系，则法院极有可能认定施工企业对债权债务关系的产生存在过错，并且该过错导致了债权债务关系相对人的损失，从而认定施工企业承担部分甚至全部责任。

（二）伪造风险

在工程实践中，除了大量由施工企业自行施工的项目外，还有部分实际施工人挂靠施工的项目。施工企业通常仅对此类项目按一定比例收取管理费，并不实际参与施工，但为控制风险，往往要求实际施工人将所有需要用印的文件递交至施工企业履行用印流程。实际施工人出于效率、便利或其他考量，伪造印章的现象也较为普遍。

行为人对外进行经济往来活动时若加盖伪造的施工企业印章，其合同并不当然无效。实践中更为常见的情形是施工企业印章管理混乱，使得相对人无法准确判断印章的真伪，或者印章持有人具有能够使相对人合理信赖的外观表象，或者印章持有人本身具有施工企业的授权，那么法院通常倾向认定合同有效并判决施工企业承担合同责任。

（三）存在多枚"萝卜章"同时使用的法律风险

在建设工程领域，与施工企业开展商事活动的相对人往往都会要求施工企业对施工过程中的重要文本加盖印章。因此，尽管知晓我国对印章管理的相关规定，仍有许多施工企业会故意额外刻制多枚未经备案的印章（俗称"萝卜章"）并对外使用。多枚未经备案的印章和备案印章同时使用将降低备案印章的权威性。若各方发生纠纷，则相关印章即使系未经备案的伪造印章，施工企业也可能承担因违反加盖该印章的合同约定所产生的责任，由此便会为施工企业带来难以预估的损失。

（四）项目部印章不规范使用的风险

如前所述，由于施工项目可能与施工企业不在一个地区，部分施工项目由违法转包、挂靠的实际施工人进行施工，企业用印流程烦琐等多种原因，部分施工企业会选择制备一枚项目部印章常置于项目部办公室以便使用，也有实际施工人会出于各种目的私下刻制项目部印章。通常而言，施工企业会向合同相对人出具授权文件，明确项目部印章的适用范围，若项目部或实际施工人严格在施工企业的授权范围内规范使用项目部印章，则对于施工企业而言相关风险尚属可控。

但是实务中，部分施工企业的印章管理制度缺失或混乱，导致项目部印章的用途被无限"扩大"，甚至在对外活动中替代企业公章，即在须以施工企业名义签订并加盖企业公章的分包合同、材料采购合同、机械租赁合同、对外借款合同、对外担保合同等合同上加盖项目部印章。此时，项目部印章极易被实际施工人滥用并导致施工企业面临诸多隐患。一旦持印人签订合同的行为被法院认定为有权代理或表见代理，则施工企业将对此承担法律责任。

二、风险提示：合同印章与备案印章不一致，企业亦可能承担责任

类型一：法定代表人持假印章加盖于文件的，后果由企业承担

案例一

A 公司与 B 公司民间借贷纠纷

基本案情

A 公司六次向 B 公司借款并签订六份《借款合同》，B 公司的法定代表人解某和 A 公司法定代表人姜某，分别在上述六份《借款合同》上签字并加盖了各自公司的印章。针对六笔借款，B 公司均已实际向 A 公司汇入借款，A 公司也已在收到借款当日向 B 公司出具了收据。此后，A 公司分八次向 B 公司归还了部分借款，至诉讼时仍有数千万元的借款及利息已经到期但尚未归还。

B 公司向法院起诉要求 A 公司归还借款及利息。A 公司在诉讼中主张借款合同上的公司印章系其时任法定代表人姜某私刻，姜某的关联公司实际使用了案涉借款，案件涉及虚假诉讼，相关责任不应由 A 公司承担。

法院裁判

虽然 A 公司主张案涉《借款合同》上加盖的公司印章与该公司备案印

章不一致，且其公司印章在合同签订期间被 C 公司管控，C 公司也证明其未在案涉合同上加盖过 A 公司的印章，但《借款合同》上有 A 公司的法定代表人姜某代表其公司的签名。公司法定代表人在合同上代表其公司签名，合同依法成立。故无论案涉借款合同上加盖的 A 公司的印章真实与否，均不影响对案涉《借款合同》真实性的认定。

▨‖ 风险分析 ‖▨

《民法典》第六十一条第一款、第二款规定："依照法律或者法人章程的规定，代表法人从事民事活动的负责人，为法人的法定代表人。法定代表人以法人名义从事的民事活动，其法律后果由法人承受。"

在前述案件中，虽然争议合同中的印章与备案印章不一致，但是加盖印章的人是分公司的负责人或企业的法定代表人。法院认定案涉协议书已经成立，后果由企业承受。企业法定代表人或分公司负责人在履行职务行为时的签字或盖章均可使合同成立，此时印章真实与否并不影响合同的效力。同时，《民法典》第六十一条第三款也规定，属于内部约定的法人章程或者法人权力机构对法定代表人代表权的限制不得对抗外部善意相对人。因此，施工企业仅以章程或股东会未向法定代表人授权为由拒绝承担合同后果的，将难以得到支持。

类型二：若公司刻制多枚印章，企业可能被判决承担责任

案例二

李某某与 A 公司买卖合同纠纷

基本案情

A 公司（甲方）与李某某（乙方）签订了《钢材供应协议》，协议约定李某某为 A 公司承建的项目工地供应钢材。甲方 A 公司加盖公章并由其负责人黄某某签字，项目开发商 B 公司作为担保方加盖了公章。

李某某起诉请求判令被告 A 公司给付钢材款，被告 B 公司承担连带责任。B 公司认为，李某某提交的《钢材供应协议》中 B 公司的公章是未经公安机关审批刻制的虚假伪造印章，《钢材供应协议》中 B 公司的公章没有防伪编码，与 B 公司正常使用的带防伪编码的公章存在明显和直观的差异，没有防伪编码的公章明显是虚假、伪造的印章。由此可确定，B 公司没有为 A 公司提供担保的真实意思表示，《钢材供应协议》对 B 公司不具有约束力。

法院裁判

关于 B 公司申请鉴定问题，B 公司要求对《钢材供应协议》上 B 公司的印章与其在公安备案的印章进行鉴定，但在庭前证据交换笔录中，李某某认为钢材供应协议上 B 公司加盖的不带编码的印章与公安备案的公章明显不一致，B 公司同时使用多枚印章，没有鉴定的必要。

针对印章真假与协议效力问题，法院认为：B 公司在该协议上加盖的公章印文确非其工商备案的带有防伪编码的公章形成，但李某某提交的 B 公司营业执照、资质证书、核准证以及某区政府函等材料上加盖的 B 公司公章均未带有防伪编码，而上述材料系 B 公司材料员郑某提供给李某某，郑某在一审时出庭证实上述情况属实；另外，B 公司原法定代表人吕某在一审法院调查中亦证明 B 公司同时使用多枚公章。据此，法院认定《钢材供应协议》上加盖的 B 公司公章印文是 B 公司使用的公章形成，B 公司应当按照《钢材供应协议》的约定承担连带责任。

风险分析

由于我国法律并未要求企业只能以备案公章签订合同，因此即使争议公章与备案公章不一致，也不能直接否认争议公章的效力。如果相对人通过举证证明或者法院查明公司使用的争议印章，即备案印章以外的印章，曾在此前的交易中或者在其他的交易中使用过，证明该枚印章就是公司的印章。此时，通过公司的使用行为或默认行为，已经将"假印章"变成"真印章"。在法院已经认定即使争议印章与备案印章不一致，也对双方有效的情况下，一方再提出印章真假的鉴定申请，法院一般认为无鉴定的必要，对鉴定申请不予准许。

类型三：合同相对人对印章真实与否的审查，应限于合理的注意义务范围内

案例三

A公司、C公司建设工程施工合同纠纷

基本案情

2013年3月25日，集团公司向投资公司作出《关于投资建设甲地至乙地高速公路项目的批复》，同意投资公司以集团公司的名义投标甲地至乙地高速公路项目。2013年8月29日，集团公司收到中标通知书，载明集团公司中标甲地至乙地公路项目法人。

2015年5月27日，投资公司作为甲方与乙方A公司签订《建设工程项目合作协议书》（以下简称《合作协议书》），协议书前言载明："集团公司作为投资人中标了高速公路项目并在网站进行了公示。为此，甲方的股东集团公司和投资公司共同委托投资公司对该项目进行投资、建设、经营、管理……"

2015年6月8日，投资公司向A公司提供加盖集团公司印章的《授权委托与承诺书》，载明："集团和投资公司共同委托投资公司与贵公司签订《合作协议书》，并对投资公司就该协议书的履行承担连带责任……如果属于投资公司的原因导致该协议书不能履行，或者因为投资公司的责任导致贵公司未来与工程发包方之间签订的工程施工合同不能履行，除贵公司有过错外，投资公司所收取的贵公司资金本息均由集团公司负责清偿。"同日，A公司通过某银行向投资公司银行账户转账支付7500万元，并在用途栏载明"高速公路建设工程项目履约信用金"。

2015年11月20日，政府发布《关于解除高速公路项目相关协议的通告》，载明集团公司与政府的高速项目协议已经解除。

A公司向一审法院起诉请求集团公司与投资公司共同偿还项目信用金7500万元，并承担资金占用利息。

另根据法院查明的事实，《授权委托与承诺书》上加盖的集团公司印章与集团公司在公安机关备案印章确实不一致。

法院裁判

法院认为，集团公司仍应当对本案所涉投资公司债务承担连带责任。主要依据如下：首先，法院已查明集团公司在公安局印鉴留存卡与《授权委托与承诺书》上加盖印章，编号仅有一位之差，仅凭视觉难以判断印章编号不一致。其次，集团公司中标高速公路项目确为真实且集团公司向投资公司出具《关于投资建设公路项目的批复》亦为真实，据此，A 公司有足够理由相信《授权委托与承诺书》的真实性。因此，要求 A 公司再将该《授权委托与承诺书》上加盖的集团公司印章与集团公司在公安机关备案印章予以核对，不符合一般交易惯例，亦加重了其注意义务和成本。综上，A 公司在合同审查签订过程中已经尽到了善意相对人的合理注意义务。集团公司应对案涉债务承担连带责任。法院虽认定两枚印章不一致，但认为该事实不影响集团公司承担连带责任，该认定具有事实和法律依据。

▓▌风险分析▐▓

根据《民法典》第一百七十二条的规定："行为人没有代理权、超越代理权或者代理权终止后，仍然实施代理行为，相对人有理由相信行为人有代理权的，代理行为有效。"若交易相对人有理由相信加盖虚假印章的人有权代表公司，则该加盖虚假印章的文件有效，公司仍然需要承担责任。

根据表见代理制度的规则，在对相关文件进行审查的过程中，相对人仅需要尽到其作为善意相对人的合理注意义务即可，要求相对人将合同签订使用印章与被代理人备案印章进行比对审查超出了"合理注意"的范畴。因此，施工企业应注意在项目筹备、项目实施过程中，在各类文件中明确相关人员的权限范围。

三、风险提示：加盖项目部印章，施工企业可能承担相应责任

案例

A公司与B公司承包责任合同纠纷案

基本案情

A公司与刘某某签订《承包责任制合同》《某地改造工程安置房工程工程款付款方式协议》。协议约定A公司为某地保障性住房和棚户区改造工程安置房项目总承包方，刘某某系内部承包方，为项目负责人。

2012年5月11日，刘某某以A公司项目部名义与B公司签订《钢材供需合同》，约定B公司向项目部工地提供钢材。合同加盖了项目部专用章。合同签订后，B公司提供钢材，但刘某某未付清所有钢材款。

后B公司起诉主张A公司应承担还款责任。现A公司主张刘某某是实际施工人，未获A公司的授权，A公司不应承担还款责任。

法院裁判

A公司承包该工程后，与刘某某签订《承包责任制合同》，刘某某为A公司该项目负责人，个人并无建筑施工资质。刘某某以A公司的名义施工，工程款与A公司结算，并由A公司支付工程款，二者属内部承包关系。刘某某与B公司签订合同时，其系A公司某地保障性住房和棚户区改造工程安置房工程负责人，其在合同中加盖项目部专用章，且所需钢材用于某地改造工程安置房工程施工。故B公司有理由相信刘某某具有A公司的授权，B公司已尽到谨慎的审查义务，其主观为善意。刘某某以A公司项目部的名义对外签订合同的行为构成表见代理，由此产生的法律后果应由A公司承担。

▓‖风险分析‖▓

如果相关人员使用项目部印章的行为能够被视为职务行为或者是有权代理行为，则项目部印章在满足一定条件的前提下即具有了企业公章的效力，由此产生的法律后果由施工企业承担。若相关人员使用项目部印章的行为不具备授权，则需要考虑是否构成表见代理。鉴于挂靠行为本身的违法性，大部分法院认为，施工企业应对实际施工人和项目部印章的刻制给施工企业带来的风险具有充分预期。因此，法院倾向于认定实际施工人加盖项目部印章的行为构成表见代理。

四、应对指南

（一）项目筹备阶段的印章管理

1. 梳理本企业现有印章

施工企业应结合本企业相关文件印章加盖情况，定时对本企业现有印章的数目、名目进行梳理，了解本企业现有印章的使用情况，对于不必要的印章及时收回并作废处理。

2. 明确印章使用的范围与权限

施工企业应采取多种途径明确各类印章的授权范围——可以通过直接在印章上刻制标明用途如"本项目部章不得对外签订经济合同""本资料章不作为经济技术签证"等字样；也可以在签订的合同中明确资料章、项目部章不具备经济认定的效果。还可以通过出具授权书的方式明确其使用范围，比如项目部印章在向业主授权时即明确授权的范围。此外，施工企业还可以在签订的合同中明确各类印章的使用范围与权限，在项目上对项目印章进行公示并明确使用范围。

3. 严格规范用印审批流程并进行用印登记

施工企业应安排专人对印章进行管理，严格规范用印审批流程，对拟用印的文件应按规定流程进行报送、审核方能加盖印章。在加盖每一份文件时均需在用印台账上进行登记，明确文件的内容，由申请用印人及印章专员签字。印章在每日工作结束后应及时上锁保存。

此外，对于施工过程中的资料，如供货单位的送货小票或送货清单等文件资料，施工企业应严禁项目部管理人员加盖项目部印章。

（二）项目实施过程中的印章管理

1. 发现私刻印章行为，及时追究相关人员法律责任

施工企业在加强自身对内部职工违规用章行为惩处力度的同时，也应关注项目实施过程中可能出现的相关单位私刻施工企业公章的行为。对于存在私刻、伪造印章情况与企业进行经济交往的各单位（如供应商、分包单位），也应当依法追究其责任。

2. 加强对印章使用人员的管理

施工企业应当对负责用印的人员进行严格的管理，防止用印人员在未经过公司确认的情况下私自加盖印章。可以与印章管理人员签订印章管理协议，明确若因印章加盖导致公司损失，由印章管理人员承担。

3. 发现假印章及时向公安机关报案

私刻、擅自使用、盗用项目部印章签订合同等行为涉嫌刑事犯罪。如果有相关人员存在伪造印章的情况，公司应当及时向公安机关报案，并对相关事宜进行公告，避免被认定为公司默许伪造印章的使用。

第二章
授权风险防控

施工企业作为法人组织，其在建设工程项目中需要委托具体自然人进行项目管理、施工等。因此，在施工过程中，项目部及相关人员一般以施工企业的名义对外实施法律行为，而管理的好坏会影响建设工程项目的盈亏。施工企业在授权相关人员进行管理前，必须对被授权人员、授权范围、被授权主体履约管理方面存在的风险进行充分的预估。如未在上述方面进行充分的评估，则将直接影响施工企业对外所应承担的义务，增加其成本，也将影响工程最终利益的实现。实践中，部分施工企业在授权时未明确授权范围，导致被人民法院认定为授权不明，行为人的法律后果由施工企业承担。部分施工企业未重视"表见代理"在建设工程中的适用，也即项目上的人员在没有授权、超越授权、授权终止的情况下，仍然以施工企业的名义从事法律行为，最终被人民法院认定为表见代理。本章主要阐述施工企业授权风险防控的重要性和相关法律风险。

一、建设工程中常见岗位及人员

（一）项目经理

《建设工程项目管理规范》（GB/T 50326—2017）将项目经理定义为：组织法定代表人在建设工程项目上的授权委托代理人。在《建设工程施工合同（示范文本）》（GF—2017—0201）通用合同条款第 1.1.2.8 目中规定："项目经理：是指由承包人任命并派驻施工现场，在承包人授权范围内负责合同履行，且按照法律规定具有相应资格的项目负责人。"

项目经理作为项目负责人，在项目现场对工程进行全面管理，其职权范围相对宽泛。例如在《建设项目工程总承包管理规范》（GB/T 50358—

2017）第3.6款项目经理的职责和权限中，项目经理对项目实施全过程进行策划、组织、协调和控制，协调和处理与项目有关的内外部事项，上述权限及职责均相对笼统，所以项目经理在履职过程中，存在部分超越职权的行为。

（二）项目其他管理人员

《建设项目工程总承包管理规范》（GB/T 50358—2017）第3.4款"项目部岗位设置及管理"规定：根据工程总承包合同范围和工程总承包企业的有关管理规定，项目部可在项目经理以下设置控制经理、设计经理、采购经理、施工经理、试运行经理、财务经理、质量经理、安全经理、商务经理、行政经理等职能经理和进度控制工程师、质量工程师、安全工程师、合同管理工程师、费用估算师、费用控制工程师、材料控制工程师、信息管理工程师和文件管理控制工程师等管理岗位。根据项目具体情况，相关岗位可进行调整。项目部应明确所设置岗位职责。

从上述的规定就可以看出，建设工程项目筹备阶段需要组建管理团队，设置多个岗位，各岗位人员履行不同的职责，享有相应的职权。如岗位人员在其职权范围内履职的，构成职务行为。但由于项目建设周期长、项目主体繁杂、流动性强等，部分人员可能在履行本职工作外可能会超越职权对外签署文书，此时就存在表见代理的适用空间。

二、风险提示：如授权不明，被授权主体行为的法律后果仍由施工企业承担

> 案例

A公司与潘某建设工程分包合同纠纷

基本案情

A公司承揽了山东青州某项目建设工程，后A公司将案涉项目劳务部分分包给案外人B公司并与B公司签订了劳务合同。B公司以签订内部承

包合同的方式将其中 6 号至 9 号楼劳务再分包给潘某，由潘某具体负责施工。

2019 年 8 月，A 公司向其职工马某出具授权委托书，指派其作为"山东青州某项目负责人"，"全权负责项目施工相关事宜"；马某随后以收取工程（项目）信誉保证金的形式，分多次共计收到潘某交付的款项 505000 元。后各方因保证金退还问题发生争议。

法院裁判

A 公司与 B 公司劳务分包合同中虽约定"甲方任何工作人员（包括但不限于施管人员、项目经理、库管员等）任何时候以甲方或甲方相关项目部的名义向乙方出具的欠据、收据、承诺及其他任何经济法律文书等，必须加盖公章方为有效"，但潘某并非该合同当事人，不受上述约定约束；同时，在 A 公司向马某出具的授权委托书中，也无类似内容。因此 A 公司对马某授权不明，由此导致的不利后果应由作为委托人的 A 公司承担。

▓▌风险分析▐▓

我国现行法律法规规定了授权委托的内容要求，《民法典》第一百六十五条规定："委托代理授权采用书面形式的，授权委托书应当载明代理人的姓名或者名称、代理事项、权限和期限，并由被代理人签名或者盖章。"

如上面的案例，施工单位给其员工的授权委托书中仅载明"项目负责人、全权负责项目施工相关事宜"，该授权在代理范围、代理期限、代理人职责等方面都多有欠缺，在此情况下，可能被认定为授权不明，被授权主体的行为后果由被代理人承担。

施工企业作为法人，其施工项目的具体事务仍需由自然人来执行，如施工企业对项目经理、项目负责人进行了授权但未明确授权范围，项目经理、项目负责人行为的法律后果极可能被认定由施工企业承担。

三、风险提示：被授权主体超越职权的行为可能被认定为表见代理

案例

A 公司与杨某买卖合同纠纷

基本案情

某改造项目Ⅱ标段由 A 公司中标并进行施工。2012 年 5 月 1 日，A 公司与沈某签订《建筑工程劳务承包合同》，合同约定："沈某……自带的机械及设备进入改造项目Ⅱ标段工程的施工现场；沈某必须履行与分包商、供应商签订的合同，如出现合同纠纷由其自行解决。"

2012 年 8 月 30 日，沈某代表 A 公司与代表 B 公司的杨某签订《材料购销合同》，约定 A 公司某项目Ⅱ标段工地向 B 公司购买方木、模板等物品。在合同尾部，购买单位处加盖 A 公司某改造工程项目部的印章。供货单位处加盖山东 B 公司的印章。合同签订后，杨某将方木、模板送至 A 公司某改造工程项目部工地，沈某、孟某等人在杨某提供的送货单上签字。2013 年 6 月 14 日，沈某以 A 公司（作为甲方）的名义，杨某以山东 B 公司（作为乙方）的名义签订结算协议书，约定："甲、乙双方自愿解除原材料采购合同，原协议约定的事宜与本结算协议不一致的，以本协议为准。双方可以再另行签订采购合同；甲方在该项目的中标以及管理系由 A 公司徐州分公司进行，该项目部产生的任何法律责任均由甲方承担等内容。该协议书尾部未加盖公章，甲方处由沈某签字，乙方处由杨某签字。"

另查明，2013 年 4 月 25 日沈某出具保证书一份，保证书上载明："本人未经 A 公司徐州分公司的允许私自刻了项目章，违反公司规定，请公司原谅。今后不再违反。保证人：沈某。"

法院裁判

关于在案证据能否认定沈某签订买卖合同的行为构成表见代理的问题。其一，沈某具有代理A公司签订合同的外观表象。A公司系该项目Ⅱ标段工程的承包人，沈某系实际施工人并在工地负责施工，该工地没有其他施工队，故沈某具备代表A公司向杨某购买模板、方木的外观表象。其二，杨某已尽到善意第三人的注意义务，有理由相信沈某有代理权。2012年8月30日，杨某与沈某在案涉工地签订《材料购销合同》，该合同落款处加盖了A公司某改造工程项目部的印章，虽然该印章并非A公司真实印章，但杨某无法辨别印章的真伪，可以认定杨某有理由相信沈某有代理权。杨某提交的"送（销）货单"显示，杨某将模板、方木送到了案涉工地，并要求案涉工地收料人孟某（又名梦某）、陶某签字确认，亦要求沈某签字确认，已尽到谨慎注意义务。综上，沈某的行为符合《合同法》第四十九条规定①："行为人没有代理权、超越代理权或者代理权终止后以被代理人名义订立合同，相对人有理由相信行为人有代理权的，该代理行为有效"，构成表见代理，相应的法律后果应由A公司承担。

风险分析

在建设工程领域，施工企业需要具体人员实施项目管理和经营，项目经理或项目工作人员通常会以项目部或施工企业的名义采购材料、借款、办理签证、办理结算等，而施工企业通常对项目人员的授权有限，此时就会存在表见代理的适用空间。对于施工企业来说，对项目人员特别是项目经理、项目负责人的授权不明确的，项目人员行为被认定为表见代理的可能性较高，对施工企业不利。

---

① 已被《民法典》（2021年1月1日实施）废止。《合同法》第四十九条对应《民法典》第五百零三条。

四、应对指南

（一）明确被授权人员及其授权范围

施工企业不管是与上游主体（建设单位），还是与下游主体（材料商、分包商等）签订合同时，均需对项目经理、项目负责人的授权范围进行明确约定。同时可制定权限负面清单，严格限制项目经理对外擅自借款、采购、分包、结算、办理签证等越权行为。

1. 授权时应明确代理人的基本信息

一般情况下，在对代理人进行授权时，应明确代理人姓名、性别、年龄、工作单位、职务、身份证号等。目前普遍使用的施工合同范本未对代理人的上述信息予以明确，一般仅写明姓名与身份证号，并由施工企业额外出具一份授权委托书。在出具授权委托书时，已经明确了相对方时，应当写明相对方，限制授权委托的适用范围，防止代理人将授权委托书向他人出示形成具有代理权的表象外观。

2. 授权时对委托事项的描述应精准明确

在授权不明确的情况下，被授权主体的行为可能会由被代理人承担。所以在出具授权委托手续时，严禁出具代理事项不明确的空白模板，应明确具体事项。例如施工企业委托项目经理办理项目竣工验收手续，则应当写明"授权××与××公司办理本项目的竣工验收手续，有权在竣工验收资料上签字。除上述事项外，委托人不授权××办理其他任何与竣工验收无关的事项。"

3. 授权期限应明确具体

在授权时应当注意授权期限，期限应当明确具体，避免使用"项目结束时"等。授权期限宜短不宜长，例如在授权项目经理与建设单位之间的工程管理工作时，授权期限可以设置为至计划竣工日止，如后续实际履行中计划竣工日届满还未竣工的，可以重新授权。

4. 授权委托书（正面清单与负面清单）应对外公示

授权委托书在出具给相对方时，应保留好向相对方送达的材料，避免后续代理人出现越权代理行为时，相对方称未收到过有限制性条款的授权委托书，所以授权范围对外公示十分重要。例如施工企业在施工现场等显著地方设立的"五牌一图"中，对项目经理的授权范围以及非授权范围予以明确，并注明"不属于授权范围内的事项对施工企业不具有约束力。"

5. 合同中明确收付款、结算等流程

在施工企业对外签订的合同中，应当明确收付款、结算等流程，明确收付款、结算需要有施工企业加盖公章才生效，任何人员签字的行为对公司不产生约束力。此外，建议对与款项相关的约定，在合同文本中进行加粗提示。

（二）项目履行过程中，注意把控被授权人员行为

人民法院判断行为人是否具有代理权表象时，会结合身份、权限、行为模式、交易习惯综合认定；在判断相对人是否善意无过失时，会结合履行过程、相对人合理信赖程度等综合认定。也即在授权范围明确的情况下，施工企业仍需注意在项目履行过程中把控被授权人员的行为。

1. 施工企业应规范用章管理

如本篇第一章"印章风险防控"部分所述，如企业未建立规范的用章流程，项目经理、项目负责人等作为可以密切接触项目印章的人员，可能会擅自加盖项目章。结合项目经理身份及交易惯例，项目经理可能就具有代理权表象。

2. 施工企业应规范财务管理，在对外付款收款时，需要履行企业内部审批流程

施工企业向建设单位报送产值时，应先行审查用章后再向业主报送，避免发生仅有项目经理签字即向业主报送产值，业主据此支付款项的情况，避免在交易中形成项目经理有权办理结算的表象。

（三）授权结束时，及时告知相对方

在授权期限届满或中途收回对代理人的授权时，应及时向相对方履行告知义务。《民法典》第一百七十二条规定："行为人没有代理权、超越代理权或者代理权终止后，仍然实施代理行为，相对人有理由相信行为人有代理权的，代理行为有效。"在代理权终止后，施工企业应当及时向相对方告知。

第三章
人员管理风险防控

如本篇第二章"授权风险防控"所述，施工企业作为法人单位，其在建设工程项目中需要委托自然人进行项目管理、施工等。施工过程中的人员管理对施工企业尤为重要，如人员管理不合规，施工企业将面临被行政处罚、被建设单位索赔的风险。

一、风险提示：人员管理不合规可能导致施工企业受到行政处罚

类型一：施工企业未配备符合法律法规规定的专业人员将受到行政处罚

案例一

某公司行政处罚案

基本案情

2020年3月，某市城市管理综合行政执法局接市建设工程质量监督站移交件，反映某公司在承接某地块项目消防分包合同中项目经理无执业资格。经执法人员初步核查，案涉消防分包合同中项目经理张某涉嫌在未取得注册证书和执业印章的情况下，担任中大型建设工程项目施工

单位项目负责人的违法违规行为。后某市城市管理综合行政执法局对该案立案调查，并向当事人某公司发出核查通知书。执法人员现场检查发现，某公司与吉林省某公司签订了消防施工合同，项目经理为张某，张某未取得注册建造师注册证书和执业印章。

处理结果

某市城市管理综合行政执法局依据《某省房屋建筑和市政基础设施工程质量监督管理办法》规定，鉴于某公司初次违法，已改正其违法行为且未造成影响及危害后果，对某公司处罚款人民币 1.6 万元；依据《注册建造师管理规定》第三十五条之规定，对张某给予警告，并处罚款人民币 1.1 万元。

类型二：项目经理未能依法依约到岗履职，施工企业将受到行政处罚

案例二

某项目项目经理未到岗履职行政处罚案

基本案情

某建筑安装工程有限公司在某新建项目中，存在项目经理未到岗履职的行为。某市建筑管理处执法人员检查发现，某建筑安装工程有限公司派驻在新建项目中的项目经理在 7 月未有考勤，8 月 15 日前未有考勤。同时，根据某省住房和城乡建设厅《2022 年 3—6 月份全省房屋建筑和市政基础设施领域拖欠农民工工资预警项目的通报》，某建筑安装工程有限公司在新建项目的项目经理到岗考勤率未达到 70％。2022 年 9 月项目经理翁某已到岗履职。

处理结果

　　某市住房和城乡建设局依据《某省房屋建筑和市政基础设施工程质量监督管理办法》对施工企业处罚款人民币一万元整。

▒▒▒ 风险分析 ▒▒▒

　　《建设工程质量管理条例》[①]第二十六条规定："施工单位对建设工程的施工质量负责。施工单位应当建立质量责任制，确定工程项目的项目经理、技术负责人和施工管理负责人。建设工程实行总承包的，总承包单位应当对全部建设工程质量负责；建设工程勘察、设计、施工、设备采购的一项或者多项实行总承包的，总承包单位应当对其承包的建设工程或者采购的设备的质量负责。"第二十九条规定："施工单位必须按照工程设计要求、施工技术标准和合同约定，对建筑材料、建筑构配件、设备和商品混凝土进行检验，检验应当有书面记录和专人签字；未经检验或者检验不合格的，不得使用。"第三十三条规定："施工单位应当建立、健全教育培训制度，加强对职工的教育培训；未经教育培训或者考核不合格的人员，不得上岗作业。"

　　从上述规定即可以看出，建设工程项目施工企业对工程质量有相应责任和义务，需要配备专业的项目经理、技术负责人和施工管理负责人等，对过程材料等需要有专人负责检验确认。如未按要求配备专业人员的，不同地区对此有不同的要求及处罚标准，例如在《江苏省房屋建筑和市政基础设施工程质量监督管理办法》（江苏省人民政府令第89号）第二十五条中，"违反本办法第十九条规定，施工单位有下列行为之一的，由住房和城乡建设行政主管部门责令改正，并可处5000元以上3万元以下罚款：（一）未按照规定配备相应的工程项目管理人员的；（二）项目经理擅自变更或者离岗的；（三）关键部位、关键工序隐蔽验收合格后，未及时填写验收记录并由专人签字的……"所以，施工企业应按照法律法规规定配备项目人员并监督其依规履职。

---

　　① 此处引用的《建设工程质量管理条例》为2019年修订版，如无特别标注，本书下同。

二、风险提示：人员管理不合规可能构成违约

类型一：施工企业未经同意擅自更换项目经理，存在违约风险

案例一

A 公司与 B 公司建设工程施工合同纠纷

基本案情

A 公司作为发包人与 B 公司作为承包方签订了《某主体及配套工程建设工程施工合同》。该合同第十三条"双方现场代表"约定："五、未经发包人同意，承包人实际委派的项目经理不符合上述规定的，视为承包人违约，承包人应承担 30 万元的违约金，未经发包人同意，承包人实际委派的项目人员不符合附件 4 规定的，每更换一人承担 30 万元的违约金。"

法院裁判

就更换项目经理是否应承担违约金的问题。施工合同约定 B 公司更换项目经理需征得 A 公司的同意。本案中，B 公司提交的证据仅能证实 A 公司同意 B 公司变更五大人员，以及 A 同意免除 2014 年 9 月 15 日因项目经理及项目总工未到岗的罚款 300000 元，并不能证实 A 公司同意 B 公司更换项目经理，故 B 公司应承担向 A 公司支付 300000 元的违约责任。

类型二：施工企业项目人员未到岗履职、履职不符合约定的，存在违约风险

案例二

A 公司与 B 公司建设工程合同纠纷

基本案情

某项目施工合同第 4.7 款约定："承包商的项目管理组织。在施工期内，承包商的现场管理人员除了本工程外，不得兼顾、兼管承包商其他工程。如果承包商拒绝按经工程师批准的组织架构安排的现场管理人员执行工地现场工作，或在工程师/雇主代表检查时如果上述人员没有特殊理由不能在 30 分钟内到达承包商本工程现场办公室，工程师/雇主代表有权按如下标准从合同总价中扣减费用。人员：项目经理。扣减额：10000 元/天。"

法院裁判

根据监理公司向施工单位项目部发出 21 份安全隐患整改通知单载明的内容，可证实施工单位项目经理不在岗 95 天。根据施工合同约定，关于项目经理脱岗按每天 10000 元的标准支付违约金的约定，施工单位应支付违约金 950000 元（95 天×10000 元/天）。

风险分析

《建设工程施工合同（示范文本）》（GF—2017—0201）关于项目经理的第 3.2 款中规定："项目经理应常驻施工现场，且每月在施工现场时间不得少于专用合同条款约定的天数。项目经理不得同时担任其他项目的项目经理。项目经理确需离开施工现场时，应事先通知监理人，并取得发包人的书面同意。……3.2.3 承包人需要更换项目经理的，应提前14 天书面通知发包人和监理人，并征得发包人书面同意。通知中应当载明继任项目经理的注册执业资格、管理经验等资料，继任项目经理继续履行第 3.2.1 项约定的职责。未经发包人书面同意，承包人不得擅自更换项目经理。承包人擅自更换项目经理的，应按照专用合同条款的约定承担违约责任。"

实践中，在建设工程施工合同通用合同条款及专用合同条款中均会约定禁止施工企业擅自更换项目经理、主要施工管理人员，否则应当承担违约责任。此外，还会约定项目经理未按约定到岗或履职不符合约定的违约责任。在司法实践中，人民法院主要存在两种裁判思路：第一，结合合同签订的目的及其要防范的风险、造成违约的原因等因素，按照合同约定的违约金金额予以支持。第二，结合建设单位、施工企业提供的损失证明，以建设单位的实际损失作为违约金的裁判标准。

三、风险提示：项目经理职务行为的法律后果由施工企业承担

案例

A 公司与姚某劳务派遣合同纠纷

基本案情

A 公司从某房地产公司承包了某项目中四个区的部分工程，随后与张某签订《工程承包协议书》，将该工程项目部分工程交由张某分包；另附《授权委托书》，其中载明"被授权人张某为某工程项目经理；被授权人以下行为均属个人行为，A 公司不承担责任，其中包括以工程项目名义与他人订立工程承包或分包协议等。"此后，张某和与姚某签订《某项目 C 区劳务分包协议书》《某项目 E 区劳务分包协议书》，约定将案涉工程劳务转包给姚某。分包劳务具体为案涉工程相关楼宇的木工、钢筋、外架、抹灰、砌砖等施工作业。

后姚某起诉 A 公司，要求 A 公司支付案涉劳务费。一审中，第三人 B

公司提供了工资发放回执单及承诺书原件，证明其代 A 公司向姚某支付了案涉劳务费 15526822.85 元。经姚某申请，法院委托四川某造价咨询事务所有限公司对姚某完成的案涉工程建筑劳务面积及劳务费进行鉴定，鉴定机构出具了司法鉴定意见书及补充说明。根据鉴定结论，姚某施工的劳务费总额为 18874870.3 元。

法院裁判

张某作为劳务分包协议的一方，与 A 公司签订有案涉工程相关楼宇的《工程承包协议书》和《授权委托书》，承包了包括上述劳务分包协议中约定的楼宇在内的住宅楼施工工程，并作为工程项目经理，代表 A 公司负责施工管理和建设工程施工合同的履行。

虽然根据《授权委托书》第三条和第四条的约定，张某的授权范围是按自筹资金、自负盈亏的独立经营原则对项目施工合同范围内所有工作内容进行经济承包，其以工程项目名义与他人订立工程承包或分包书面协议的属于个人行为，A 公司不承担任何责任。但 A 公司实际已通过 B 公司先后向姚某支付劳务费，故 A 公司对张某作为其项目经理将案涉工程部分劳务分包给姚某，由姚某实际完成施工作业并向姚某支付劳务费是认可的。因此，张某与姚某签订劳务分包协议、支付劳务费的行为，可以被认定为张某代表 A 公司履行的职务行为。

▨▨ 风险分析 ▨▨

《民法典》第一百七十条规定："执行法人或者非法人组织工作任务的人员，就其职权范围内的事项，以法人或者非法人组织的名义实施的民事法律行为，对法人或者非法人组织发生效力。法人或者非法人组织对执行其工作任务的人员职权范围的限制，不得对抗善意相对人。"

此外，项目经理的对外行为部分不属于施工企业的授权范围，但施工企业进行了事后追认或者以其行为表示认可，例如经项目经理确认进度结算金额，施工企业据此从建设单位收款或对下游付款，则项目经理的对外行为可能被认定为职务行为。

四、应对指南

（一）项目履行前，注意配备施工项目必需的人员

首先，在项目开始前，根据施工计划和岗位需求，制定合理的人员组织计划，明确各岗位人员的数量、职责和技能要求。在施工过程中，根据实际情况及时调整人员调配，确保施工活动的顺利进行。

其次，应注意项目经理职务行为的尺度。施工企业对上与建设单位签订施工合同，对下与材料商、分包商等签订采购、分包合同时，应在对项目经理、项目负责人的授权委托书、任命文件、合同中对授权范围进行明确约定，避免项目经理的行为均被认定为职务行为。

最后，施工人员在上岗前必须接受安全培训和教育，了解施工现场的安全规定和操作规程。

（二）项目履行过程中，注意把控施工人员行为

1. 施工企业应规范打卡考勤

施工企业如严格执行打卡考勤，则将极大程度降低项目管理人员不到岗履约、迟到早退的情况。同时，施工企业应不定时抽查项目管理人员工作，做到事前审批、事中监督、事后检查，确保项目管理人员在职权范围内履约。

2. 加强现场管理

加强施工现场人员管理，包括进出工地登记、工作证管理、施工现场安全警示标志设置等，确保施工活动有序、安全进行。

同时，项目经理、安全员等是项目必须设置的岗位，施工企业应当按照规定配备具备相应资质和职业技能的人员。一般情况下，还需在施工合同中写明项目经理并在住建局办理备案，有鉴于此，施工企业确需变更项目经理的，应当及时向建设单位申请并说明理由，并办理备案变更手续，即办理人员变更签证，降低施工企业因项目经理变更而承担行政责任和对建设单位承担违约责任的风险。

第四章
资料管理风险防控

项目资料作为支撑施工企业竣工验收、结算的重要依据，在建设工程中尤为重要。目前大多数建设工程项目会配备专业资料员，专门负责资料管理，但仍存在资料丢失、重要资料缺失等问题，而一旦丢失，如发生争议，施工企业将面临不能举证的风险。由此，施工企业需要重点关注并落实建立完备的资料管理制度、提高资料管理水平，保障结算、回款，降低被建设单位反索赔的风险。

一、建设工程中的常见资料

施工资料是指施工单位在工程施工过程中形成的资料，是施工全过程的记录文件。施工资料可分为：施工质量保证资料、技术资料、安全资料，它包含了整个建筑物从施工开始到结束所产生的文件内容，以及联系外单位（建设、设计、勘察、监理等）的文件；记录工程的质量、技术及安全等情况的资料（包括新工艺、原材料检测、检验）；保存施工时的安全信息和安全纠正内容的资料（安全方案、安全教育等），是施工全过程的记录文件。

建设工程资料繁杂，项目地住房和城乡建设局对建设工程竣工验收备案一般会有特定的要求，例如建设工程竣工联合验收意见书、建筑工程施工许可证、工程质量保修书等。此外，在《建设工程文件归档规范》（GB/T 50328—2014）[①] 中，也有关于文件归档的要求，例如在工程准备阶段，

---

① 已被《住房和城乡建设部关于发布国家标准〈建设工程文件归档规范〉局部修订的公告》（2019 年 11 月 29 日发布，2020 年 3 月 1 日实施）部分废止。

规定了立项文件、建设用地拆迁文件、勘察设计文件等；在监理类文件中，有工程款支付证书、工期管理文件等与施工企业相关的文件；在施工文件中，有施工组织设计及施工方案、图纸会审记录、工程开工报审表、费用索赔申请表等。

（一）开工前资料

项目具备开工条件是施工企业进场施工的前提条件，开工前准备资料对工期认定尤为重要。实践中，涉及施工单位的开工前资料包括施工许可证、移交记录（文勘、地勘、基准点、红线、管线、地质水文等）、施工图纸及图纸交底、施工进度及工期计划（经建设单位确认的施工组织设计和进度计划，以及相关修改资料、施工方案等）、开工报告、开工报审表、进场通知、工作面交接单及相关影像资料等。

（二）施工过程资料

施工过程中的履约资料，主要围绕工期、进度款支付、变更、质量等展开。

关于工期的施工资料主要包括：工期延误书面说明及相关证明材料、发包人停工/复工指令、承包人停工/复工申请、工期顺延签证等。

关于进度款支付的施工资料主要包括：工程进度情况说明、形象进度确认单、进度款支付申请书、工程进度审核表等。

关于变更的施工资料主要包括：设计变更任务通知单、设计修改通知单、现场签证任务通知单、签证变更核价单、现场签证审批表、工程变更单、收方记录表、一单一结报审单、现场签证变更费用计价汇总表、设计变更及现场签证协议等。

关于质量的施工资料主要包括：材料设备出厂合格证明、质量保证书、生产许可证等、材料器件进场验收单、材料进场抽样见证记录及质量检测结果、施工现场质量管理检查记录等。

（三）施工完毕资料

竣工后，重要资料包括竣工验收资料、交接手续资料、结算资料及报送记录。竣工验收及备案资料具体包括：隐蔽工程和中间验收的承包人自检记录、隐蔽工程验收表及整改要求资料、关键工序验收记录（含三检记录，以及因此涉及的承包人违约责任处罚或暂付进度款决定等资料）、分包工程竣工验收表、承接查验实体移交记录资料移交清单、分包工程移交单、建设工程消防验收意见书、建设工程规划核实意见书、人防工程竣工验收备案意见书、竣工验收报告、房屋建筑工程竣工验收备案表、房屋竣工验收备案证明及竣工备案网上查询记录等。

结算资料具体包括：结算启动会会议纪要及附件、结算报审资料、缺漏与增项计算异议记录、工程造价咨询报告（现场查勘记录）、工程结算书等。同时，需要施工企业注意的是，结算资料需准备多份原件，建设单位一般要求报送原件，此时应当保存签收记录并明确报送资料为原件。

二、风险提示：施工资料缺失可能导致鉴定无法顺利进行

案例

甘肃A公司与青岛B公司建设工程施工合同纠纷

基本案情

青岛B公司将光伏电站工程发包给了甘肃A公司，甘肃A公司进场完成了2万桩支架基础工程，后因工程款逾期支付问题导致工程中途停工。

双方对已完工程部分的工程款数额发生争议，甘肃A公司遂将青岛B公司诉至法院，主张工程款及违约金1158.09万元。在诉讼过程中甘肃A公司申请工程造价鉴定。

在鉴定过程中，由于甘肃A公司、青岛B公司均不能提供施工资料，亦未能从监理单位、设计单位处调取到施工图纸等资料，鉴定程序终止。

法院裁判

诉讼中，甘肃A公司向法院提交鉴定申请，请求对案涉工程量价款进

行鉴定。法院依法委托相关鉴定机构进行鉴定。鉴定中，因甘肃 A 公司、青岛 B 公司不能提供案涉工程的施工资料，后经法院前往监理单位、设计单位调取，亦未调取到相关施工图纸等资料。

因案涉工程施工资料缺失，导致鉴定工作无法进行，故法院鉴定组织部门终止了本案的鉴定程序。由于三方均未提交设计施工图纸，且对涉及支架基础工程造价鉴定的桩截面尺寸、外露地面长度、地下长度、砼标号、配筋等部分计价指标无法确定。鉴于甘肃 A 公司完成的桩支架基础工程系各自独立的施工单元，采用破坏性抽检形式确认各桩平均工程量的方式不仅鉴定费用大，造成当事人不必要的诉讼成本，亦不符合案涉桩基工程各自独立、数量较多的实际情况。因此，案涉已完工程无法通过鉴定程序确定工程造价。

▰▏▎风险分析 ▎▏▰

在该案中，因举证方提供的材料未达到鉴定的最低要求，导致鉴定机构无法对工程造价进行鉴定。作为施工企业，工程造价的确定直接影响建设工程项目的盈亏，在双方就工程结算无法达成一致的情况下，施工企业可对工程造价申请鉴定。但需要注意的是，如施工企业未能举证已完工程范围、已完工程量等施工过程资料（例如施工图纸、变更签证、材料进场报验检测资料等），鉴定机构会基于资料缺失而退回鉴定，则工程造价无法通过鉴定予以明确。

三、风险提示：施工资料缺失可能导致部分工程造价无法认定

案例

A 公司、 B 置业公司建设工程施工合同纠纷

基本案情

A 公司与 B 置业公司签订《建设工程施工合同》。合同约定 B 置业公

司开发的某项目由 A 公司承包施工。

工程完工后，A 公司向 B 置业公司提供了《工程竣工报告》。案涉工程进行竣工验收，后双方对结算发生争议。在本案审理过程中，经 A 公司申请，法院依法委托福州 C 工程管理有限公司对案涉工程双方争议部分的造价进行鉴定，福州 C 工程管理有限公司出具鉴定意见书。

双方当事人对于鉴定意见书提出了异议，福州 C 工程管理有限公司均予以明确的解释说明。其中一项异议项即塔吊施工电梯费用：鉴定报告载明塔吊施工费用为 9557947 元，由于 A 公司提交的工程资料无原件，真实性无法确定。

▓▓▓ 风险分析 ▓▓▓

在上述案件中，A 公司因未能提供塔吊和施工电梯安拆相关资料的原件，致使鉴定机构无法确认资料的真实性，鉴定结论也无法纳入确定性意见。司法实践中，因施工单位无法提供施工过程中的资料原件导致相关施工内容无法计入工程造价的情况较为常见。因此，在施工过程中，施工单位应做好资料管理工作以避免原件缺失造成对施工单位不利的认定。

四、风险提示：施工资料缺失可能导致施工企业被建设单位反索赔

案例

A 公司与 B 公司建设工程施工合同纠纷

基本案情

A 公司通过招标投标方式确定 B 公司为某新型建筑防水、防腐和保温材料生产研发项目总承包人，并发出中标通知书。

2018 年 9 月，主门卫室、危废仓库、智能仓库已经过竣工验收，竣工验收报告上载明完工日期为 2018 年 5 月。后 B 公司未收到全部工程款，向人民法院诉请 A 公司支付工程款。

A 公司向法院提起反诉，请求法院判令 B 公司配合 A 公司办理竣工验收备案手续。B 公司以资料缺失为由抗辩，主张无法配合完成竣工验收备案手续。

法院裁判

建设工程依法依规办理竣工验收备案是相关政府职能部门对工程进行质量监管的强制要求。因此，配合 A 公司办理案涉工程竣工备案手续，也是 B 公司作为施工单位的当然义务。B 公司所称资料缺失、无法配合完成竣工备案手续等理由，不能免除其依法应当履行的合同义务。A 公司反诉请求 B 公司配合办理备案手续，并具体陈述其不予配合的情形，依法应予以支持。A 公司如另有证据证明 B 公司不配合办理竣工备案手续造成损失，可以依法另行主张。

风险分析

移交竣工验收资料、配合建设单位完成工程竣工验收备案是施工单位的法定义务。施工企业如未妥善保存施工过程资料，无法移交给建设单位办理竣工验收及竣备，则面临被建设单位反索赔的风险。被反索赔的项目主要包括：建设单位委托房屋结构安全鉴定的费用、逾期交付小业主的费用以及违约金等。例如在江西省高级人民法院 2019 年某建设工程施工合同纠纷案件中，法院认为："结合某置业有限公司提交的其与购房户关于逾期交房违约责任的判决书以及调解书的金额（在 2 万元与 6 万元之间），以及某小区购房户多次上访、信访的事实，为减少当事人诉累，平衡双方利益，对该部分损失结合本案的实际情况进行综合考量。现查明某小区有261 套商品房，酌定某建筑工程有限公司因未及时提交备案资料应赔偿某置业有限公司损失 4176000 元。"

五、风险提示：资料未送达的，可能被认定为对建设单位不产生约束力

案例

A公司与B公司建设工程施工合同纠纷

基本案情

A公司、B公司双方签订《中央空调系统产品提供及安装合同》，合同第二条约定："工程量如需变更必须由原告以书面形式向被告提出并经被告签字认可方可生效。"

庭审中，原告举证工程联系单1份，拟证明案涉工程增加了98995元的管路费用；并举证询证函1份、对账函1份、快递回执2页，拟证明原告多次催要工程款，被告不予理睬。

法院裁判

被告对原告提供的上述工程联系单真实性无异议，对关联性、合法性有异议，工程联系单并未显示被告已实际签收，监理人员的签名标注数额也是不确定状态。法院经审查后认为双方合同既已约定工程量变更须以书面形式并经被告签字确认方可生效，但原告提供的工程联系单上并无被告签字确认，且原告无法证明监理人员的身份，因此本院对该份证据不予采信，对原告主张的工程增量98995元不予认可。

被告提出原告提供的询证函并无签收记录，快递单及对账函都是复印件。法院经审查后认为询证函无送达记录，且快递单及对账函都为复印件，无法证明原告催要工程款的事实。

风险分析

《民法典》第一百三十七条第二款规定："以非对话方式作出的意思表

示，到达相对人时生效。以非对话方式作出的采用数据电文形式的意思表示，相对人指定特定系统接收数据电文的，该数据电文进入该特定系统时生效；未指定特定系统的，相对人知道或者应当知道该数据电文进入其系统时生效。当事人对采用数据电文形式的意思表示的生效时间另有约定的，按照其约定。"

因此，施工单位向建设单位发送资料的，应注意保留签收记录，否则未送达的意思表示未生效，对建设单位无法产生法律效力。

六、应对指南

（一）建立完善的资料管理组织结构

（1）施工企业应设立施工资料管理领导小组，由工程管理部门牵头，其他相关部门协助。该资料管理领导小组应定期召开会议，对施工资料的管理工作进行监督、指导和协调。

（2）每个施工项目部应建立施工资料管理体系，明确各级管理人员职责。项目部应配备专职资料员，负责施工资料的日常收集、整理和归档工作。

（3）资料员应具备相关专业知识和技能，能够准确及时地收集、整理和编制施工资料。

（二）明确资料管理要求并向资料员释明

（1）施工资料必须及时、真实、准确，反映工程施工过程和工程实体质量。任何人对施工资料的修改或涂改都必须经得起检验和审查，如需对资料进行修改或补充，应做好记录并签字确认。

（2）施工资料应按照国家和地方的相关规定进行分类、编目、归档和保管。

（3）施工资料应与工程进度同步收集、整理和编制，确保及时反映施工过程和工程实体质量，在此过程中资料员应密切关注工程进度，及时收集和整理相关资料。任何阶段都必须保证资料的及时性，以避免后期出现资料缺失或遗漏的情况。

（4）施工资料应妥善保管，防止丢失、损坏或泄密。项目部应采取必要的措施，确保资料的物理安全和数据安全。

（5）施工资料编制应采用统一的标准和格式，以便于查阅和使用。项目部应使用统一的表格、文件格式和编码系统进行编制。

（三）注重施工资料审核与验收要求

（1）施工资料必须经过审核才能报送有关部门备案，审核人员应具备相应的专业知识和经验，能够对施工资料进行全面、客观、准确地审核。审核内容包括资料的完整性、准确性、真实性、规范性等方面。

（2）审核过程中发现问题应及时提出修改意见并督促整改，确保施工资料的合格。对于不合格的资料，审核人员应要求项目部进行整改并重新提交。

（3）竣工验收前，施工项目部应组织对施工资料进行全面检查和整理，确保资料的完整性和规范性。项目部应对所有资料进行最后一次审核，确保所有资料都符合要求。

（4）竣工验收时，应将施工资料与工程实体质量一并验收，并做好记录和签字确认。验收内容包括资料的完整性、准确性、真实性、规范性等方面。对于不合格的资料，验收人员应要求项目部进行整改并重新提交。

（5）通过验收的施工资料应及时归档保存，以备后续使用和维护。所有档案都应做好防潮、防火、防盗等措施，确保档案的安全。

（四）通知与送达

施工企业向建设单位发送资料的，应保留送达记录，确保施工企业意思表示到达建设单位。从实践角度出发，建议施工企业在施工合同中约定送达地址，例如邮箱、收件地址、接收人电话。此外，施工中与各方往来函件过程中，多会制作发文收文簿，施工企业应当注意保留原件且留意签收人员是否为建设单位员工或是否能代表建设单位。

第五章
联合体风险防控

根据《建筑法》第二十七条第一款中的规定："大型建筑工程或者结构复杂的建筑工程，可以由两个以上的承包单位联合共同承包。"联合体是工程施工过程中的常见模式，在工程总承包模式下尤为常见。由于工程总承包通常要求同时具备设计资格和施工资质，有些项目还需要勘察资质。在工程总承包模式早期，很少有施工单位同时具备以上资质。因此，施工企业需要与其他企业组成联合体共同投标。鉴于我国现行法律并未赋予联合体独立法人的地位，做好规划联合体内部、外部的权利义务和责任承担的风险防控对施工企业至关重要。

一、联合体的性质及其资质认定

（一）联合体的性质

建设工程领域有关联合体的定义主要见于《招标投标法》第三十一条、《房屋建筑和市政基础设施项目工程总承包管理办法》（建市规〔2019〕12 号）第十条和《建设项目工程总承包合同（示范文本）》（GF—2020-0216）通用条款第 1.1.2.4 目。

从上述规定来看，组成联合体并不需要联合体成员之间共同成立项目公司，只需要联合体成员之间达成一致、形成联合体协议、合理确定牵头单位，共同与业主/发包人签订协议书，并共同对发包人承担责任即构成联合体关系，此类联合体即为国际工程实践中通常认为的松散型联合体①。

---

① 国际工程实践中还有另外一种联合体形式，即紧密型联合体，此类形式又可分联营体形式的联合体和法人形式的联合体，由于该种形式在国际工程实践中运用较少，在我国也并非主要形式，因此在本书中仅作简要介绍，供读者了解。

联合体本身并不具备独立的法人主体地位。司法实践认为联合体成员之间构成合伙联营关系，联合体协议构成联营协议。

（二）资质认定

施工单位在寻找、组建联合体的过程中首先需要关注的问题便是联合体的资质问题。根据《建筑法》第二十七条第二款，如果有两个以上不同资质等级的单位组成联合体承揽工程，应当按照资质等级低的单位的业务许可范围承揽工程。《招标投标法》第三十一条第二款也规定，国家有关规定或者招标文件对投标人资格有规定的，联合体各方均应当具备规定的相应资格条件。由同一专业的单位组成的联合体，按照资质等级较低的单位确定资质等级。由此，可以总结出联合体资质认定的相关规则。

1. 明确分工

联合体成员对其在联合体协议中约定的应承担的工作内容，应当具有相应的资质和能力。

2. 区分专业

若两个联合体成员承担的是同一专业的工作内容，则应当遵循"就低不就高"的原则。

基于以上原则，若联合体中施工单位具有施工甲级资质，而设计单位同时具有设计甲级资质和施工乙级资质，但设计单位在联合体中仅承担设计工作并不参与实际施工，则应当认定联合体的施工资质为施工甲级资质。

二、联合体组建及施工过程中常见风险

联合体模式对施工单位在寻找合作伙伴、组建联合体，筹备项目和实际施工过程中的筹划、管理都提出了更高的要求。

首先是寻找合作伙伴，如前所述，组成联合体的成员需要具备相应的资质，并满足同分工、同专业资质"就低不就高"的原则。

其次是项目筹备。具体体现为联合体内部的各项权利义务约定，以及

联合体与发包人或业主方签订的相关协议中对联合体成员与发包人或业主方之间的权利义务约定。具体体现为以下几类风险。

（一）联合体成员之间的内部权利义务约定

1. 联合体内部的费用分摊以及职责分工

除了投融资和施工、设计和施工、施工单位之间的工作内容的划分外，建设工程项目在筹备到实施的过程中还会产生现场踏勘、外部咨询、履约保证金、保险、保函等各类额外费用，对此类费用的分摊原则若未在联合体协议中事先确认，此后极有可能产生分摊争议。对于多个施工单位同时对同一项目进行施工的，还容易出现施工界面划分不清的情形，出现"两不管"的施工区域。

2. 联合体成员内部的决策机制及退出机制

建设工程实践中，虽然两个独立法人构成联合体的情形占多数，但也不乏三个及以上的独立法人共同组成联合体的情形。在此情况下，对于联合体内部的事务以及对外的事务处理如何决策，难免产生争议，若未事先明确，极有可能产生部分联合体成员私自对外签订协议并导致其他联合体成员对应付款项承担连带责任的情形。除此之外，无论联合体成员由几个独立法人构成，任何一个联合体成员的退出都可能给项目的正常实施造成巨大的影响，缺乏完善的退出机制无疑将引发联合体各方对退出后相关问题如何应对的争议，也将影响发包人/业主方在投标评标时对联合体整体实力的考量。

（二）联合体的收款和发票开票方式

联合体模式下常见的联合体收款和发票开票方式可以分为以下两种。

模式一：发包人直接根据联合体成员之间的分工，将相应的款项分别支付给联合体各成员方，联合体成员分别向发包人开具增值税发票

该模式最符合"资金流""发票流""业务流"三流一致的原则，节省了联合体成员内部的付款流程，避免了潜在的联合体内部付款争议和己方

款项被他方挪用转移的风险。但在该模式下，需要发包人先行区分出建筑安装工程费用（以下简称"建安费"）、工程款、设计费用。这一模式的另一优势在于施工项目竣工后，联合体各方可以直接与发包人办理结算，各方可以单独向发包人主张债权。

模式二：发包人直接将款项支付给联合体牵头人，联合体牵头人再将款项支付给其他联合体方

这种模式下发包人不再需要区分项目建设中的设计费、建安费、工程款及投资回报，仅按固定的计算方式向联合体牵头人支付合同价款，具体的款项分配由联合体内部决定。该模式下，由于联合体各方债权不可分，可能无法以自己名义单独主张债权。

实践中也有联合体选择共同设置监管账户，由发包人将合同总价款支付至监管账户，联合体各方分别开具相应发票，由此可能导致重复征税。此外，由于勘察、设计、施工各自适用不同税率，如果统一支付给牵头人存在所有款项从高适用税率的风险。

三、风险提示：联合体成员能否单独起诉取决于权利义务是否可分

类型一：如联合体成员提起的诉讼请求与其他成员不具有利害关系，联合体成员可单独提起诉讼

案例一

A 公司与 B 公司建设工程勘察合同纠纷

基本案情

A 公司与 C 公司组成联合体投标 B 公司某项目，中标后共同与 B 公司签订勘察设计合同，合同约定：A 公司负责勘察，C 公司负责设计。合同签订后，A 公司支付了履约保证金，但 B 公司未支付首期工程款，A 公司也未进场勘察。后 A 公司单独起诉业主 B 公司，要求解除合同并返还保证金。

法院裁判

关于原告的主体资格问题。虽案涉合同是 A 公司及案外人 C 公司组成承包联合体与发包人 B 公司共同签订，但 A 公司与 C 公司是不同的权利义务主体，合同约定 A 公司履行勘察义务，C 公司履行设计义务，双方在合同中各自的权利义务不相同，可以进行区分。同时 B 公司也是分别向设计承包方和勘察承包方支付费用，故即使案外人 C 公司未对 B 公司提起诉讼，原告仍有权就与 B 公司之间的合同权利义务内容单独提起诉讼，其原告的主体身份适格。

关于原告是否享有合同解除权的问题。根据《合同法》第九十四条第（四）项规定①，当事人一方迟延履行债务或者有其他违约行为致使不能实现合同目的，当事人可以解除合同。该条赋予守约方在合同目的不能实现时享有法定解除权。本案中，被告 B 公司未按约定支付首期勘察费，致原告 A 公司至今未能进场勘察，案涉合同未实际履行，且某管委会致函 B 公司，要求终止实施未实施的案涉项目，案涉合同已不能继续履行，导致原告 A 公司合同目的不能实现，故原告 A 公司要求解除案涉合同中涉及 A 公司与 B 公司之间的合同权利义务内容，符合法律规定，应予支持。

类型二：如联合体成员提起的诉争涉及联合体其他成员的权利义务及利害关系，联合体成员不可单独提起诉讼

> 案例二

A 公司与 B 公司建设工程合同纠纷

基本案情

B 公司、C 公司和 D 公司组成联合体共同投标某输变电工程 EPC 总承

---

① 已被《民法典》（2021 年 1 月 1 日实施）废止。《合同法》第九十四条对应《民法典》第五百六十三条。

包项目并中标，与发包人 A 公司签订《EPC 总承包合同》并共同承建该项目。

工程完工后，B 公司向法院起诉要求 A 公司支付剩余工程价款，诉讼中 A 公司提出反诉，要求承包人对工程质量问题进行修复。

裁判观点

案涉《EPC 总承包合同》的承包人为 B 公司、C 公司和 D 公司，三承包人共同签订联合体协议组成联合体中标并承建案涉工程。依照《招标投标法》第三十一条第三款"联合体各方应当签订共同投标协议，明确约定各方拟承担的工作和责任，并将共同投标协议连同投标文件一并提交招标人。联合体中标的，联合体各方应当共同与招标人签订合同，就中标项目向招标人承担连带责任"的规定，本案中 B 公司、C 公司以及 D 公司应就中标并承建的项目向 A 公司承担连带责任。

同时，因在本案本诉中，B 公司主张的工程款系案涉合同总价款中尚未支付的部分，而 A 公司反诉所主张的内容亦包括要求承包人消除合同范围内全部缺陷，双方诉争内容均涉及 C 公司和 D 公司的相关权利义务，依照《民事诉讼法》（2017 年修正）第一百三十二条规定："必须共同进行诉讼的当事人没有参加诉讼的，人民法院应当通知其参加诉讼。"[①] 人民法院应通知 C 公司和 D 公司参加诉讼。

▨▨ 风险分析 ▨▨

尽管当事人的诉讼资格问题属于程序性问题，但是当事人法律地位的确定与诉讼请求涉及的实体法上的权利义务内容息息相关。因此法院在审理联合体成员是否可以单独提起诉讼时往往会从实体法上对当事人的诉讼请求进行详细分析。

如联合体成员提起的诉讼请求所涉及的权利义务，可以独立于其他联合体成员的权利义务，并可以进行区分，尽管合同是由联合体共同与发包人签订的，法院亦通常会基于其诉讼请求的可分性和独立性而认为联合体

---

① 《中华人民共和国民事诉讼法》已于 2023 年再次修正，修正后对应条款为第一百三十五条。

成员可就其与发包人之间独立的合同权利义务内容单独提起诉讼。该类常见于投资人、施工方或设计方中的任一方就投资回报、工程款支付、设计费支付等单独提起诉讼的情形。

如联合体成员的诉讼请求涉及联合体成员共同的权利义务，在实体法律关系中存在共同的利害关系，法院通常会基于"诉讼标的同一"而认为属于共同诉讼，除非其他联合体成员明确表示对诉讼请求里列明的事项不主张权利，否则联合体成员不能单独提起诉讼，应追加其他联合体成员作为共同当事人加入案件中。该类案件常见于多个施工单位组成联合体、工程款并未进行区分的情形。

四、风险提示：联合体对外可能需要承担连带责任

类型一：对上游主体，联合体应对联合体成员施工的工程质量承担连带责任

案例一

M 公司与 A 公司、 B 公司建设工程施工合同纠纷

基本案情

A 公司与 B 公司签订联合体协议并就某项目与建设单位 M 公司签订建设工程标准施工合同。按联合体协议约定，该工程的主体实施单位是 A 公司，B 公司仅承担该工程爆破项目的施工，其他工程内容均由 A 公司承担。但在工程实施中，因 B 公司无法及时在项目所在地进行爆破许可证的备案，为保证工程的顺利开展，在征得 M 公司与监理单位的同意下，A 公司要求 B 公司将爆破施工内容分包给 C 公司进行施工，并承诺 B 公司原合同承担的相关所有责任及义务均由 A 公司承担。后案涉工程管道质量出现问题，M 公司多次召开协调会议处理该问题。但 M 公司召开的协调会议并未要求 B 公司参加，相关的文件往来也未提及 B 公司。B 公司也未收到来自 M 公司及 A 公司关于案涉工程的工程款。B 公司主张其仅签订了案涉

施工合同，但未实际履行，亦未参与协调会议，未收到案涉工程的工程款，故其无须承担相应责任。

法院认为，案涉建设工程标准施工合同系由 B 公司与 A 公司组成联合体参加案涉工程招标投标而签订形成，系各方主体的真实意思表示，该合同内容不违反法律、行政法规的强制性规定，对各方当事人均具有法律约束力。B 公司与 A 公司签订的联合体协议书中约定的联合体各成员单位内部的职责分工，不能对抗 A 公司，因此 B 公司应当承担连带责任。

类型二：对上游主体，联合体成员就案涉项目分别办理结算的可以免除退还超付工程款的连带责任

案例二

D 公司与 A 公司、 B 公司、 C 公司建设工程施工合同纠纷

A 公司、B 公司、C 公司组成联合体与 D 公司签订《建筑安装Ⅲ标段施工合同》，约定由 A 公司、B 公司及 C 公司承包 D 公司某工程。

合同履行中，工程土建部分由 A 公司负责，冷却塔项目由 B 公司负责，电力设备安装工程由 C 公司负责，上述工程于 2009 年 2 月竣工验收。A 公司、B 公司及 C 公司就各自已完工程价款与 D 公司单独进行结算。

后 A 公司报送工程竣工结算，D 公司委托造价咨询公司作出结算审核报告，其中载明"部分项目工程进度款未按照合同约定付款，导致存在工程款超付情况，例如 A 公司施工的土建工程……共超付工程款 3405431元。"D 公司据此请求 A 公司返还超付工程款。法院受理后，A 公司申请追加 B 公司与 C 公司作为第三人参加诉讼并要求 B 公司、C 公司共同承担工程款返还责任。

法院裁判

经审查，案涉工程虽由三方组成联合体与 D 公司签订施工合同，但三方对施工项目、施工范围有明确区分。此外，三方就各自完成的工程项目分别与 D 公司单独进行结算，案涉超付的工程款系 D 公司向 A 公司支付，B 公司、C 公司并未收取该款项，不负有返还该款项的义务。故 A 公司以三方联合投标为由，要求 B 公司、C 公司共同承担返还 D 公司超付工程款的责任，无事实和法律依据，理由不能成立，法院不予支持。

类型三：联合体牵头人在其授权范围内与下游分包单位签订合同，且联合体协议约定联合体对外承担连带责任的，联合体成员就其他成员对外签订的合同承担连带责任

案例三

某消防工程公司与 A 公司、 B 公司建设工程施工合同纠纷

基本案情

2014 年 11 月，A 公司与 B 公司自愿组成联合体，共同参加 X 县某建设工程招标，并签订联合体协议书，协议约定：A 公司为案涉工程联合体投标的牵头人，代表联合体各成员负责本招标项目投标文件编制和合同谈判活动，代表联合体提交和接收相关的资料、信息及指示，并处理与之有关的一切事务，负责合同实施阶段的主办、组织和协调工作；B 公司负责项目的施工总承包，并组建项目部组织施工、管理等；联合体将严格按照招标文件的各项要求，递交投标文件，履行合同，并对外承担连带责任。

2014 年 12 月，A 公司与 B 公司作为联合体共同与某城投公司签订融资建设合同，合同约定：某城投公司将案涉工程的建筑、装饰、安装、总平、绿化、景观及道路等附属工程发包给 A 公司和某集团公司进行建设；该项目采用"融资建设、迟延支付模式"建设，超出联合体资质范围的专业工程，必须进行专业分包。

2016年1月，A公司与某消防工程公司签订《消防工程专业分包框架协议》，约定由某消防工程公司完成案涉工程的消防安装工程。合同履行完毕后，A公司未按约退还某消防工程公司履约保证金，某消防工程公司向法院起诉请求：判令A公司与B公司连带偿还某消防工程公司履约保证金及利息等。

法院裁判

根据《联合体协议书》的约定：联合体将严格按照招标文件的各项要求，递交投标文件，履行合同，并对外承担连带责任。虽然B公司抗辩称《联合体协议书》中载明的"对外承担连带责任"仅针对"联合体投标事宜"向招标人承担连带责任，而非向案涉项目所有第三人承担连带责任，但《联合体协议书》不仅约定了A公司和B公司作为联合体成员在投标过程中的职责，还约定了投标项目的合同签订和合同实施阶段等事宜的职责分工，应当认定B公司与A公司作为联合体对外承担连带责任的范围不仅包括"联合体投标事宜"，还包括投标项目相关的合同签订及合同履行。虽然某消防工程公司是与A公司直接签订《消防工程专业分包框架协议》，但施工内容是履行案涉建设工程项目，也即《融资建设合同》项下的建设内容。根据《联合体协议书》中联合体"对外承担连带责任"的约定，B公司应对某消防工程公司承担返还履约保证金的连带责任。

类型四：根据合同相对性，非合同主体的联合方不对下游债务承担连带责任

案例四

某钢结构公司与某装饰公司、某建设工程有限公司建设工程施工合同纠纷

基本案情

某建设工程公司与某钢结构公司签订《联合体承包协议书》。协议约

定，双方组成联合体，实施、完成某项目建筑安装工程工作内容。该联合体中标后，A公司作为发包人，某建设工程公司与某钢结构公司作为联合体承包人，双方签订《合同协议书》，A公司将其总承包的由某石化销售公司发包的某项目建筑安装工程分包给某建设工程公司与某钢结构公司施工。后某装饰公司（承包方、乙方）与某建设工程有限公司（发包方、甲方）签订《环氧地坪施工承揽合同》。因某建设工程公司欠付某装饰公司工程款，故某装饰公司向法院起诉请求：某建设工程公司、某钢结构公司连带支付工程款。

法院裁判

某钢结构公司不应连带承担向某装饰公司支付工程款的义务。依据《合同法》第八条中"依法成立的合同，对当事人具有法律约束力"[①] 之规定，债权属于相对权，相对性是债权的基础。债是特定当事人之间的法律关系，债权人只能向特定的债务人请求给付，债务人只能对特定的债权人负有给付义务。

首先，案涉基本合同为《环氧地坪施工承揽合同》，施工方为某装饰公司，发包方为某建设工程公司，即合同相对方为某建设工程公司和某装饰公司，某钢结构公司并未在该合同上签章。某钢结构公司和某装饰公司之间不存在"特定的"债的关系，突破合同相对性没有法律依据。

其次，虽然某钢结构公司和某建设工程公司在《联合体承包协议书》中明确约定某钢结构公司"对联合体其他单位的工作承担连带责任"，但该约定是针对某钢结构公司、某建设工程公司在联合体内的责任分担，某钢结构公司不是施工合同的当事人，该连带责任约定不能作为某装饰公司据此向某钢结构公司主张权利的依据。

再次，生效裁判文书×××均判决某建设工程公司对外承担支付案涉工程材料款，均未确认某钢结构公司基于《联合体承包协议书》应承担连带清偿责任，且未经撤销，已发生法律效力，应保证裁判标准之统一。

最后，根据某装饰公司陈述，某装饰公司在签订《环氧地坪施工承揽合同》时，并不知晓某钢结构公司，其在诉讼过程中才知晓某钢结构公司

---

① 已被《民法典》（2021年1月1日实施）废止。《合同法》第八条对应《民法典》第四百六十五条。

与某建设工程公司签订了《联合体承包协议书》，即某装饰公司在签订《环氧地坪施工承揽合同》时，其真正表意对象为某建设工程公司，签订合同、履行合同的对象也为某建设工程公司，某装饰公司在诉讼中知晓《联合体承包协议书》后，要求某钢结构公司承担连带责任，缺乏事实依据。

▓▏风险分析 ▏▓

1. 上游风险

《建筑法》第二十七条①、《招标投标法》第三十一条②、《中华人民共和国政府采购法》（以下简称《政府采购法》）第二十四条③均规定，联合体各方应当共同与招标人、采购人、建设单位签订合同，就承包事项对招标人、采购人、建设单位承担连带责任。这一连带责任往往又包括质量责任和超付工程款的退还责任以及合同约定的其他责任。但是，对于联合体各方分别施工、分别与发包人/建设单位办理结算、付款的项目，联合体成员无须为其他成员应退还的超付工程款承担连带责任。

---

① 《建筑法》第二十七条规定："大型建筑工程或者结构复杂的建筑工程，可以由两个以上的承包单位联合共同承包。共同承包的各方对承包合同的履行承担连带责任。两个以上不同资质等级的单位实行联合共同承包的，应当按照资质等级低的单位的业务许可范围承揽工程。"

② 《招标投标法》第三十一条规定："两个以上法人或者其他组织可以组成一个联合体，以一个投标人的身份共同投标。联合体各方均应当具备承担招标项目的相应能力；国家有关规定或者招标文件对投标人资格条件有规定的，联合体各方均应当具备规定的相应资格条件。由同一专业的单位组成的联合体，按照资质等级较低的单位确定资质等级。联合体各方应当签订共同投标协议，明确约定各方拟承担的工作和责任，并将共同投标协议连同投标文件一并提交招标人。联合体中标的，联合体各方应当共同与招标人签订合同，就中标项目向招标人承担连带责任。招标人不得强制投标人组成联合体共同投标，不得限制投标人之间的竞争。"

③ 《政府采购法》（2014 年修正）第二十四条规定："两个以上的自然人、法人或者其他组织可以组成一个联合体，以一个供应商的身份共同参加政府采购。以联合体形式进行政府采购的，参加联合体的供应商均应当具备本法第二十二条规定的条件，并应当向采购人提交联合协议，载明联合体各方承担的工作和义务。联合体各方应当共同与采购人签订采购合同，就采购合同约定的事项对采购人承担连带责任。"

2. 下游风险

我国《建筑法》第二十七条第一款规定，共同承包的各方对承包合同的履行承担连带责任。不少实务界人士认为，"对承包合同的履行"既包括对承包合同本身（对上游）的履行，也包括因履行承包合同而产生的与下游签订的合同的履行。然而在全国人大常委会法工委编写的《中华人民共和国建筑法释义》一书中，对于第二十七条第一款[①]明确解读为："在联合共同承包中，参加联合承包的各方应就承包合同的履行向发包方承担连带责任。"其他法律规定中亦明确限定了联合体是对招标人/采购人承担连带责任。因此，联合体对下游的责任承担如何确定目前尚无定论。

而法院在审理此类纠纷时，通常会对以下几个方面进行考量：

首先，联合体协议是否对联合体成员承担连带责任进行约定。但联合体协议对联合体成员承担连带责任的约定较为模糊，故该约定对于法院判断联合体是否承担连带责任的参考性不强。

其次，法院会对联合体之间的法律关系性质进行判断。如认定为联合体之间构成合伙关系，则会作为判决其承担连带责任的因素之一；如认定为联合体之间构成一般合同关系，则会依据一般合同的法律规范进行审理。

再次，与其他分包单位、供应商签订合同的主体是否为联合体牵头人，牵头人签订合同的行为是否在联合体成员对其的授权范围之内。如果答案是肯定的，法院倾向于认为牵头人签订合同行为及于联合体其他成员，作为判决其承担连带责任的因素之一。

最后，法院会审理其他分包单位、供应商是否知悉签订合同的主体是联合体成员之一。如其不知悉，法院则倾向于认为其仅具有与该成员签订合同的意思表示；如其在签订合同时知悉其是以联合体成员的身份与之签订合同，法院则倾向于认为该当事人具有与联合体而非该特定成员签订合同的意思表示，从而作为判决其承担连带责任的因素之一。

---

① 该书解读《建筑法》（1997 年）第二十七条第一款与《建筑法》（2019 年修正）第二十七条第一款规定相同。

五、应对指南

（一）组建联合体前期的风险防控建议

依据法律规定，联合体成员投标虽然会对分工、各自的责任进行明确约定，但对外需承担连带责任。如在工程项目进行过程中任何一个主体或环节出现问题，都可能导致整个工程的逾期和质量问题，从而所有联合体成员被要求承担连带责任。

因此，选择共同组建联合体的主体时，务必选择具有专业资质、履约能力、资金实力的单位，在合作前对相对方涉诉及裁判文书执行情况进行调查，了解是否对方具有履约能力及承担责任的能力。

（二）签订联合体协议时的风险防控建议

1. 明确联合体内部的决策机制

虽然大部分业主方/发包人均会在招标文件、协议书中要求联合体牵头方对各联合体成员进行统一管理、代表联合体签订各项协议，但由于联合体中各方代表的利益各不相同，难免出现分歧，轻则导致联合体指令执行不力、事务执行出现迟延，重则可能出现联合体牵头人擅自行动，导致其他联合体成员对外需要承担连带责任，或因联合体成员导致项目工期逾期等导致发包人追究联合体违约责任的情形。因此，在筹备联合体的过程中，有必要对联合体内部的决策机制进行事先明确。

2. 明确联合体内部以及联合体内部和联合体成立的项目公司之间的分工范围

不明晰的分工范围既有可能导致拟施工区域出现"两不管"地带，也有可能导致项目合同签订主体混乱、履行职责的主体混乱，最终导致相关主体对由何方承担付款责任、质量责任等主体责任产生争议。

3. 明确联合体内部的合同价款收取、收益分配、发票开具、税金支付及税收优惠

如前所述，工程实践中对于联合体进行施工的项目通常有两种付款模

式以及一种保障方式（设立监管账户），联合体成员应当在签订联合体协议时对付款模式及是否采取保障方式进行明确，并根据所选择的付款模式确定权利主张的方式。若选择由联合体牵头人统一收款，联合体成员内部还应当明确各成员应收取的合同价款的内容、计算方式、收款时间等细节。

在两种付款模式外，联合体内部在签订协议时，还应对项目回购收益（BT项目）、税金支付及税收优惠、项目履约保证金支付等如何分配进行明确。

4. 明确联合体内部的责任承担机制

司法实践主流观点认为无论是对上游还是对下游，联合体对外均需要承担连带责任。此处所指的责任承担机制即指若因个别联合体成员的过错导致其他联合体成员对外承担连带责任，其他联合体成员如何向有过错的联合体成员追偿，以及若多个联合体成员均存在过错，各成员之间的责任应当如何分配。

5. 明确联合体成员能否单独起诉发包人

基于司法实践，若联合体成员施工的区域可分、联合体成员直接从发包人处收取工程款甚至与发包人单独办理结算，并且联合体成员的诉讼请求与其他联合体成员之间不具备利害关系，则法院通常认可联合体成员单独起诉发包人。但若发包人仅向联合体牵头人付款，则法院通常认为款项收付事宜已由联合体牵头人全权处理，其他联合体成员只能向联合体牵头人主张款项。

因此，为避免在后续潜在诉讼中陷入不利局面，如果联合体拟采用由联合体牵头人统一收款的方式完成合同款项收付，应当注意在与发包人签订的协议及联合体协议中约定各联合体成员可以单独提起诉讼，并在报送工程量、审核工程量及收付款过程中注意区分各联合体成员的工作内容和款项。

6. 明确约定一方联合体成员退出联合体应承担的责任

由于建设工程项目存在工期长的特点，联合体成员可能发生变动，一旦联合体成员在投标阶段退出联合体将导致投标无效。合同履行过程中如果有成员退出联合体也可能会导致联合体违反合同约定、解除合同并承担违约责任，从而给其他联合体成员造成损失。

因此，如施工单位在签订联合体协议时判断其退出可能性较低，则联合体协议中应明确其他联合体成员退出时的违约责任及责任承担方式；如判断退出可能性较高，应根据退出情形，约定联合体成员有权退出、退出步骤、无须承担违约责任的条款。

7. 避免出现被认定为"名为联合体，实为违法转包"的情形

根据住建部《建筑工程施工发包与承包违法行为认定查处管理办法》（建市规〔2019〕1号）第八条第二款的规定："两个以上的单位组成联合体承包工程，在联合体分工协议中约定或者在项目实际实施过程中，联合体一方不进行施工也未对施工活动进行组织管理的，并且向联合体其他方收取管理费或者其他类似费用的，视为联合体一方将承包的工程转包给联合体其他方。"

因此，施工单位应按照有关协议的约定履行各自的职责，分别实施各自负责的工作内容，若未按约定履行，或一方仅收取相应的管理费，则可能构成转包。

（三）与发包人签订协议及后期履约管理

1. 在合同中明确各个联合体成员的权利义务

施工单位应在与发包人签订的合同中将各个联合体成员的分工、职责及责任承担进行明确约定，联合体成员各自明确权责既有利于联合体顺利履约，也有利于其他联合体成员在联合体一方发生违约行为时对发包人抗辩。

2. 对联合体成员的权责在合同中进行区分，以实现其单独的诉权

为保证单个联合体成员具有单独的诉权，避免联合体个别成员与发包人产生纠纷时，发包人以联合体成员不能单独提起诉讼进行抗辩，联合体各个成员应尽量从分工、合同价款、权利义务等方面在与发包人签订的合同中进行区分，避免其作为联合体一方无法单独对发包人提起诉讼。

3. 与发包人建立有效的沟通机制

在联合体牵头人对项目全权负责的情况下，发包人通常仅向联合体牵头人传达相应的指令、要求，联合体成员向发包人递交的资料也通常经由联合体牵头人递交。因此，若在后续潜在的诉讼中联合体牵头人不愿配合，则联合体成员往往难以搜集证据证明联合体牵头人的指令、要求，以及自己提交的相关资料的情况。为避免此类情况，联合体成员应当主动与发包人、联合体牵头人共同建立有效的沟通机制，有效保留各类诉讼资料。

第六章
内部承包风险防控

　　工程建筑企业内部承包制，一般指建筑施工企业将其自身承包的工程交由与其建立了劳动关系的企业职工或者下属分支机构经营管理，利用建筑施工企业特定的生产资料完成工程施工，对相关经营管理权以及利润分配、风险承担等事项达成合意。

　　从上述定义可以看出，内部承包的承包人包括了企业职工及下属分支机构，在施工企业将工程交由职工承包的情形下，如何区分内部承包与转包、违法分包、挂靠具有重要意义。交由职工承包是否能被认定为内部承包，直接影响合同效力的认定、施工企业与内部承包人的权利义务认定。如不符合内部承包特征，可能被认定为转包、违法分包、挂靠，施工企业面临经济风险和被行政处罚的风险。

一、内部承包模式的基本特征

　　内部承包的经营外观，极容易与转包、违法分包、挂靠混淆。结合目前主流观点及司法实践，区分内部承包与转包、违法分包、挂靠主要通过以下几点特征。

（一）施工企业与承包人具有行政隶属关系

　　内部承包是施工企业将其承包的全部或部分工程交由其下级分支机构或在册的项目经理等本企业职工个人承包。职工即与本单位有合法的人事或者劳动合同、工资以及社会保险关系的人员。承包人与施工企业之间具有管理与被管理的隶属关系。

　　"在册的项目经理""本企业职工"多以劳动合同、社保缴纳、工资发放作为判断因素。同时，司法实践中不仅仅审查"劳动合同""社保缴纳"等形式要件，还会审查施工企业是否对承包人进行管理控制，并结合施工现场五大员是否由施工企业任免、调动和聘用，如果五大员也由内部承包的承包人负责聘用任免，则存在被认定为挂靠、转包、违法分包的风险。

（二）施工企业对项目进行管理监督

在各地司法实践中，法院均注重审查施工企业是否实际参与项目的管理，例如《北京市高级人民法院关于审理建设工程施工合同纠纷案件若干疑难问题的解答》（京高法〔2012〕245号）第五条解答载明"……承包人对工程施工过程及质量进行管理，对外承担施工合同权利义务的，属于企业内部承包行为"。而在转包、违法分包、挂靠的情形下，转承包人、分包人、挂靠人自主经营，其行为一般不受限制。例如在2019年最高人民法院对四川某建设工程有限公司建设工程施工合同纠纷再审案件中，最高人民法院即认为判断是否为内部承包关系，一是从协议内容本身来看，二是从工程施工过程及质量等监督管理关系来看。

（三）施工企业进行成本投入

在内部承包模式下，内部承包人虽需要自己投入资金，同时施工企业也应在资金、技术、设备、人力等方面给予支持。在司法实践中，法院认为内部承包在经营投入方面，内部承包人以使用施工企业的财产为主。

在转包、违法分包及挂靠情形下，转承包人与转包人、分包人与违法发包人、挂靠人与被挂靠人之间，分属不同的主体，转承包人、分包人及挂靠人为自筹资金、自行组织"人材机"，承担全部成本，自担风险。

（四）对外民事权利义务主体为施工企业

在内部承包情形下，对外的民事权利义务主体为施工企业，也即由施工企业对外与建设单位对接并承担责任，由施工企业对下与分包商、材料商签订合同并承担责任。施工项目发生亏损的，施工企业对外承担亏损，内部承包人也会受到施工企业的经济处罚。例如在《江苏省高级人民法院建设工程施工合同案件审理指南》中认为"内部承包合同通常设定项目经理应当达到的绩效指标，按绩效指标的完成情况，施工企业给予项目经理一定比例的提成，或者规定项目经理上缴利润，给企业造成损失的给予一定的惩罚。"

在转包、违法分包及挂靠情形下，一般是由转承包人、分包人、挂靠人对外对接经营，由其自身承担亏损风险。

如不满足上述四个特征，施工企业与承包人签订的内部承包协议可能无法被认定为合法的内部承包，而可能被认定为违法的转包、违法分包、挂靠等关系。

二、风险提示：不符合内部承包要件的，可能被认定为挂靠、转包、违法分包

案例

褚某、舒某、A 公司建设工程分包合同纠纷

基本案情

某区经济开发总公司与 A 公司签订城市综合体建设项目投资建设合同及补充合同。

2011 年 7 月，A 公司与褚某签订内部承包协议。该承包协议的主要内容为：为进一步开拓发展省外建筑市场，A 公司独资成立某投资有限公司，特聘褚某为某投资有限公司总经理，并将某区某小型综合体投资建设项目给褚某承包。褚某承包某区某小型综合体投资建设项目，A 公司按"工程决算审定价"的 5.5％向褚某收取承包管理费。在项目地设立的投资公司由 A 公司进行注册。褚某在承包期间，凡在承接、建设工程项目中所需要的工程款、保证金、资本运作、投资等一切费用，均由褚某自行负责解决。由于褚某自负盈亏承包，因此褚某在承包期内发生经济亏损、民工闹事、借款、外欠款及其他经济纠纷等，均由褚某承担一切经济赔偿责任和法律责任，责任期限不受时间限制，包括在承包期内不能反映的期外项目、跨承包期的工程项目等，若发生亏损也均由褚某承担终身责任。

2013 年 3 月，A 公司作为甲方与舒某作为乙方签订安装工程内部承包协议书约定：甲方中标公租房工程，计约 92375 平方米……在该承包协议

书甲方代表处，有褚某签字并加盖 A 公司某区城市综合体工程项目部印章。2012 年 9 月至 2014 年 5 月期间，舒某对讼争水电工程进行施工并按月报送所完成工程量。案涉工程在 2014 年 6 月后逐步进入半停工状态，2015 年 3 月左右全面停工，其间讼争水电工程也逐步停工。

后舒某未收到工程款，以褚某与 A 公司作为被告起诉要求支付工程款。

法院裁判

关于褚某和 A 公司是内部承包还是挂靠关系的问题。褚某二审时提交了 A 公司职务任免通知和某市住房和城乡建设委员会的表彰通报，以证明其系履行职务行为。法院认为，内部承包应当体现在以下三个方面：（1）主体方面，承包人须为本单位人员，即为与本单位有合法的人事或者劳动合同、工资以及社会保险关系的人员；（2）经营投入方面，承包人以使用单位的财产为主，自己投入的财产仅占次要的地位；（3）企业管理方面，内部承包虽然是自主经营，但企业对其管理相对紧密。具体到本案，其一，褚某与 A 公司的劳动关系认定，应以书面劳动合同、社保缴纳凭证、工资发放证明等予以证实，任职通知及表彰通报尚不足以认定双方的劳动关系；其二，根据内部承包协议约定，褚某不但需要按照工程决算审定价交纳 5.5％ 的承包管理费，还需自筹资金、自负盈亏、自担责任。结合上述两点，褚某与 A 公司之间并非内部承包关系。并且 A 公司未按照投资建设合同及补充协议约定以某投资有限公司作为项目投资主体，而是由褚某借用 A 公司的名义对外进行施工，故双方属挂靠关系，内部承包协议应认定无效。

▨‖ 风险分析 ‖▨

重庆市高级人民法院、四川省高级人民法院《关于审理建设工程施工合同纠纷案件若干问题的解答》第八条解答认为："建筑施工企业将其自身承包的工程交由与其建立了劳动关系的企业职工或者下属分支机构经营管理，利用建筑施工企业特定的生产资料完成工程施工，对相关经营管理权以及利润分配、风险承担等事项达成合意的，属于内部承包。当事人以

《最高人民法院关于审理建设工程施工合同纠纷案件适用法律问题的解释（一）》第一条第一、二项规定主张合同无效的，人民法院不予支持。审判实践中，可以结合下列情形综合判断是否属于内部承包：（一）内部承包人为建筑施工企业下属分支机构，其与建筑施工企业之间是否存在管理与被管理的隶属关系；（二）内部承包人为个人的，如本企业职工或在册项目经理等，其与建筑施工企业之间是否存在劳动关系；（三）内部承包人是否在建筑施工企业的管理和监督下进行项目施工，使用建筑施工企业的建筑资质、商标及企业名称等是否属于职务行为；（四）施工现场的项目经理或其他现场管理人员是否接受建筑施工企业的任免、调动和聘用；（五）承包人组织项目施工所需的资金、技术、设备和人力等方面是否由建筑施工企业予以支持；（六）承包人与建筑施工企业是否共享利润、共担风险。"

此外，北京市、江苏省、浙江省、重庆市、福建省、河北省也有关于内部承包的相关规定，司法实践主流观点认为内部承包属于施工企业的内部经营方式，施工企业与分支机构（子公司除外）及具有劳动关系的职工签署的内部承包协议合法有效。但如果不符合内部承包要件，可能名为内部承包，实为挂靠，则内部承包协议无效。

三、风险提示：如内部承包被认定为转包、违法分包、挂靠，可能导致施工企业受到行政处罚

案例

A 公司行政处罚案

基本案情

A 公司施工的无锡某项目，建筑面积约 32124 平方米。A 公司签订总包合同后，又与三名个人签订瓦工、模板、钢筋施工班组内部承包合同，三名承包人非 A 公司的职工，没有劳动关系，不存在内部承包的条件，且

劳务费也是直接转给承包人，A公司以内部承包的名义将劳务分包给个人。瓦工按照总工程量核算劳务费为×万元、模板按照总工程量核算劳务费为×万元、钢筋按照总工程量核算劳务费为×万元，共计为×元。依据《建筑工程施工发包与承包违法行为认定查处管理办法》（建市规〔2019〕1号）第十二条第一项，存在"承包单位将其承包的工程分包给个人的"情形的，属于违法分包的规定，A公司的行为属于违法分包行为。

处理结果

某市住房和城乡建设局依据《建设工程质量管理条例》第六十二条第一款："违反本条例规定，承包单位将承包的工程转包或者违法分包的，责令改正，没收违法所得，对勘察、设计单位处合同约定的勘察费、设计费25％以上50％以下的罚款；对施工单位处工程合同价款0.5％以上1％以下的罚款；可以责令停业整顿，降低资质等级；情节严重的，吊销资质证书。"对某公司处罚款人民币×万元。

▓‖ 风险分析 ‖▓

如前所述，施工企业虽与承包人签订的系内部承包协议，但不满足内部承包特征的，存在被认定为转包、违法分包、挂靠的风险。

《建筑法》第六十七条第一款规定："承包单位将承包的工程转包的，或者违反本法规定进行分包的，责令改正，没收违法所得，并处罚款，可以责令停业整顿，降低资质等级；情节严重的，吊销资质证书。"第六十六条规定："建筑施工企业转让、出借资质证书或者以其他方式允许他人以本企业的名义承揽工程的，责令改正，没收违法所得，并处罚款，可以责令停业整顿，降低资质等级；情节严重的，吊销资质证书。对因该项承揽工程不符合规定的质量标准造成的损失，建筑施工企业与使用本企业名义的单位或者个人承担连带赔偿责任。"

综上，对施工企业而言，应规范内部承包管理，避免被认定为转包、违法分包、挂靠，从而受到行政警告、行政罚款、没收违法所得、暂扣许可证、降低资质等级、责令停产停业等行政处罚。

四、风险提示：转承包人、违法分包承包人、挂靠方不具有优先受偿权

《最高人民法院关于审理建设工程施工合同纠纷案件适用法律问题的解释（一）》第四十三条规定："实际施工人以转包人、违法分包人为被告起诉的，人民法院应当依法受理。实际施工人以发包人为被告主张权利的，人民法院应当追加转包人或者违法分包人为本案第三人，在查明发包人欠付转包人或者违法分包人建设工程价款的数额后，判决发包人在欠付建设工程价款范围内对实际施工人承担责任。"

结合上述规定及司法实践，有权根据《最高人民法院关于审理建设工程施工合同纠纷案件适用法律问题的解释（一）》突破合同相对性直接向发包人主张权利的实际施工人仅包括转包或违法分包情形下的实际施工人，针对挂靠情形则有不同的救济方式。同时，不同的救济方式直接影响了实际施工人是否享有优先受偿权，进而影响实际施工人的诉讼策略选择。实际施工人无法获得优先受偿权且发包人经营状况恶化时，实际施工人可能会优先选择起诉施工企业，施工企业存在先行支付工程款后难从发包人处回收工程款的风险。

类型一：转包、违法分包情形下的实际施工人不享有优先受偿权

案例一

周某、冯某、A公司、B公司、C公司建设工程施工合同纠纷

基本案情

B公司与A公司于2013年3月签订《某建设工程施工合同》，合同约定B公司将位于贵州省某地的某建设工程项目发包给A公司。

2013年6月，A公司作为甲方与乙方周某、冯某签订了《内部承包经营合同书》，约定成立A公司贵州省某工程项目部，由乙方承建B公司的案涉项目。其中约定有：项目部对外具有相对独立的经营权，其所有的经营活动必须上报甲方，经甲方总经理签字确认后方能有效。乙方对项目部

的债权债务承担连带清偿责任，总公司的一切债权债务与项目部无关。甲方委托二至三人，主持项目部的技术及会计全面工作，负责监督乙方施工工程质量及安全，保管项目部印章，负责办公室日常事务及会计工作，工资由乙方承担。乙方向甲方缴纳管理费，其他费用按照国家规定由乙方缴纳。承包期间，乙方自己组织资金、自我管理、自负盈亏。工程质量、工期、安全生产及所有债权债务均由乙方承担法律责任。《内部承包经营合同书》还就其他事项进行了约定。上述合同签订后，周某、冯某随即按照约定实际全面地进行了施工建设。

2016 年 12 月，A 公司、B 公司对案涉建设工程项目进行了结算。后周某、冯某未收到工程款，将 A 公司与 B 公司诉至法院。

法院裁判

对于 A 公司与周某、冯某签订的《内部承包经营合同书》，从内容可知，案涉项目的资金、组织管理、盈亏以及工程质量、安全均由乙方即周某、冯某负责，而 A 公司仅收取一定的管理费，这表明 A 公司将其承建的全部工程交由周某、冯某实施，其行为构成转包。

《合同法》第二百八十六条规定："发包人未按照约定支付价款的，承包人可以催告发包人在合理期限内支付价款。发包人逾期不支付的，除按照建设工程的性质不宜折价、拍卖的以外，承包人可以与发包人协议将该工程折价，也可以申请人民法院将该工程依法拍卖。建设工程的价款就该工程折价或者拍卖的价款优先受偿。"① 这一规定，是建设工程承包人在其应得工程款范围内对其施工的工程折价或者拍卖所得价款享有优先受偿权的法律基础。鉴于建设工程价款优先受偿权系法定优先权，因其具有优于普通债权和抵押权的权利属性，故对其权利的享有和行使必须具有明确的法律依据，实践中亦应加以严格限制。根据前述法律及相关司法解释规定，行使优先受偿权的主体应仅限于建设工程承包人，现行法律及司法解释并未赋予实际施工人建设工程价款优先受偿的权利。因此，周某、冯某作为案涉工程的实际施工人主张建设工程价款的优先受偿权，缺乏法律依据，法院不予支持。

---

① 已被《民法典》（2021 年 1 月 1 日起实施）废止。《合同法》第二百八十六条现对应《民法典》第八百零七条。

类型二：挂靠情形下的实际施工人是否享有优先受偿权，需要区分发包人是否明知

案例二

陆某、A公司、B公司等建设工程施工合同纠纷

基本案情

2013年7月17日，B公司（发包人）与C公司（承包人）签订《某市建设工程施工合同》一份，约定B公司将某项目发包给C公司。

2015年1月2日，C公司（承包人）与A公司（分包单位）及B公司（发包人）签订《某项目通风空调工程施工合同》一份。陆某在分包单位委托代理人处签字，A公司予以盖章。

后陆某进场施工完毕。案涉工程施工所使用的设备、材料的采购合同的购买人均是A公司，采购发票均开具给A公司。但大多数采购合同原件及发票原件均由陆某持有。陆某主张采购款项大部分由其支付，仅设备采购陆某就支付了×元。陆某主张，A公司为采购设备仅支付4342181.9元，A公司支付的该数额仅是其收取工程款后的一种代付行为。

后陆某未收到全部工程款，将A公司、B公司、C公司诉至法院。

法院裁判

关于陆某是否为案涉工程的实际施工人问题。首先，陆某于2008年1月1日至2011年1月31日期间与A公司存在劳动合同关系。A公司与安装劳务公司于2010年12月31日签订《劳务公司实体化运行协议书》，约定包括陆某在内的四家分公司的全体员工的劳动关系等流转到安装劳务公司，流转人员的社会保险由A公司延续办理，发生的费用由安装劳务公司承担。陆某于2017年8月从安装劳务公司办理退休手续。A公司仅以为陆某缴纳社会保险的事实主张陆某在案涉工程施工期间系其员工，证据不足，法院不予支持。其次，A公司向法院提交的《经营管理考核责任协议》载明：陆某利用A公司分公司实行自主经营、自负盈亏、独立核算，

以 A 公司名义承接工程，A 公司按年度以"基数＋比例"的方式收取费用；陆某以 A 公司名义对外签订的所有项目的工程款收支均通过 A 公司账户，陆某不得直接向建设方或总包方提取工程款现金或将工程款指定汇入第三方，A 公司负责陆某所属人员所具有的资质证书年检及职称评级工作，并负责陆某所属管理人员保险、"三金"等代缴工作。A 公司主张其与陆某之间存在内部承包关系与相关约定、案件事实不符，法院不予支持。

关于陆某是否具备主张优先受偿权的主体资格问题。《某项目通风空调工程施工合同》由 C 公司、B 公司、陆某参与协商订立并实际履行，B 公司对此应当明知，故 B 公司与陆某之间存在事实上的建设工程施工合同关系，陆某具备主张优先受偿权的主体资格。

▨‖ 风险分析 ‖▨

《最高人民法院关于审理建设工程施工合同纠纷案件适用法律问题的解释（一）》第三十五条规定："与发包人订立建设工程施工合同的承包人，依据民法典第八百零七条的规定请求其承建工程的价款就工程折价或者拍卖的价款优先受偿的，人民法院应予支持。"

最高人民法院民事审判第一庭 2021 年第 20 次专业法官会议纪要[①]对实际施工人是否享有建设工程价款优先受偿权的问题予以了明确，认为转包、违法分包情形下的实际施工人不享有优先受偿权。同时最高人民法院

---

① 在最高人民法院民事审判第一庭 2021 年第 20 次专业法官会议纪要中，对于"实际施工人是否享有建设工程价款优先受偿权？"的问题，法官会议意见提出，建设工程价款优先受偿权是指在发包人经承包人催告支付工程款后合理期限内仍未支付工程款时，承包人享有的与发包人协议将该工程折价或者请求人民法院将该工程依法拍卖，并就该工程折价或者拍卖价款优先受偿的权利。依据《民法典》第八百零七条以及《最高人民法院关于审理建设工程施工合同纠纷案件适用法律问题的解释（一）》第三十五条之规定，只有与发包人订立建设工程施工合同的承包人才享有建设工程价款优先受偿权。实际施工人不属于"与发包人订立建设工程施工合同的承包人"，不享有建设工程价款优先受偿权。发包人明知借用资质的实际施工人进行施工的情况下，发包人与借用资质的实际施工人之间形成事实上的建设工程施工合同关系，建设工程验收合格的情况下，借用资质的实际施工人有权请求发包人参照合同关于工程价款的约定折价补偿。

民事审判第一庭2021年第20次专业法官会议纪要对发包人明知挂靠情形时的法律关系与保护路径进行释明，认为发包人明知挂靠情形下的实际施工人有权直接向发包人主张权利。

针对挂靠情形下，挂靠人是否享有优先受偿权，实践中会区分发包人是否明知挂靠而存在不同认定。从上述案例可以看出，如发包人明知挂靠情形的，实际施工人与发包人之间建立事实上的建设工程施工合同关系，此时则有优先受偿权的适用空间。又如在2022年最高人民法院某建设工程合同纠纷民事申请再审审查案件中，法院认为"建设工程价款优先受偿权是法定优先权，对于在人民法院调解书中明确建设工程价款享有优先受偿权的情形，法律、法规及司法解释并未予以禁止。本案中，甲建设公司从乙实业公司处承包案涉工程后，孔某某作为某三期科技孵化楼项目部负责人与甲建设公司签订《工程项目管理合同》并向甲建设公司实际缴纳保证金200万元，乙实业公司、甲建设公司均认可案涉工程由孔某某挂靠甲建设公司承建，工程实际由孔某某施工完成。案涉2016年四份民事裁定书载明：乙实业公司与甲建设公司系集团化运作模式，实际控制人为同一自然人，乙实业公司的总经理、财务负责人均由甲建设公司任命并核发工资，所有资产均属于甲建设公司和实际控制人。由此，乙实业公司对案涉工程实际由孔某某借用甲建设公司资质施工是明知或应知的，孔某某与乙实业公司之间形成事实上的建设工程施工合同关系，203号案件调解确认孔某某在应收工程价款范围内享有优先受偿权并无不当。"

如前所述，实际施工人是否具有优先受偿权在一定程度上将影响实际施工人主张工程款的策略选择，施工企业面临在未收到发包人工程款情况下，需要先行向实际施工人支付的风险。有鉴于此，在实际施工人施工模式下，施工企业与实际施工人办理结算、支付的过程尤为重要，施工企业应当早做筹划。

五、应对指南

转包、违法分包、挂靠模式属于违法行为，施工企业面临被行政处罚的风险，且要承担民事经济责任。建议施工企业现在使用合法合规的内部承包模式，并且严格按照内部承包的特征履行义务，例如提供"人材机"，对项目施工进行管理等。此外，在实践中，转承包人、违法分包的承包人及挂靠人多为自然人，为避免被错误认定为转包等，施工企业在采用内部承包模式时应按照内部承包的特征履行。

在内部承包协议内容设计及实际施工过程中，施工企业应为项目提供的资金、"人材机"支持；由施工企业对施工现场的项目经理或其他现场管理人员等五大人员进行任免、调动和聘用；施工企业对内部承包人进行统一管理和监督，在此情况下由内部承包人独立核算、自负盈亏；内部承包人与建筑施工企业按照承包合同约定对经营利润进行分配，同时明确项目经理应当达到的绩效指标及未完成时应受到的惩罚。

CHAPTER III

第三篇

项目管理篇

建设工程项目在经历项目获取、项目筹备后，自然进入项目管理阶段。对于整个建设工程项目而言，项目管理是直接与实际施工相关的阶段，是整个建设工程项目的核心环节。在该环节，施工企业需要直接应对发包单位、分包单位以及施工人员等参与整个项目建设的相关主体，也要直接处理施工过程中涉及的工期以及材料等问题。故施工企业必然面临着大量的法律风险。

施工企业要做好建设工程项目风险防控，防范建设工程项目实际施工过程中的相关风险，就是要做好参建主体、材料、工期、签证索赔的风险防控。基于此，本篇将从总分包管理、工期管理、材料管理、签证索赔四个方面阐述项目风险防控主要工作重点，帮助施工企业梳理项目管理阶段需要重点关注的事项，并提示施工企业如何做好相应的风险防范工作。

第一章
总分包管理

施工企业从发包人处承包具体的工程项目进行施工，同时亦会将部分施工内容分包给第三方进行施工，在此过程中，施工企业需要处理与发包单位以及分包单位的关系。在处理与上述参建主体的关系时，必然涉及相关争议，亦可能存在相应的法律风险。建设工程总分包的管理问题，实际上就是如何处理施工企业与各参建主体的关系问题。基于此，本章将结合业主肢解发包、业主指定分包、建设工程分包合同"背靠背"条款、违法分包的风险以及分包农民工工资问题等五个方面来分析施工企业在总分包管理中可能面临的法律风险，并基于具体的法律风险提出具体的风险防控措施。

第一节　业主肢解发包

一、肢解发包的认定

我国法律虽然并未对建设单位的发包、承包模式进行特别规定，但为了避免工程发包、承包过程中可能出现的工作界面不清、承包方工期责任归责不明确、质量安全责任主体不明确等问题，法律对于建设工程发承包过程中最小的发包单元进行了限制，即表现为"肢解发包"的禁止性规定。由于法律对肢解发包进行否定性评价，因此，施工单位在签订相关施工合同时，应避免业主肢解发包。"肢解发包"在建设工程承、发包领域是一个较为难以识别的概念，故在讨论业主肢解发包责任之前，有必要对"肢解发包"的认定问题进行明确。

（一）法律关于"肢解发包"的禁止性规定

根据前文论述，基于对建设工程领域特定问题的规避，我国法律对于"肢解发包"进行了禁止性规定，主要表现为：

（1）《民法典》第七百九十一条第一款中规定："发包人不得将应当由一个承包人完成的建设工程支解成若干部分发包给数个承包人。"

（2）《建筑法》第二十四条规定："提倡对建筑工程实行总承包，禁止将建筑工程肢解发包。建筑工程的发包单位可以将建筑工程的勘察、设计、施工、设备采购一并发包给一个工程总承包单位，也可以将建筑工程勘察、设计、施工、设备采购的一项或者多项发包给一个工程总承包单位；但是，不得将应当由一个承包单位完成的建筑工程肢解成若干部分发包给几个承包单位。"

（3）《建设工程质量管理条例》第七条规定："建设单位应当将工程发包给具有相应资质等级的单位。建设单位不得将建设工程肢解发包。"第七十八条第一款规定："本条例所称肢解发包，是指建设单位将应当由一个承包单位完成的建设工程分解成若干部分发包给不同的承包单位的行为。"

（4）《住房和城乡建设部关于印发建筑工程施工发包与承包违法行为认定查处管理办法的通知》第六条第（五）项规定该情形属于违法发包："建设单位将一个单位工程的施工分解成若干部分发包给不同的施工总承包或专业承包单位的。"

（二）"单位工程"的认定

根据前述法律规定，是否构成"肢解发包"主要在于发包人是否将一个单位工程分解成若干部分发包给不同的承包单位。故理解何为"肢解发包"的前提就是如何理解"单位工程"。

1.《建设工程分类标准》（GB/T 50841—2013）

第1.0.4项规定："本标准每一大类工程依次可分为工程类别、单项工程、单位工程和分部工程等，基本单元为分部工程。"第2.0.6项规定："具备独立施工条件并能够形成独立使用工程的建筑物及构筑物，是单项工程的组成部分，可分为多个分部工程。"

2.《建筑工程施工质量验收统一标准》（GB 50300—2013）①

第4.0.2项中规定单位工程应："具备独立施工条件并能形成独立使用功能的建筑物或构筑物为一个单位工程"。

附录B中实际上亦明确单位工程包含了十个分部工程，具体包括：地基与基础、主体结构、建筑装饰装修、屋面、建筑给水排水及供暖、通风与空调、建筑电气、智能建筑、建筑节能、电梯。

从上述规定可以看出，单位工程是具备独立施工条件且能够形成独立使用功能的工程，其下十个分部工程相互衔接，分割开来不具备独立的施工条件。如将上述分部工程进行单独发包或将上述分部工程中的部分分项工程进行单独发包，均可能被认定为肢解发包。

（三）风险分析

根据前述规定，将一个单位工程分解成若干部分发包给不同的承包人可能会被认定为肢解发包。但实践中，各地政府部门对于肢解发包的管控力度并不一致，如根据笔者了解，江苏某地认为：建设单位将新建建筑物单位工程下的分部分项专业工程单独发包的，会被认定为肢解发包；或者建设单位将未单独立项的装饰装修、幕墙等专业工程进行单独发包，也存在被认定为肢解发包的可能性。但若单独发包建筑物建成后二次装修的施工项目（如第二次装修只进行的幕墙工程施工），一般不构成肢解发包。东部某市也认为：将建筑工程单位工程的十个分部工程中的一项或几项分项工程单独发包，将签订在总承包合同中的一项或几项施工项目单独发包等在实践中会被认为是肢解发包；但对建筑物或构筑物单位工程质量竣工验收完成后的施工项目进行发包的（如精装修），一般不会被认定为肢解发包。例如《北京市住房和城乡建设委员会关于贯彻执行〈关于进一步规范北京市房屋建筑和市政基础设施工程施工发包承包活动的通知〉有关问题的通知》（京建法〔2011〕21号）第一条中明确："房屋建筑工程竣工验收后再行发包的精装修工程、旧房改造的装修工程，可以由建设单位单独发包。"

---

① 《建筑工程施工质量验收统一标准》第5.0.8、6.0.6项已被《住房和城乡建设部关于发布国家标准〈建筑与市政工程施工质量控制通用规范〉的公告》（2022年7月15日发布，2023年3月1日起实施）废止。

二、风险提示：若发包人的发包行为被认定为肢解发包，则可能承担相应的行政责任

案例

某房地产开发有限公司肢解发包行政处罚案

基本案情

某项目建设单位为某房地产开发有限公司，施工总承包单位为某建设集团股份有限公司。建设单位于 2018 年 12 月与施工总承包单位签订《总承包施工合同》。在建设过程中，建设单位将该项目中的公区精装修工程、保温、地坪漆、泛光照明、铝合金门窗栏杆和百叶、石材、消防等纳入总包合同范围的分部工程发包给除总承包单位以外的其他专业承包单位，其中：和 A 公司签订消防工程施工合同；和 B 公司签订外墙涂料工程施工合同；和 C 公司签订大区泛光照明施工合同；和 D 公司签订外墙保温工程施工合同；和 E 公司签订公共区域精装修工程施工合同补充协议；和 F 公司签订铝合金门窗、栏杆及百叶施工合同；和 G 公司签订外墙石材的供应及安装工程合同。

处罚决定

依据《建筑工程施工发包与承包违法行为认定查处管理办法》第六条第（五）项中："建设单位将一个单位工程的施工分解成若干部分发包给不同的施工总承包或专业承包单位的"属于违法发包情形的规定，当事人的上述行为构成将建设工程肢解发包，违反了《建设工程质量管理条例》第七条第二款："建设单位不得将建设工程肢解发包"的规定。依据《建设工程质量管理条例》第五十五条之规定，对建设单位某房地产开发有限公司作出如下行政处罚：处人民币 342929.73 元的罚款。依据《建设工程质量管理条例》第七十三条之规定，对项目直接负责的主管人员处人民币 24005.08 元的罚款。

■‖ 风险分析 ‖■

肢解发包容易造成工程衔接不畅、施工责任不清、施工现场混乱等情况，故法律对肢解发包进行了否定性评价。同时，根据相关法律规定及实践案例，若被认定为构成肢解发包的，则会受到责令改正、罚款等行政处罚。

三、风险提示：肢解发包对合同效力的影响

观点一：肢解发包合同无效

案例一

江苏某建设集团有限公司与某房地产发展有限公司
建设工程施工合同纠纷

基本案情

某房地产发展有限公司为某广场项目的建设单位，中建某局为总承包人。某房地产发展有限公司与江苏某建设集团有限公司就某广场项目——商业区桩基签订《桩基工程施工合同》，合同约定：某房地产发展有限公司将某广场项目——商业区桩基施工发包给江苏某建设集团有限公司。

法院裁判

关于案涉《桩基工程施工合同》的效力。某市住建委作出的《行政处罚决定书》，认定某房地产发展有限公司在与施工总承包单位签订总承

合同之外，将桩基部分发包给其他施工单位，并还与桩基部分的施工单位签订了合同，该行为违反《建筑法》第二十四条"提倡对建筑工程实行总承包，禁止将建筑工程肢解发包"，国务院《建设工程质量管理条例》第七条第二款"建筑单位不得将建设工程肢解发包"的规定，对某房地产发展有限公司肢解发包行为进行处罚。某房地产发展有限公司将案涉工程的桩基项目肢解发包，违反了法律和行政法规的强制性规定，所以案涉《桩基工程施工合同》应为无效。

观点二：肢解发包合同有效

案例二

某建筑公司与某置业公司建设工程施工合同纠纷

基本案情

2017年8月，某置业公司作为发包方，某建筑公司作为承包方，签订建设工程施工合同一份，约定由某建筑公司承建某置业公司开发的某建设项目，承包范围为土建、水电，并约定桩基、门、窗工程及外墙乳胶漆由发包人另行发包。

法院裁判

发包人肢解发包工程的行为虽然违反了法律的强制性规定，但鉴于该行为并未直接损害国家利益和社会公共利益，因此法律针对该行为所作出的强制性规定应属管理性而非效力性规范，故某建筑公司以肢解发包而主张合同无效的理由不能成立。

▨▨风险分析▨▨

法律并未直接规定肢解发包的施工合同为无效合同。肢解发包的施工合同的效力问题，在司法实践中存在一定的争议，主要的争议来源于法院对禁止肢解发包的法律规定属于效力强制性规定还是管理性强制性规定的认定。

若肢解发包的施工合同被法院认定为无效，虽然施工单位可依据《民法典》第七百九十三条的规定要求发包人折价补偿，但施工合同中的违约条款等内容则无法进行适用，将影响施工单位依据合同约定主张自身权利。故施工单位在参与肢解发包时应当充分预估合同效力的风险，综合进行决策。

四、应对指南

其一，施工单位在承接工程项目之前应当进行充分的调查评估，应当尽量避免对于分部分项工程进行单独承包。

其二，如施工单位因特殊情况必须对分部分项工程进行单独承包的，鉴于实践中各地行政执法部门对于肢解发包的管控力度不一致，故在对分部分项工程单独进行承包前，应当咨询工程所在地行政主管部门意见并进行综合考量。

其三，如施工单位因特殊情况必须对分部分项工程进行单独承包的，为避免合同效力问题产生的不利影响，应当在施工过程中注意对工程量进行阶段确认，同时保存好过程中工程变更、签证、会议纪要等证明实际工程量的文件，做好结算/诉讼相关的证据留存工作。

其四，从工程实践来看，在肢解发包的过程中，总包单位通常会主张因发包人肢解发包的项目进度缓慢造成整体工期逾期，整体工期逾期责任应由发包人自行承担，但发包人则会主张总包单位已收取管理费并对此明知，因此对项目的工期逾期应当承担责任。故若施工企业作为总包的项目，发包人拟对某分部分项工程进行肢解发包，则为减少争议，施工单位应当在签订合同时对相关项目的工期、质量、付款责任进行明确约定。

第二节　业主指定分包

在建筑行业市场中普遍存在指定分包的现象，即建设单位通常将幕墙、门窗、电梯、消防等相关专业工程指定第三方单位实施。主要表现形式为：（1）指定第三方分包单位由建设单位选定，并直接确定施工范围、计价方式、工程价款、工程结算等主要内容，指定分包单位与建设单位直接签订专业分包合同（此种模式可能同时涉嫌肢解发包）；（2）指定第三方分包单位的施工范围以暂估价形式包括在总包合同内，后通过招标投标方式另行选定分包单位并签订三方协议；（3）指定第三方分包单位虽由建设单位指定，但指定分包单位与建设单位不直接签订分包合同，而是与总包单位签订合同，建立合同法律关系。

我国对于指定分包的适用具有较大的争议。一方面，指定分包模式的合法性存在争议。虽然相关法律规定不允许指定分包，但是又没有将指定分包认定为违法分包。另一方面，如果允许指定分包行为存在，其应以何种方式存在？指定分包、建设单位、施工单位的权利义务又应该如何界定？实际实施过程中又存在何种风险？

本节就指定分包签约、履约过程中的重点关注事项进行讨论，对实务中常见的问题进行提示，以期为施工企业在处理及应对指定分包模式下的相关风险提供思路及建议。

一、指定分包模式的相关规定

《房屋建筑和市政基础设施工程施工分包管理办法》[①] 第七条规定："建设单位不得直接指定分包工程承包人。任何单位和个人不得对依法实

---

① 如无特别说明，本书引用的《房屋建筑和市政基础设施工程施工分包管理办法》均为 2019 年修正版。

施的分包活动进行干预。"《工程建设项目施工招标投标办法》① 第六十六条规定:"招标人不得直接指定分包人。"

从上述规定可以看出,目前我国对于指定分包采取的是否定的态度,但另一方面,在2019年发布的《建筑工程施工发包与承包违法行为认定查处管理办法》第六条违法发包的情形中,删除了2014年《建筑工程施工转包违法分包等违法行为认定查处管理办法(试行)》第五条第七款"建设单位违反施工合同约定,通过各种形式要求承包单位选择其指定分包单位的"的规定,新办法不再将第五条第七款规定的指定分包行为认定为违法发包行为并进行查处。由此可以看出,部门规章似乎也在逐渐认可指定分包行为的效力,行政主管部门对待指定分包模式的立场也在转变。

同时,需要说明的是,前述规定更多的是从行业主管部门角度在行政监管层面对指定分包的规制,在现有的法律及行政法规层级体系中,并不存在对指定分包行为的法律规制。虽然《建筑法》第二十五条规定:"按照合同约定,建筑材料、建筑构配件和设备由工程承包单位采购的,发包单位不得指定承包单位购入用于工程的建筑材料、建筑构配件和设备或者指定生产厂、供应商。"但前述《建筑法》仅规定建设单位不得指定材料供应商,对指定分包并未作出禁止性规定。

二、风险提示:指定分包不影响合同效力

> 案例

某房地产公司与某木业公司建设工程施工合同纠纷案

基本案情

某房地产公司(甲方)、某建筑公司(乙方、总承包施工单位)及某

---

① 如无特别说明,本书引用的《工程建设项目施工招标投标办法》均为2013年修正版。

木业公司（丙方）签订《木地板指定分包工程承包合同》，合同约定甲、乙双方将某项目木地板制作和安装工程委托丙方负责实施。

法院裁判

某房地产公司、某木业公司及某建筑公司签订的《木地板指定分包工程承包合同》系各方当事人真实意思表示，不违反法律、行政法规的强制性规定，某木业公司具有相应的施工资质，合同应属合法有效，各方均应按约履行。

风险分析

虽然《工程建设项目施工招标投标办法》《房屋建筑和市政基础设施工程施工分包管理办法》等部分规章规定"不得进行指定分包"，但《民法典》第一百五十三条第一款规定："违反法律、行政法规的强制性规定的民事法律行为无效。但是，该强制性规定不导致该民事法律行为无效的除外。"因此，在司法实践中，由于上述规定的立法层级较低，大部分法院均认为上述规章"不得进行指定分包"的规定并不影响已经签订的合同的效力，故在合同没有其他无效的情形下，指定分包的分包合同应当是有效的。

三、风险提示：若施工总承包单位收取了总包服务费但未履行总包管理义务，可能需要承担工期延误的责任

案例

某建设公司与某房地产公司建设工程施工合同纠纷案

基本案情

某房地产公司（甲方）与某建设公司（乙方）签订《施工合作协议》，

约定："一、由乙方承建甲方投资建设的'某项目'。二、乙方总承包的工程内容为甲方提供的建筑工程、安装工程、装饰工程等设计图及说明、施工图会审纪要、技术交底纪要及甲方的其他说明所明确的工程内容，乙方总承包工程内容包括乙方施工的工程内容和甲方另行分包的工程内容；甲方另行分包的工程内容为土方、幕墙（包括石材、铝板、玻璃幕墙）、消防工程、通风空调工程、防火卷帘；乙方作为本工程的总承包人，必须承担本协议所约定的分包工程总承包职责，并按本协议约定收取分包工程的总包服务费，为分包工程提供施工条件，保证其正常施工，保证履行按照国家法律法规和行业规定等应由施工总承包单位承担的总包责任。"

后某房地产公司作为发包方、某建设公司作为总承包方与多家分包单位签订《施工分包协议》，将该项目的景观绿化工程、空调及通风工程、公共部位室内装饰工程、铝合金门窗工程、消防工程等分包给其他单位施工。上述分包协议均约定，分包单位由发包方选择。

法院裁判

法院认为，根据双方《施工合作协议》的约定，某建设公司是案涉工程的总承包人，但同时约定，某房地产公司另自行分包土方、幕墙、消防、通风空调、防火卷帘等部分工程，由某房地产公司、某建设公司与分包工程的承包人共同签订合同，某房地产公司为此支付给某建设公司分包工程合同总价2%的总包服务费。2011年期间，某房地产公司作为发包方、某建设公司作为总承包方就部分分包工程与多家分包单位签订《施工分包协议》，约定发包方另行确定分包单位，纳入总承包管理范围。总承包方主要负责审查分包方的安全生产资格，审批施工方案，协调工序安排以及其他方面的监督、指导和检查工作。对于因分包工程延误造成案涉工程不能按期验收的责任承担问题，双方未有明确约定。但从某房地产公司直接指定分包单位，某建设公司负有约定的管理义务并收取部分总包服务费的模式来看，某房地产公司应对分包工程的工期延误承担主要责任，某建设公司亦应承担一定责任。

▓ 风险分析 ▓

一般而言，若项目因甲指分包单位原因而工期逾期，因分包单位的工作内容实际由发包人进行指定，故发包人对于甲指分包单位导致的工期逾期应当承担一定的责任。同时，因总承包方在整个施工项目中扮演总承包人的角色，且在施工过程中收取了总包管理费，则在项目因甲指分包单位原因导致工期逾期的情况下，若总承包方未举证证明其已按约履行了总承包管理和总承包配合义务，则法院可能会认定总承包方亦应当承担一定的工期责任。

四、风险提示：施工总承包单位若收取了总包管理费，则可能需要对分包工程质量问题承担责任

案例

某置业公司与某建设公司建设工程施工合同纠纷案

基本案情

某建设公司（承包人、乙方）与某置业公司（发包人、甲方）签订《建设工程施工合同》。合同约定：工程承包范围为施工图（分包工程除外）的建筑、结构、初装、水电安装工程等。后案涉工程的土石方挖填工程、喷锚支护、降水工程、入户门、车库门、通风、排烟工程、消防工程、燃气工程、弱电工程、采暖工程（不含采暖管道敷设）等均属于某置业公司指定第三方分包施工。后案涉工程出现质量问题，由此引发责任承担争议。

法院裁判

法院认为相关分包工程属于某置业公司直接分包，不属于某建设公司承包范围。但某建设公司负有对某置业公司发包的单项工程进行总包管理和服务的义务，某置业公司并因此需要向某建设公司支付分包工程造价2％的施工管理费和配合费。依据最高人民法院《关于审理建设工程施工合同纠纷案件适用法律问题的解释》第十二条①关于"发包人具有下列情

---

① 对应《最高人民法院关于审理建设工程施工合同纠纷案件适用法律问题的解释（一）》第十三条。

形之一，造成建设工程质量缺陷，应当承担过错责任：……（三）直接指定分包人分包专业工程。承包人有过错的，也应当承担相应的过错责任"的规定，对某置业公司分包的工程导致的质量缺陷，某置业公司应当承担主要责任，某建设公司对某置业公司分包的工程负有总包管理的合同义务，对其质量缺陷也应承担相应过错责任。

■‖ **风险分析** ‖■

根据最高人民法院《关于审理建设工程施工合同纠纷案件适用法律问题的解释》第十二条的规定，指定分包工程所造成的工程质量责任，由发包人和总承包人按照双方的过错程度承担对应的工程质量责任。在司法实践过程中，判断总承包人是否承担责任时，会综合考虑对于自身权利义务作出的妥适安排，并同时考虑指定分包的事实是否真实存在，以及总承包人是否负有管理义务，是否履行管理义务，综合双方履约情况及过错大小，承担工程质量责任。

五、风险提示：如总包单位与分包单位直接签订合同，总包方需要对分包方承担工程款支付责任

> **案例**

A公司、 B公司与C公司建设工程施工合同纠纷

基本案情

A公司与C公司于2015年7月签订了《建设工程施工合同》，约定C公司作为发包人，将太阳能热发电项目总体发包给A公司，双方还约定了其他权利义务。后C公司要求A公司就消防专业承包工程与B公司签订《消防专业工程施工承包合同》。B公司已按照合同约定完成了施工，但对于B公司的工程款支付责任存在争议。

法院裁判

关于应当向 B 公司承担支付工程款义务的主体以及工程款数额的确定问题。B 公司与 A 公司签订《消防专业工程施工承包合同》后，双方均应按照合同约定履行各自权利义务，故 B 公司有权依照双方合同约定向 A 公司主张工程款。

▨‖风险分析‖▨

司法实践中，指定分包下工程款支付应由承包方承担，承包方在承担支付义务后可另行向发包方主张权利。首先，根据合同相对性原则，依法成立的合同，对于当事人均具有法律约束力。其次，发包方对于指定分包方的管理，实质是基于分包合同约定的管理行为，并非另行缔结的合同性质行为，因此，发包方与指定分包方之间并未有成立合同关系的合意。最后，指定分包方完成相应工程部分的直接受益人是承包方，通常情况是发包方直接将工程价款支付给承包方，承包方向指定分包方承担付款责任。

六、应对指南

指定分包模式下，业主与指定分包人往往存在某种密切关系，总承包人往往腹背受敌。一方面，总承包人需要根据分包合同约定向分包人付款，要根据总承包合同约定对指定分包人的工程质量承担责任；另一方面，指定分包人因业主指定实际上处于强势地位，总承包人很难对指定分包人进行有效约束和管控。为了避免指定分包工程在履约过程中出现争议，建议通过以下几个方面进行风险防控。

（一）建议由业主、总承包人、指定分包人签订三方协议

在业主指定分包的模式中，如果仅由总承包人与分包人签订双方协议，当项目遇到工期延误、质量问题时，总承包人无法以分包人是由业主指定为由免除责任。因此，作为总承包人，在业主指定分包时，应尽可能

签订三方协议并明确约定分包人由业主单位指定，约定免除总承包人因分包人引起的工期延误或质量问题所需承担的责任，以便更好地保护总承包人的利益，同时明确各方权责。

（二）如只能签订双方协议，总包需做好风险防控

1. 积极参加指定分包人的选择

总承包人需对指定分包人进行有效的管理和协调，确保分包工程的质量和工期符合要求。如果指定分包人的履约能力不足、信誉不佳或不具备承担相应工程的资格，则将直接影响整个工程的进度和质量。

为了保障项目的顺利进行，在业主选定指定分包单位的过程中，总承包人应当积极参与，提供专业意见，总承包人有必要对分包人的选择施加一定的影响，确保其具备完成工程任务的能力和条件。

2. 保留业主指定分包的证据

在指定分包模式下，若指定分包人出现质量问题、工期延误或其他影响现场施工进度的违约情况时，总承包人应对分包人实施有效的管理和监督，并妥善保存相关证据。

尽可能全面地保留业主指定分包人的证据，以及各方就指定分包责任分配达成的一致性证据。施工期间，总承包人应加强对施工进度、安全、质量、工程款支付及文档管理的控制，收集并固定与指定分包人之间的所有往来信函、签证文件、会议记录等原始书面材料。例如，在招投标阶段业主对分包人的指示，中标后通过会议、书面协议、口头命令等形式形成的书面资料、录音录像材料、电子数据等，均应作为重要证据予以保存。

3. 重视指定分包合同条款设计及内容审核

（1）建议工程计量、计价以及款项支付等条款充分结合总承包合同约定，并合理设定"背靠背条款"。

在总承包人与分包人双方签订合同的情形下，建议在分包合同中重视合同条款设计，计量、计价及付款条款应充分考虑总承包合同约定，除最高人民法院发布的《最高人民法院关于大型企业与中小企业约定以第三方支付款项为付款前提条款效力问题的批复》（以下简称《批复》）规定情

形外（详情请参阅本章第三节），可合理约定"背靠背条款"。如将总承包人与指定分包人之间计量、计价、结算等各环节与总承包人与业主之间的计量、计价、结算结果相关联，并在《批复》未禁止范围内，约定"背靠背"付款条款，即总包方向指定分包人付款前提为收到业主方工程款后，以降低总承包人风险。

（2）建议约定履约过程中文件审核流程。

可在分包协议中约定，指定分包人向总承包人提交的文件由总承包人签收或签字的，总承包人签字仅代表接收文件，并非对文件内容的认可，不能作为结算或中期付款的依据。如果文件涉及变更签证、合同价格、工期、质量等相关事项，不论涉及金额多少、是否影响工期、是否导致工程范围的增减或工程质量标准的变化，除了需要合同规定的总承包方代表签字外，还需经过业主的签字盖章确认，才能被视为有效的签证文件，否则不能作为结算的依据。

第三节　建设工程分包合同"背靠背"条款

在司法实践中，建设工程分包合同的总承包人为减轻并转移业主或者付款方拖欠工程款的风险，通常会在建设工程分包合同（仅指合法分包）中约定"在每个付款节点中，均为发包人向承包人支付对应分包部分款项后，承包人再向分包人付款。分包人承诺不因发包人未向承包人付款，而追究承包人未向分包人付款的任何违约责任"等相关类似表述内容的条款，该类条款被称为"背靠背"条款。

一直以来，"背靠背"条款的性质及效力颇受争议，但主流观点认为在合同有效情形下应认定该条款有效，同时向付款方分配积极向交易对手主张权利的举证义务以平衡各方利益。近年来，大型企业拖欠中小企业账款问题突出，规模不断增大，账期拉长，造成中小企业生存发展障碍。为解决建设工程领域大型企业与中小型企业之间的合同中"背靠背"条款导致的三角债务，保障中小企业合法权益，统一裁判标准，人民法院案例库于 2024 年 7 月 29 日新增三个案例，均对"背靠背"条款效力不予认定；2024 年 8 月 27 日，最高人民法院发布了《批复》，并于同日起施行。《批复》对大型企业和中小企业之间以第三方支付款项作为付款条件的约定，在效力上予以否定性评价。至此，"背靠背"条款效力从有效转变为对特定主体范围内"无效"。

本节将分析《批复》发布前后"背靠背"条款的性质、法律效力，并对如何合理使用该类条款，以及如何防范该类条款带来的法律风险等问题进行解答，以便施工企业在分包合同的签订和履行过程中更好地做好风险防控。

一、《批复》发布前"背靠背"条款的性质认定

（一）理论上的争议：附条件还是附期限？

传统民法理论认为，附条件是指当事人以将来客观上不确定事实的成就或不成就，决定法律行为效力的发生或消灭的一种附款。事实的"不确定性"构成了条件的特征。附期限是指当事人以将来确定事实的到来，决定法律行为效力的发生或消灭的一种附款，事实的"确定性"构成了期限的特征。两种制度虽然都是法律行为的附款，但两者在性质上是有差异的。条件成就与否取决于不确定的事实，附条件的法律行为不必然发生效力；期限则因一定时间的经过或事实的发生而必定到来，附期限法律行为的效力必将发生。

观点一："背靠背"条款属于附条件条款

该种观点认为，"背靠背"条款的核心是将总承包方获得业主支付作为付款的前提条件，其法律依据是《民法典》第一百五十八条："民事法律行为可以附条件，但是根据其性质不得附条件的除外。附生效条件的民事法律行为，自条件成就时生效。附解除条件的民事法律行为，自条件成就时失效。"

观点二："背靠背"条款属于附期限条款

该观点认为，"背靠背"条款应属于附期限条款。主要理由在于分包方在与总承包方签订分包合同时，其真实意思表示应是将"获得业主付款"视为未来发生的确定的事实，若非如此，按照常理，分包方是不会愿意与总承包方签订分包合同的。也就是说，在工程质量合格的前提下，业主方支付工程款仅是付款期限长短的问题。

（二）司法实务基本上采纳"'背靠背'条款属于附条件条款"的观点

司法实践中的大部分案例均认为"背靠背"条款属于附条件条款，具体理由如下：

（1）从目前总承包合同约定的典型内容来看，总承包方与业主方通常采用按进度付款的模式，具体付款时一般以时间或者具体的工程量的完工为前提。这种约定内容，在性质上属于将来确定的事实。当然，合同约定不等于合同履行，业主方是否将款项支付给总承包方，往往会受到合同效力、合同履行情况、合同履行环境、当事人行为等诸多因素的影响，这些情况导致合同约定的内容，变为将来"不确定"的事实。

（2）从总承包方对"背靠背"条款赋予的意义来看，总承包方与分包方约定以业主方支付工程款为前提，主要目的在于控制工程款支付风险、分散业主方未按时支付工程款的风险。尤其是在发包方未按照约定支付工程款的前提下，总承包方仍然希望该条款继续有效，将这一风险转移到分包方，形成收益共享、风险共担的有利局面。

（三）最高法、地方高院关于"背靠背"条款效力的理解

《北京市高级人民法院关于审理建设工程施工合同纠纷案件若干疑难问题的解答》（京高法〔2012〕245号）第二十二个问题"分包合同中约定总包人收到发包人支付工程款后再向分包人支付的条款的效力如何认定？"，解答为："分包合同中约定待总包人与发包人进行结算且发包人支付工程款后，总包人再向分包人支付工程款的，该约定有效。因总包人拖延结算或怠于行使其到期债权致使分包人不能及时取得工程款，分包人要求总包人支付欠付工程款的，应予支持。总包人对于其与发包人之间的结算情况以及发包人支付工程款的事实负有举证责任。"

《安徽省高级人民法院关于审理建设工程施工合同纠纷案件适用法律问题的指导意见（二）》第十一条规定："非法转包、违法分包建设工程，实际施工人与承包人约定以发包人与承包人的结算结果作为结算依据，承包人与发包人尚未结算，实际施工人向承包人主张工程价款的，分别下列情形处理：（一）承包人与发包人未结算尚在合理期限内的，驳回实际施工人的诉讼请求。（二）承包人已经开始与发包人结算、申请仲裁或者诉至人民法院的，中止审理。（三）承包人怠于向发包人主张工程价款，实

际施工人主张参照发包人与承包人签订的建设工程施工合同确定工程价款的，应予支持。"

《最高人民法院第二巡回法庭 2021 年第 17 次法官会议纪要》对"当事人约定以第三人的履行作为一方履行债务的条件，如何理解该约定的性质和效力？"问题采取"履行附期限说"，明确："当事人约定以第三人的履行作为一方履行债务的条件，该约定是对债务人何时履行债务所作的约定，不影响合同的效力，不属于附条件或附期限的法律行为。在合同有效的情况下，债务人负有确定的履行义务。就此而言，该约定形式上属于对履行所附的条件，但实质上则是对附期限履行的约定。如果所附期限是明确的，则应当按照约定的期限履行；反之，难以确定第三人何时履行，即所附期限不明确的，依据《民法典》第五百一十一条第（四）项之规定，债务人可以随时履行，债权人也可以随时请求履行，但是应当给对方必要的准备时间。所附期限是否明确，依据'谁主张、谁举证'的规则，应当由抗辩不应履行的债务人承担举证责任。"

二、风险提示：司法实践对"背靠背"条款的效力的认定

类型一："背靠背"条款系双方自身权利义务的安排，合法有效

案例一

某劳务公司与某安装公司建设工程施工合同纠纷案

基本案情

某劳务公司与某安装公司签订劳务分包合同，约定："由某劳务公司承建某安装公司分包的某项目；如业主给某安装公司的付款迟延，某安装公司给某劳务公司的付款相应延迟，某劳务公司不得要求任何赔偿。"

法院裁判

法院认为，根据《劳务分包合同》约定，业主付款迟延导致某安装公司付款相应迟延，某劳务公司不得要求任何赔偿。分包方与发包方签订本条款的初衷在于和总包方共同承担业主迟延支付工程款的风险，系当事人对自身权利义务的安排，系双方当事人的真实意思表示，内容不违反法律强制性规定，应认定为合法有效。

类型二：分包合同因违法分包等原因而被认定无效，其中的"背靠背"条款亦无效

案例二

C公司、B公司建设工程施工合同纠纷

基本案情

C公司将业主方J公司办公楼装饰装修工程交B公司承包施工，双方签订的《工程承包（协议）责任书》约定："工程款支付以C公司与业主方所签主合同为准。"协议第八条第一、二款约定："所有工程款必须由C公司与业主办理相关财务手续，将工程款划到C公司规定账户，再按双方约定支付。业主划拨工程款后，C公司将该工程（代扣代缴）的税金和管理费扣除后，其余工程款在B公司申报资金支付明细表经C公司审批后，凭材料发票和工资表逐项支付。"B公司不具备相应劳务分包资质，但B公司施工的工程已经过业主验收合格。各方就本项目合同效力以及工程款的结算存在争议，B公司诉至法院要求A公司、C公司共同承担相应的工程款。

法院裁判

法院认为，关于案涉工程款的支付是否以业主J公司划拨工程款为前

提条件的问题。因《工程承包（协议）责任书》约定C公司将其承包的J公司办公楼装饰装修工程交由B公司承包施工，而B公司缺乏相应的施工资质，根据《最高人民法院关于审理建设工程施工合同纠纷案件适用法律问题的解释》第一条之规定①，《工程承包（协议）责任书》属于无效合同。又因案涉建设工程经竣工验收合格，依据《最高人民法院关于审理建设工程施工合同纠纷案件适用法律问题的解释》第二条之规定②，B公司可以请求按照《工程承包（协议）责任书》的约定支付工程价款，但该司法解释第二条规定的"请求参照合同约定支付工程价款"中的"合同约定"范围，主要指工程款计价方法、计价标准等与工程价款数额有关的约定。C公司主张还应参照适用《工程承包（协议）责任书》第八条第一款、第二款关于支付工程价款以业主划拨工程款为前提条件的约定。因该约定是关于工程价款支付条件的约定，并非关于工程价款确定标准的约定，在《工程承包（协议）责任书》无效的情况下，该约定对双方没有约束力。因此，本案工程价款的支付不应以双方当事人约定的业主划拨工程款为前提条件。

类型三：部分法院认为"背靠背"条款属于排除对方主要权利的格式条款，故不产生合同效力

案例三

某建筑公司与某机电公司建设工程分包合同纠纷案

基本案情

发包人某水务公司与承包人某建筑公司就某工程签订了《施工合同》。承包人某建筑公司与分包人某机电公司签订了《某市地表水厂安装

---

① 《最高人民法院关于审理建设工程施工合同纠纷案件适用法律问题的解释》第一条对应《最高人民法院关于审理建设工程施工合同纠纷案件适用法律问题的解释（一）》第一条。

② 已被《最高人民法院关于废止部分司法解释及相关规范性文件的决定》（2020年12月29日发布，2021年1月1日实施）废止。

合同》，分包工程名称为某市地表水厂安装工程，其中就合同价款的支付条件约定如下："甲方在收到发包人计量款后 30 日内支付上月工程进度款，按上月完成工程款的 70％支付；工程整体竣工验收合格并办理工程结算审计后且甲方在收到发包人结算工程尾款 30 天内付款达到竣工结算款的 95％。"

原告某机电公司于 2014 年进场，2014 年 7 月开始施工。2015 年 12 月完成竣工验收。2016 年 1 月，双方因工程结算、催要工程款产生分歧起诉至法院。

法院裁判

关于本案工程款是否具备给付条件问题，法院认为：当事人虽然在合同约定了"工程整体竣工验收合格并办理工程结算审计后且甲方在收到发包人结算工程尾款 30 天内付款达到竣工结算款的 95％"的付款条件，但某建筑公司以收到发包人尾款作为给付某机电公司的前提条件，是将其施工经营风险转嫁给分包人某机电公司承担，该合同为格式合同，其约定的给付条件属于排除某机电公司主要权利的条款，根据《民法典》第四百九十七条格式条款无效的情形第（三）项："提供格式条款一方排除对方主要权利。"该部分内容不产生合同效力。

风险分析

对于"背靠背"条款的效力认定问题，立法层面未制定统一适用的法律法规或司法解释，司法层面亦未能完全达成统一裁判意见。但主流司法观点认为：建设工程分包合同"背靠背"条款，属于当事人双方真实意思的表示，属于有效的合同条款。

同时，需要特别说明的是，"背靠背"条款实质上属于工程款支付条件的约定，其并不属于工程款计价方法、计价标准等与工程价款数额有关的约定，其不属于《民法典》第七百九十三条规定之"参照合同关于工程价款的约定"的情形，不能予以援引参照。故若"背靠背"条款所依附的分包合同整体无效，"背靠背"条款也应当无效。

三、风险提示：以"背靠背"条款为由拒付工程款的，应当以积极履行催收义务为前提

类型一：若承包人未积极履行催收义务，则不得以"背靠背"条款为由拒付工程款

案例一

A 建筑公司与 B 市政公司建设工程施工合同纠纷案

基本案情

C 建设公司与 A 建筑公司签订《施工总承包合同》，约定 A 建筑公司承包某工程项目。A 建筑公司将部分工程分包给 B 市政公司，双方签订了《某工厂建设工程土方工程施工专业分包合同》，约定："若因建设单位（发包人）不能按时支付给承包人工程款而导致承包人未按照合同约定时间向分包人支付工程款，不视为承包人违约，分包人必须保证工程施工的正常进行，不得以任何理由擅自停工或采取其他任何未经承包人同意的做法。"

B 市政公司承建的案涉工程已完成并经竣工验收，现已经投入使用。后 B 市政公司要求 A 公司支付工程款。争议焦点之一在于"A 建筑公司主张的工程款支付所附'背靠背'条件是否成就"。

法院裁判

法院认为，关于"背靠背"付款条件是否已经成就，A 建筑公司提出双方约定了在 C 建设公司未支付工程款的情况下，A 建筑公司不负有付款义务，但 A 建筑公司的该项免责事由应以其正常履行协助验收、协助结算、协助催款等义务为前提。作为 C 建设公司工程款的催收义务人，A 建筑公司并未提供有效证据证明其在盖章确认案涉工程竣工后至本案诉讼前，已积极履行以上义务，对 C 建设公司予以催告验收、审计、结算、收款等。相反，A 建筑公司工作人员房某的证言证实 A 建筑公司主观怠于履

行职责，拒绝 B 市政公司要求，始终未积极向 C 建设公司主张权利。根据《民法典》第一百五十九条规定："附条件的民事法律行为，当事人为自己的利益不正当地阻止条件成就的，视为条件已经成就；不正当地促成条件成就的，视为条件不成就。"故 A 建筑公司关于"背靠背"条件未成就、A 建筑公司不负有支付义务的主张，理由不成立。

类型二：合同约定明确，总包人已经履行催款义务，可以此为由拒付工程款

案例二

某装修公司与某建筑公司建设工程分包合同纠纷案

基本案情

某建筑公司与某装修公司签订《施工分包合同》。后双方签订《补充协议（一）》，协议约定"付款方式及时间：截至本协议签订之日，甲方已支付乙方工程款 2920000 元，尚欠工程款 1747314 元。尚欠工程款待甲方收到建设单位该分包工程款后 10 个工作日内转账支付给乙方。"

另查明，某建筑公司曾向法院起诉要求建设单位支付欠付工程款、停工损失等费用，但建设单位并无可供执行的财产，已经终结本次执行程序。

法院裁判

关于补充协议的效力问题，法院认为该补充协议系双方真实意思表示，内容不违反法律法规的禁止性规定，属于合法有效的协议。《民法总则》① 第一百五十八条（对应《民法典》第一百五十八条）规定："民事法律行为可以附条件，但是按照其性质不得附条件的除外。附生效条件的民

---

① 已被《民法典》（2021 年 1 月 1 日起实施）废止。

事法律行为，自条件成就时生效。附解除条件的民事法律行为，自条件成就时失效。"可见，法律对民事法律行为附条件持肯定态度，仅对按照性质不得附条件的情况予以否定，上述关于付款条件的约定并不属于按照性质不得附条件的范畴，且约定明确无歧义，与合同中约定的支付进度款的前提一致，均是在收到建设单位该分包工程款后方向某装修公司支付，该约定对双方产生约束力。现某建筑公司向建设单位主张工程款的民事判决尚未得到执行，本案中也不存在某建筑公司拖延结算或怠于行使到期债权致使分包人不能及时取得工程款的情形，故某建筑公司支付工程款的条件尚未成就，对于某装修公司的该项诉讼请求，法院不予支持。

▒▒ 风险分析 ▒▒

从上述法律规定以及司法案例可以看出，虽然主流观点认为"背靠背"条款属于有效的合同条款，但是施工企业能否依据"背靠背"条款进行拒不支付工程款的抗辩尚需要审查施工企业对业主方的应付债权是否进行积极催收，若施工企业未对业主方的应付债权进行积极催收，则可能被法院认定为"不正当地阻止条件的成就"，进而被判决承担支付责任。

四、 2024 年 7 月 29 日人民法院案例库新增三个案例，对付款方因"背靠背"条款拒绝付款未予支持

案例一

广西某物资公司诉某工程公司买卖合同纠纷案

基本案情

某工程公司为承建某跨海大桥工程向广西某物资公司采购钢筋等货物，双方签订《临购钢筋买卖合同》与《钢筋买卖合同》。该两份合同约定，由乙方广西某物资公司向甲方某工程公司出卖钢筋等货物，关于货款

的支付，约定为甲方支付乙方价款的比例与本工程业主同期计量支付甲方工程进度款比例一致。如业主延误支付甲方工程进度款，乙方愿意充分理解，并放弃追究甲方因此造成的违约责任（包括但不限于违约金、逾期付款利息等）。合同签订后，广西某物资公司向某工程公司提供钢筋等货物，某工程公司未按合同约定及时支付货款。

法院裁判

对于案涉两份钢筋买卖合同约定的付款条款，某工程公司是否能以业主未付款作为抗辩理由？法院认为从合同约定内容看，在双方对于货款支付的成就条件约定内容中，难以从字面文义上得出关于进度款支付比例系付款条件之一；从合同目的来看，广西某物资公司提供货品目的为取得货款。在无证据证明广西某物资公司愿意为某工程公司承担业主单位不能支付工程价款的商业风险的情况下，将业主单位支付款项作为案涉货款的支付条件并不符合广西某物资公司的合同目的。

案例二

上海某建设公司诉上海某公司建设工程施工合同纠纷

基本案情

上海某公司（甲方）与原告上海某建设公司（乙方）签订《建设工程施工合同》，约定乙方承包青岛某分段车间土建部分及安装工程的协调管理，合同第 8 条工程款、安全生产措施费的支付及竣工结算约定："8.1　甲方在收到业主支付给甲方的工程进度款后，按乙方完成且经甲方核算的工程量支付工程进度款（每次付款时，扣除税金及相应总包管理费等相关费用）。在竣工结算审核完毕且业主将后续工程款支付给甲方后，工程款支付到审定结算价款的 90%。……8.4　如因业主未及时向甲方支付工程款或未及时办理完结算等原因而导致甲方不能按本合同的规定付款，乙方同意甲方有权延期支付工程款直至甲方收到业主支付的全部工款或结算款且不向甲方收取任何利息和费用。"合同签订后,原被告之间因工程款支付等发生争议,形成本案诉讼。

法院裁判

法院认为本案中,虽然双方合同约定,如因业主未及时支付给甲方工程款或未及时办理完结算等原因而导致甲方不能按本合同的规定付款,乙方同意甲方有权延期支付工程款直至甲方收到业主支付的全部工程款或结算款,且不向甲方收取任何利息和费用,但在案涉工程早已交付使用且业主已进入破产程序,业主能否及时、足额支付上海某公司工程款存在极大不确定性的情况下,基于公平、诚信原则,上海某公司应当支付上海某建设公司剩余工程款。

案例三

北京某建筑工程公司诉某建筑公司北京分公司、某建筑公司建设工程分包合同纠纷案

基本案情

2012 年 11 月,某建筑公司北京分公司(甲方)与北京某建筑工程公司(乙方)签订《某地块一期工程外墙保温分包合同》。2015 年 6 月 20 日,双方补签《某地块一期项目外墙保温工程分包合同补充协议》(简称《补充协议》)。《补充协议》载明:"甲方在收到业主工程进度款后,扣除双方约定的其他费用及各项税费及管理费后一般应在 5 天内拨付给乙方使用……如业主延期向甲方支付工程款,则甲方向乙方支付工程款相应顺延,由此带来的资金压力及支付风险乙方应知晓并相应承担,并不得以此为借口停工或要求甲方提前支付工程款。"

2014 年 9 月 30 日,某地块一期工程已竣工验收并交付使用。截至 2015 年 2 月 26 日,某建筑公司北京分公司尚有余款未付。双方因工程款支付等发生争议,原告北京某建筑工程公司起诉请求判令某建筑公司北京

分公司、某建筑公司给付拖欠的工程款及利息 553140.7 元。被告某建筑公司北京分公司及某建筑公司辩称："双方已对延期支付款项进行了明确约定，北京某建筑工程公司的诉讼请求不应得到支持。"

法院裁判

法院认为《补充协议》条款虽然设定了工程款的给付条件，但某建筑公司北京分公司并未举证证明业主存在延期向其支付工程款的情形，而且该付款条件亦不能成为某建筑公司北京分公司无限期延迟支付原告工程款的合理理由，根据《合同法》第六十条第一款①的规定，当事人应当按照约定全面履行自己的义务，而上述协议条款有悖诚实信用原则。在案涉工程已竣工验收并交付使用的情况下，北京某建筑工程公司已给某建筑公司北京分公司预留充分的准备时间，某建筑公司北京分公司理应给付拖欠的工程款。

风险分析

从三个入库案例可以看出，对于建设工程领域的施工、买卖合同，约定"背靠背"付款条款的，人民法院倾向于从该等条款不符合交易目的、有悖公平、诚实信用原则角度出发，不支持合同中关于施工单位以收到业主方款项后向分包方、供应商支付款项的条款约定。认定施工单位作为独立的商事主体，应独立承担商业风险。

五、2024 年 8 月 27 日，最高人民法院发布《批复》

（一）概述

1. 立法目的

为深入贯彻落实党的二十大和二十届二中、三中全会精神，进一步解决企业账款拖欠问题，保障中小企业公平参与市场竞争，依法维护企业合

---

① 已被《民法典》（2021 年 1 月 1 日起实施）废止。《合同法》第六十条第一款现对应《民法典》第五百零九条第一款。

法权益，提振经营主体信心，最高人民法院研究制定了《批复》，自 2024 年 8 月 27 日起施行。

2. 批复的主要内容

《批复》共计 2 条，分别就大型企业与中小企业约定以收到第三方支付款项为付款前提条款的效力，认定合同约定条款无效后如何合理确定付款期限及相应的违约责任两个方面的法律适用问题进行了规定：

（1）大型企业在建设工程施工、采购货物或者服务过程中，与中小企业约定以收到第三方向其支付的款项为付款前提的，因其内容违反《保障中小企业款项支付条例》第六条、第八条的规定，人民法院应当根据《民法典》第一百五十三条第一款的规定，认定该约定条款无效。

（2）在认定合同约定条款无效后，人民法院应当根据案件具体情况，结合行业规范、双方交易习惯等，合理确定大型企业的付款期限及相应的违约责任。双方对欠付款项利息计付标准有约定的，按约定处理；约定违法或者没有约定的，按照全国银行间同业拆借中心公布的一年期贷款市场报价利率计息。大型企业以合同价款已包含对逾期付款补偿为由要求减轻违约责任，经审查抗辩理由成立的，人民法院可予支持。

（二）条款理解

1. 适用条件

《批复》主要适用于大型企业与中小企业之间签订的合同，主要针对建设工程施工、采购货物或者服务等典型的合同类型。关于如何界定大型企业和中小企业的认定标准，下述法条中给予了规定，可作为司法实践的认定依据。

根据《中华人民共和国中小企业促进法》第二条第一款的规定："本法所称中小企业，是指在中华人民共和国境内依法设立的，人员规模、经营规模相对较小的企业，包括中型企业、小型企业和微型企业。"以及《保障中小企业款项支付条例》第三条第一款的规定，"本条例所称中小企业，是指在中华人民共和国境内依法设立，依据国务院批准的中小企业划分标准确定的中型企业、小型企业和微型企业；所称大型企业，是指中小企业以外的企业。"

《关于印发中小企业划型标准规定的通知》（工信部联企业〔2011〕300号）第四条明确了各行业划型标准。根据国家统计局《统计上大中小微型企业划分办法（2017）》（国统字〔2017〕213号），大中小微企业划分标准如下（表中带＊项为行业组合类别，详见办法原文）。

统计上大中小微型企业划分标准（2017）

行业名称	指标名称	计量单位	大型	中型	小型	微型
农、林、牧、渔业	营业收入（Y）	万元	Y≥20000	500≤Y＜20000	50≤Y＜500	Y＜50
工业＊	从业人员（X）	人	X≥1000	300≤X＜1000	20≤X＜300	X＜20
	营业收入（Y）	万元	Y≥40000	2000≤Y＜40000	300≤Y＜2000	Y＜300
建筑业	营业收入（Y）	万元	Y≥80000	6000≤Y＜80000	300≤Y＜6000	Y＜300
	资产总额（Z）	万元	Z≥80000	5000≤Z＜80000	300≤Z＜5000	Z＜300
批发业	从业人员（X）	人	X≥200	20≤X＜200	5≤X＜20	X＜5
	营业收入（Y）	万元	Y≥40000	5000≤Y＜40000	1000≤Y＜5000	Y＜1000
零售业	从业人员（X）	人	X≥300	50≤X＜300	10≤X＜50	X＜10
	营业收入（Y）	万元	Y≥20000	500≤Y＜20000	100≤Y＜500	Y＜100
交通运输业＊	从业人员（X）	人	X≥1000	300≤X＜1000	20≤X＜300	X＜20
	营业收入（Y）	万元	Y≥30000	3000≤Y＜30000	200≤Y＜3000	Y＜200

续表

行业名称	指标名称	计量单位	大型	中型	小型	微型
仓储业*	从业人员（X）	人	X≥200	100≤X＜200	20≤X＜100	X＜20
	营业收入（Y）	万元	Y≥30000	1000≤Y＜30000	100≤Y＜1000	Y＜100
邮政业	从业人员（X）	人	X≥1000	300≤X＜1000	20≤X＜300	X＜20
	营业收入（Y）	万元	Y≥30000	2000≤Y＜30000	100≤Y＜2000	Y＜100
住宿业	从业人员（X）	人	X≥300	100≤X＜300	10≤X＜100	X＜10
	营业收入（Y）	万元	Y≥10000	2000≤Y＜10000	100≤Y＜2000	Y＜100
餐饮业	从业人员（X）	人	X≥300	100≤X＜300	10≤X＜100	X＜10
	营业收入（Y）	万元	Y≥10000	2000≤Y＜10000	100≤Y＜2000	Y＜100
信息传输业*	从业人员（X）	人	X≥2000	100≤X＜2000	10≤X＜100	X＜10
	营业收入（Y）	万元	Y≥100000	1000≤Y＜100000	100≤Y＜1000	Y＜100
软件和信息技术服务业	从业人员（X）	人	X≥300	100≤X＜300	10≤X＜100	X＜10
	营业收入（Y）	万元	Y≥10000	1000≤Y＜10000	50≤Y＜1000	Y＜50

续表

行业名称	指标名称	计量单位	大型	中型	小型	微型
房地产开发经营	营业收入（Y）	万元	Y≥200000	1000≤Y<200000	100≤Y<1000	Y<100
	资产总额（Z）	万元	Z≥10000	5000≤Z<10000	2000≤Z<5000	Z<2000
物业管理	从业人员（X）	人	X≥1000	300≤X<1000	100≤X<300	X<100
	营业收入（Y）	万元	Y≥5000	1000≤Y<5000	500≤Y<1000	Y<500
租赁和商务服务业	从业人员（X）	人	X≥300	100≤X<300	10≤X<100	X<10
	资产总额（Z）	万元	Z≥120000	8000≤Z<120000	100≤Z<8000	Z<100
其他未列明行业*	从业人员（X）	人	X≥300	100≤X<300	10≤X<100	X<10

值得注意的是：（1）大型企业作为供应商（收款方）与中小型企业作为采购方（付款方）、大型企业与大型企业之间、中小型企业与中小型企业之间合同中约定的"背靠背"条款效力不属于《批复》认定无效范畴；（2）政府机关、事业单位与中小企业签订的合同直接适用《保障中小企业款项支付条例》的相关规定；（3）《保障中小企业款项支付条例》第三条第二款规定了中小企业、大型企业依合同订立时的企业规模类型确定。中小企业与机关、事业单位、大型企业订立合同时，应当主动告知其属于中小企业。

2."背靠背"条款的效力

上述《批复》并没有直接否认所有"背靠背"条款的效力，仅仅限制大型企业与中小企业签订的"背靠背"条款的效力，以违反《保障中小企业款项支付条例》，认定大型企业在施工、采购或者服务过程中向中小企业约定付款时采用"背靠背"条款的方式无效。

《保障中小企业款项支付条例》第六条第一款规定："机关、事业单位和大型企业不得要求中小企业接受不合理的付款期限、方式、条件和违约责任等交易条件，不得违约拖欠中小企业的货物、工程、服务款项。"第八条第一款规定："机关、事业单位从中小企业采购货物、工程、服务，应当自货物、工程、服务交付之日起 30 日内支付款项；合同另有约定的，付款期限最长不得超过 60 日。"

大型企业与中小企业约定以第三方支付款项为付款前提的条款，实质上是关于"不合理的付款期限、方式、条件的"约定，明显违反了《保障中小企业款项支付条例》的规定，根据《民法典》第一百五十三条第一款的规定，应当认定此类条款无效。

3. "背靠背"条款无效后如何确定付款期限

"背靠背"条款实质上属于付款期限条款，而非付款条件条款。"背靠背"条款依据《批复》被认定无效后，如何重新确定付款期限的问题？付款期限需要确定两个重要的时间节点，分别是期限的起算日以及期限的届满日。

《保障中小企业款项支付条例》第八条第三款规定："合同约定采取履行进度结算、定期结算等结算方式的，付款期限应当自双方确认结算金额之日起算。"第九条第二款规定："合同双方应当在合同中约定明确、合理的检验或者验收期限，并在该期限内完成检验或者验收。机关、事业单位和大型企业拖延检验或者验收的，付款期限自约定的检验或者验收期限届满之日起算。"

综上，关于期限的起算日，应当自合同双方确认结算金额之日或者自约定的检验或者验收期限届满之日起算。而期限的届满日，因不同合同的付款情况均有不同，《批复》未进行一刀切的规定，故交给审理法院根据案件具体情况，结合行业规范、双方交易习惯等进行裁量。

4. "背靠背"条款无效后如何确定违约责任

一旦"背靠背"条款归于无效，除了确定双方付款期限外，还会涉及另一个问题，逾期付款的违约责任，即逾期利息的计算问题。

通常情况下，最高法认为若经营主体之间有约定利息计算标准，应当按照约定处理。如果未约定或者约定不符合法律规定，应当在当事人请求的范围内按照中国人民银行授权全国银行间同业拆借中心公布的一年期贷款市场报价利率（LPR）计算。

同时，《批复》还明确大型企业违约责任的确定主要基于填补损失原则，如果大型企业以合同价款已包含对逾期付款补偿为由要求减轻违约责任，人民法院应当依法进行审查，若补偿合理，应当予以支持。因此，如果合同约定合同价款包括了对"背靠背"条款的补偿，人民法院可以相应减少大型企业的逾期付款责任，减少逾期利息。

六、应对指南

实践中，存在诸多因开发商资金链问题，导致总承包方巨额工程款无法收取的情况，虽然法律赋予施工单位优先受偿权，但行使该权利需要较长的时间。如果总承包方收不到业主工程款，而需要向下游分包支付相关款项，对总承包方来说压力就比较大。此外，在施工行业中，专业分包利润较大且可能存在业主指定了分包单位却将付款义务和责任转嫁给总包单位的情况。因此，通常出现承包方利用"背靠背"条款，合理分配工程款支付风险。但结合人民法院案例库近期发布的三个案例以及《批复》内容，"背靠背"条款设定也为大型总承包企业带来全新挑战。虽然具体影响有待根据后续司法实践情况观察，但总承包方对分包/分供的签约履约管理逻辑需发生重大变更，建议通过以下几个方面进行风险防控。

（一）关于大型企业与中小型企业合同付款相关条款约定的相关建议

（1）《批复》已明确规定大型企业在建设工程施工、采购货物或者服务过程中，与中小企业约定"背靠背"付款条款无效，那么大型施工企业作为采购方与分包方、货物及服务供应商之间签订的相关合同中应注意避免签订"背靠背"付款条款。

（2）根据《批复》理解"背靠背"付款条款无效不影响其他条款效力。基于风险分担考虑，可与交易对方协商将计量、计价及结算等事宜与大型企业和上游的相关事宜办理相关联，或以上游的结果为依据。

（3）根据《批复》第二条规定："大型企业以合同价款已包含对逾期付款补偿为由要求减轻违约责任，经审查抗辩理由成立的，人民法院可予支持。"大型企业可考虑在针对下游分包方、供应商的合同中增加约定合同价款已包含对逾期付款补偿相应内容。

（二）大型企业应主动了解并仔细判断合同相对方是否为中小企业

《批复》规定了大型企业作为付款方，中小企业作为收款方的合同中"背靠背"条款无效，《保障中小企业款项支付条例》第三条规定中小企业与机关、事业单位、大型企业订立合同时应主动告知。但工信部于 2024 年 4 月 18 日发布的《保障中小企业款项支付条例（修订草案征求意见稿）》，将第三条修订为"机关、事业单位、大型企业订立合同时，应当提示合同相对方说明其是否属于中小企业。"经检索司法实践案例已存在认定正常商事交易中大型企业签订合同时应调查合同相对方情况，已有将中小企业主动告知义务转为大型企业主动了解的趋势，建议大型企业签署合同时主动了解并判断相对方是否为中小企业。

（三）《批复》的适用主体及范围外的"背靠背"条款

1．须详细具体约定

《批复》未规范大型企业作为供应商（收款方）、大型企业与大型企业之间，中小型企业与中小型企业之间的"背靠背"条款效力。相关主体在签订合同时，应当对其中的"背靠背"条款约定得详细具体，否则即使"背靠背"条款有效，法院也可能因条款内容约定不明确而不支持总承包人的主张。具体条款设置方面的建议，可以参考如下内容。

（1）细化"背靠背"条款设置。

建议在分包合同中明确，建设单位对工程款支付不能的法律风险由总承包人与分包人共同承担，约定建设单位付款及与总承包人付款之间的具体比例关系、付款时间节点等细节内容具有可执行性。如约定总承包人与分包人共同承担建设单位的付款风险，因建设单位原因迟延支付工程款或支付不足额的，分包人同意总承包人延迟分包合同价款的支付且不承担相关的逾期付款违约责任，其中包括但不限于建设单位违约、建设单位破产等意外情形。此外，还需注意中间方与上游方、中间方与下游方之间的合同在付款节点、交付、验收等环节，保持一致性、合理的衔接性及具体的操作执行性。

（2）"背靠背"条款不得限制分包人诉讼权利。

诉讼权利是分包人的基本权利，总承包人在设置"背靠背"条款时，应尽可能避免剥夺分包人的诉讼权利，避免不合理地限制分包人的权利。

2. 应当履行提示告知义务

总承包人在设置"背靠背"条款时，应将"背靠背"条款加粗加下画线，对分包人进行提示、解释"背靠背"条款内容的相关告知义务，同时将相关协商沟通记录予以保留，比如相关的磋商记录、往来记录等。否则，在发生纠纷时，分包人通常会以"背靠背"条款为格式条款且总承包人未履行提示告知义务等理由，主张"背靠背"条款无效，不能作为合同内容，导致总承包人不能依据此条款进行抗辩。

3. 应关注总包合同的履行，即"报、审、付"

实践中可能存在工程款统一支付、无法区分的情况，导致"背靠背"条款因为举证问题而无法得到支持。因此，建议在总包合同履行过程中，总包方向业主报送形象进度、产值时，应当明确每次报送的款项构成，比如明确本次报送电梯部分的金额、幕墙部分的金额；业主审核时也需明确审核支付的产值构成。一旦发生争议，总包方可以有证据证明上游方确实并未向下游方支付对应款项，这是"背靠背"条款得以成就的关键事实。

4. 应当积极履行催收义务

总承包人应积极催告业主或者总承包人支付工程预付款、进度款；在工程竣工验收后，应积极与业主方或者总承包人办理结算，催告业主或者总承包人及时支付工程款，合理催告后仍不支付的，应及时采取相关的措施，不能怠于履行相关的催收义务，同时总承包人应保留对业主或者总承包人进行催告的过程性文件。否则，即使"背靠背"条款有效，也可能被法院认定为怠于行使权利，不正当阻止条件成就，视为付款条件已成就。

第四节　违法分包的风险

在建设工程施工领域，工程分包是一种较为常见的市场行为。合法合规的工程分包能够达到资源和劳务合理分化、聚集和有效利用，提高工程施工的经济性和效率。但实践中存在大量的违法分包现象，承包人或分包人在利益的驱使下将工程进行违法分包，严重扰乱了社会主义市场经济秩序，也给工程质量带来了严重的安全隐患。故站在总承包人的角度，准确识别违法分包、认识违法分包的法律风险以及懂得规避违法分包的风险，是保证整个工程正常施工的重要一环。

一、违法分包的认定

《建设工程质量管理条例》第七十八条第二款规定："本条例所称违法分包，是指下列行为：（一）总承包单位将建设工程分包给不具备相应资质条件的单位的；（二）建设工程总承包合同中未有约定，又未经建设单位认可，承包单位将其承包的部分建设工程交由其他单位完成的；（三）施工总承包单位将建设工程主体结构的施工分包给其他单位的；（四）分包单位将其承包的建设工程再分包的。"

《建筑工程施工发包与承包违法行为认定查处管理办法》第十二条规定："存在下列情形之一的，属于违法分包：（一）承包单位将其承包的工程分包给个人的；（二）施工总承包单位或专业承包单位将工程分包给不具备相应资质单位的；（三）施工总承包单位将施工总承包合同范围内工程主体结构的施工分包给其他单位的，钢结构工程除外；（四）专业分包单位将其承包的专业工程中非劳务作业部分再分包的；（五）专业作业承包人将其承包的劳务再分包的；（六）专业作业承包人除计取劳务作业费用外，还计取主要建筑材料款和大中型施工机械设备、主要周转材料费用的。"

从上述法律规定可以看出，违法分包实际上可以归纳为如下几种情形：（一）分包给不具备资质的施工单位或个人；（二）未经建设单位允许也无合同约定，擅自进行专业分包；（三）施工总承包方将应由其自行完成的主体或关键部分进行分包（钢结构除外）；（四）违法再分包（专业工程再分包、劳务作业二次再分包）；（五）劳务作业承包方不仅承担劳务作业，还承担主要材料款、设备款的。

二、风险提示：违法分包导致分包合同无效

案例

某热电公司、某建筑公司与某电建公司建设工程施工合同纠纷案

基本案情

某热电公司与某电建公司签订《某项目 B 标段施工合同》，由某电建公司承建某项目工程 B 标段建筑及安装工程。后某电建公司与某建筑公司签订《某项目建筑工程 3♯ 标段施工合同》，由某建筑公司承建某项目 B 标段建筑 3♯ 标工程。承包范围为：2 号输煤栈桥、4 号输煤栈桥、5 号输煤栈桥、6 号输煤栈桥等。

法院裁判

建筑工程主体结构的施工必须由总承包单位自行完成。某电建公司与某热电公司签订《某项目 B 标段施工合同》明确约定工程主体结构不得违法分包，该合同关于主体工程的界定中，输煤栈桥属于主体工程。据此，某电建公司与某建筑公司签订的《某项目建筑工程 3♯ 标段施工合同》，违反了法律强制性规定及某电建公司与某热电公司签订《某项目 B 标段施工合同》的约定，应为无效。

▨▨ 风险分析 ▨▨

为维护建筑市场的秩序，保证建设工程的质量，我国法律对于违法分包持有绝对禁止的态度，甚至以否定当事人双方意思自治的合同无效的法律后果进行完全否定性的评价。故若建设工程施工合同被认定为违法分包，则依据目前的法律规定，该建设工程施工合同为无效合同。

三、风险提示：承包人将承包的建设工程进行违法分包的，发包人有权解除与承包人签订的建设工程施工合同

案例

某石化公司与某工业公司建设工程施工合同纠纷案

基本案情

某石化公司与某工业公司签订《某工程承包合同》，主要约定：由某工业公司承包某石化公司的某工程。

某工业公司作为甲方、总包方与作为乙方的 A 公司签订了《某工程分包合同》，主要约定：A 公司负责项目电气工程、消防及给排水工程、浓硫酸区等区域的设备采购、安装、调试及验收工作，并负责所有土建二次开挖工程。

某工业公司作为甲方与乙方某科技公司签订《某项目成品油储罐材料标段合同》，主要约定乙方应按照合同的全部要求提供构成成品油储罐材料标段所需的所有工作及服务，包括设备材料的采购及运输到现场，对所有现场作业、施工方法和全部工程的完备性、稳定性和安全性承担责任和费用。

某工业公司作为甲方与乙方某工程公司签订《某项目成品油储罐安装标段合同》，主要约定乙方应按照合同的全部要求提供构成成品油储罐安装标段所需的所有工作，及安装完毕后的单体试车、整体调试、带负荷试运行、性能考核、技术培训、国家职能部门需求的验收及工程质量保证期内的保修等所有工作内容。

法院裁判

本案中，某工业公司将案涉工程主体结构分包给 A 公司、某工程公司及某科技公司，构成总承包单位将建设工程主体结构的施工分包给其他单位的违法分包情形，依据《最高人民法院关于审理建设工程施工合同纠纷案件适用法律问题的解释》第八条第（四）项①规定，"将承包的建设工程非法转包、违法分包的。"如具有此情形，发包人请求解除建设工程施工合同的，应予支持。某石化公司对案涉工程合同享有法定的解除权，且该解除权的行使亦无须以发包人对非法转包、违法分包的事实是否知情为限制条件，故某石化公司解除合同的理由符合法律规定。

风险分析

一般而言，建设工程施工对于承包人的资质要求较高。违法分包会导致不具有建筑施工资质的施工人进行工程施工，同时也会导致利益链条拉长，出现层层剥利的情况，导致实际用于工程建设的工程款低于建设工程施工合同约定的工程款，因此，我国法律、行政法规等均禁止违法分包的行为。

四、应对指南

首先，在总承包方拟对部分工程进行分包时，应当确保发包人同意总承包方对工程进行分包。可以通过在总承包合同中对分包问题进行特别约定，也可以在分包前取得发包人书面认可。

其次，总承包方在选择分包商的时候应对其资质进行审核，判断是否达到要求。资质审核的主要内容包括：建筑资质是否达到有关等级标准、是否具有专业资质等。

再次，总承包方应当严格划分自身施工内容与分包内容，确保建筑工程主体结构的施工不在分包范围内，确保劳务分包不包括主要建筑材料和大中型施工机械设备、主要周转材料。

---

① 已被《最高人民法院关于废止部分司法解释及相关规范性文件的决定》（2020 年 12 月 29 日发布，2021 年 1 月 1 日起实施）废止。

最后，总承包方在对建设工程的专业工程进行分包的时候，应当要求分包单位承诺不得将其承包的专业工程中非劳务作业部分再分包。同时，总承包方可以通过合同对分包人进行约束，并承担一定的监督管理义务，除专业分包中的劳务作业部分的分包外，防止分包单位再进行分包。

第五节　分包农民工工资问题

农民工工资问题一直是建筑施工领域颇受关注的问题，对于农民工工资支付的保障亦是国家重要的民生工程。《保障农民工工资支付条例》（2020年5月1日起施行）的出台很好地保障了农民工的权益，但另一方面也加重了建设单位和施工总承包单位对于农民工工资的垫付义务。对于农民工工资问题，作为施工总承包单位在施工过程中应当予以充分注意，尤其是对于农民工与实际施工人的识别问题、拒不支付劳动报酬罪的适用问题、施工总承包单位对农民工工资的垫付问题，以及农民工工伤责任问题。对上述问题及相关法律责任的梳理有助于施工总承包单位有效地防范农民工工资问题引发的法律风险。

一、风险提示：实际施工人与农民工的区别

类型一：劳务班组主要提供劳动力，而资金、建材、设备以及机械等是由承包人或者分包人提供，不符合法律意义上对"实际施工人"的认定。

案例一

楚某与彭某劳务合同纠纷案

基本案情

某商业广场项目是彭某以福建某建设有限公司名义承建。彭某在案涉

合同签订时系福建某建设有限公司员工，福建某建设有限公司与彭某就案涉工程签订了《内部承包经营合同》，并将某商业广场项目交给彭某独立运作。后彭某将工程分为油漆、涂料、吊顶等几项劳务班组，交给楚某并由楚某组织人员进行施工。

法院裁判

从楚某提交的福建某建设有限公司工资表可以看出，楚某以福建某建设有限公司员工的名义领取了工资，结合彭某依据内部承包经营方式自行管理运作并完成案涉工程的事实，可以认定楚某与彭某形成了劳务关系。但从楚某与彭某的关系以及彭某分劳务班组进行施工的事实来看，楚某并非独立的施工主体，不具有实际施工人地位。

类型二：工程班组除提供劳务外，还实际投入了资金、建材、设备、机械等，在实践中倾向于认定其为"实际施工人"

案例二

山东某建筑有限责任公司与王某建设工程施工合同纠纷案

基本案情

王某借用山东某建筑有限责任公司的资质承建某工程项目，山东某建筑有限责任公司（承包人）与某教育局（发包人）签订《建设工程施工合同》。施工过程中王某就案涉工程的施工实际投入了资金、材料和劳力，山东某建筑有限责任公司也向王某单独支付工程款六千余万元。

法院裁判

根据《合同法》第二百七十二条的规定①，禁止承包人将工程分包给

---

① 已被《民法典》（2021年1月1日起实施）废止。《合同法》第二百七十二条现对应《民法典》第七百九十一条。

不具备相应资质条件的单位。根据《最高人民法院关于审理建设工程施工合同纠纷案件适用法律问题的解释》第一条第二项的规定①，没有资质的实际施工人借用有资质的建筑施工企业名义进行施工，建设工程施工合同应认定为无效。而"实际施工人"是指违法的专业工程分包或劳务作业分包合同的承包人、转承包人、借用资质的施工人或挂靠施工人。本案中，王某与山东某建筑有限责任公司虽未签订书面的挂靠协议或借用资质协议，但从查明的事实看，王某以山东某建筑有限责任公司名义就案涉工程对外签订了大量安装施工合同，王某就案涉工程的施工实际投入了资金、材料和劳力，山东某建筑有限责任公司也认可已向王某单独支付工程款六千余万元。据此，法院认定王某系案涉工程实际施工人。

▨▨ 风险分析 ▨▨

（一）关于"实际施工人"的司法认定问题

最高人民法院民事审判第一庭编著的《最高人民法院新建设工程施工合同司法解释（一）的理解与适用》②中对于"实际施工人"的表述为："所谓的'实际'施工人，须以'名义'施工人的存在为前提。因此，将借用资质订立施工合同、转包以及违法分包合同中实际完成工程建设的三类主体认定为实际施工人，更加符合规范内部统一性的要求。"

重庆市高级人民法院、四川省高级人民法院《关于审理建设工程施工合同纠纷案件若干问题的解答》第九条解答认为："实际施工人是指依照法律规定被认定无效的施工合同中，实际完成工程建设的主体。实际施工人身份的界定，应当结合最终实际投入资金、材料，组织工程施工等因素综合予以认定。仅从事建筑业劳务作业的农民工、劳务班组不属于实际施工人范畴，其依据《最高人民法院关于审理建设工程施工合同纠纷案件适用法律问题的解释（一）》第四十三条的规定向发包人、转包人、违法分包人主张权利的，人民法院不予支持。"

①　对应《最高人民法院关于审理建设工程施工合同纠纷案件适用法律问题的解释（一）》第一条。

②　最高人民法院民事审判第一庭：《最高人民法院新建设工程施工合同司法解释（一）的理解与适用》，人民法院出版社2021年4月第1版，第22页。

《江苏省高级人民法院建设工程施工合同案件审理指南》："为了有利地保护农民工合法权益，认定实际施工人以发包人为被告主张权利的，法院可以追加转包人或者违法分包人为案件当事人，发包人只在欠付工程价款的范围内对实际施工人承担责任。实际施工人主要指违法分包人和转包的承包人。"

根据上述法院的意见，实际施工人与转包、违法分包、挂靠等建设工程领域的违规行为直接关联，从本质上讲，实际施工人就是通过法律所禁止的行为获取建设工程项目承包权利的承包人。

（二）如何判断农民工班组组长/包工头是否为实际施工人？

1. 看签订的合同

若农民工班组组长/包工头为实际施工人，则与违法分包人之间一般签订的是建设工程施工合同，须约定工程款的结算和支付方式，即转包人、违法分包人按照班组的工作成果结算工程款。若农民工班组组长/包工头非实际施工人，则与违法分包人之间一般签订的是劳务（劳动）合同，一般约定班组是按日（月）支付工资。

2. 看款项的构成

若农民工班组组长/包工头为实际施工人，则农民工班组组长/包工头所请求的款项不应当仅是或主要是劳务价值，应当符合工程款构成的特点，不仅要包括人工、机械、材料的费用，还要包括施工组织、管理等各方面的费用。若农民工班组组长/包工头非实际施工人，则农民工班组组长/包工头所请求的款项一般仅是或主要是劳务价值。

3. 看工程具体实施情况

认定农民工班组是否属于实际施工人，或班组与分包、转包人之间是否属于劳务关系，最终还是要看工程实际施工情况。一般而言，农民工班组可分为两种类型：一种是实际投入资金、材料和劳力进行工程施工的班组，我们称其为"工程班组"；另一种是包工不包料，施工班组主要领取的是工资，承包人按日（月）支向班组支付工资，班组负责人不参与工程管理，我们称其为"劳务班组"。"劳务班组"一般不属于法律意义上的

"实际施工人","劳务班组"与承包人之间的纠纷属于劳务合同纠纷;而"工程班组"对某一部分工程包工包料,实际投入资金、材料和劳力进行工程施工,班组成员仅接受班组负责人的管理,班组向分包、转包人交付工作成果并按照工程量结算和支付工程款,此时"工程班组"属于法律意义上的"实际施工人",其与承包人之间的纠纷属于建设工程合同纠纷。

二、风险提示:拒不支付劳动报酬罪的适用问题

案例

周某及某市政工程公司拒不支付劳动报酬罪

基本案情

某市政工程公司通过投标被确定为某建设工程中标人,建设工期为120天。同年,某市政工程公司将中标工程承包给不具备建设工程用工主体资格的个人周某,由周某组织农民工对中标项目进行施工。业主单位已将该建设项目资金向某市政工程公司全部支付完毕。在施工过程中周某与某市政工程公司发生纠纷,周某以某市政工程公司未按约定向其支付工程款为由,拒不向农民工支付劳动报酬。后某地公安局将本案以拒不支付劳动报酬罪进行立案侦查。

法院裁判

法院认为,某市政工程公司作为工程承包企业未经发包方许可违反规定发包,并分包给不具备用工主体资格的个人,应当承担清偿被拖欠的劳动者劳动报酬的责任。被告人周某作为某市政工程公司在该建设工程中用工的直接责任人员,负有支付劳动者劳动报酬的义务而长期不予履行,某市政工程公司拒不支付劳动报酬,累计对象超过二十人且累计金额达三万

元以上，并经该地人力资源和社会保障局责令支付而拒不支付，周某及某市政工程公司的行为均已构成拒不支付劳动报酬罪。

▓▓ 风险分析 ▓▓

《刑法》第二百七十六条之一第一款规定："以转移财产、逃匿等方法逃避支付劳动者的劳动报酬或者有能力支付而不支付劳动者的劳动报酬，数额较大，经政府有关部门责令支付仍不支付的，处三年以下有期徒刑或者拘役，并处或者单处罚金；造成严重后果的，处三年以上七年以下有期徒刑，并处罚金。"在司法实践中，拒不支付劳动报酬罪在建设工程领域的适用主要需注意以下两点。

（一）拒不支付劳动报酬罪认定的前置程序问题

《最高人民法院关于审理拒不支付劳动报酬刑事案件适用法律若干问题的解释》第四条规定："经人力资源社会保障部门或者政府其他有关部门依法以限期整改指令书、行政处理决定书等文书责令支付劳动者的劳动报酬后，在指定的期限内仍不支付的，应当认定为刑法第二百七十六条之一第一款规定的'经政府有关部门责令支付仍不支付'，但有证据证明行为人有正当理由未知悉责令支付或者未及时支付劳动报酬的除外。"

故根据上述法律规定，拒不支付劳动报酬罪适用的前提条件是"经政府有关部门责令支付仍不支付。"对于此，人力资源社会保障部门或者政府其他有关部门依法以限期整改指令书、行政处理决定书等文书责令支付劳动者劳动报酬，可视为履行了相应的前置程序。

（二）在违法分包的情况下，作为总包单位的施工企业亦可能构成拒不支付劳动报酬罪

虽然在违法分包的情形下，总包单位与实际施工人之间形成的是违法分包的关系，实际施工人与农民工之间形成的是雇佣关系。从合同相对性来说，总包单位对实际施工人雇佣的农民工并无直接的合同关系，亦无直接的支付义务，但从上述司法案例可以看出，在违法分包的情况下，总包单位应当承担清偿被拖欠的劳动者劳动报酬的责任，故总包单位亦可能构成拒不支付劳动报酬罪的责任主体。

三、风险提示：总包单位对于农民工工资的先行垫付责任

案例

某建设公司、张某等劳务合同纠纷案

基本案情

某建设公司作为总包方将其承建的工程劳务分包给重庆某公司，重庆某公司再将部分劳务分包给余某。2020 年 5 月，原告张某经被告余某招聘，到某项目做木工活，在该项目工作到 2020 年 8 月结束。原告张某在工地做工的工时、工资记账及工资发放均由被告余某负责，张某工作结束后与余某进行了工资结算，余某尚欠张某工资 72052 元。后张某多次找余某讨要工资无果。

法院裁判

本案中，余某认可尚有 72052 元劳务款未支付，该数额与张某主张劳务费的基础证据——欠条能够相互印证，本院对此予以确认。参照《保障农民工工资支付条例》第三十条第三款："分包单位拖欠农民工工资的，由施工总承包单位先行清偿，再依法进行追偿"之规定，某建设公司作为施工总承包单位，应对张某工资先行垫付，垫付后依法享有追偿权，因此，认定某建设公司就余某欠付张某的上述工资数额承担清偿责任。

风险分析

《保障农民工工资支付条例》第三十条第三款规定："分包单位拖欠农民工工资的，由施工总承包单位先行清偿，再依法进行追偿。"

虽然从劳动合同法角度，总包单位与农民工之间并不存在劳动合同关

系，但《保障农民工工资支付条例》通过行政法规的形式突破了合同相对性，将本应由分包单位承担的责任交由总包单位承担，即：若分包单位未能足额及时支付导致拖欠农民工工资，总包单位应对农民工工资承担先行清偿责任。

四、风险提示：施工企业对于农民工工伤责任的承担问题

案例

蔺某、重庆某公司、某市人力资源和社会保障局工伤行政确认案

基本案情

2013 年 9 月，中铁某公司将其承建的项目工程的劳务工作分包给重庆某公司，重庆某公司又将劳务工作中的铺设琉璃瓦部分分包给自然人董某。2014 年 9 月，董某招聘蔺某等四人共同铺设琉璃瓦。2014 年 10 月 8 日，蔺某在施工现场 19♯楼楼顶铺设琉璃瓦时，被吊沙灰的塔吊铁盘砸伤左足。某市人社局经审查核实，作出《某市职工工伤认定决定书》，依据《工伤保险条例》第十四条第（一）项之规定，认定蔺某为工伤。

法院裁判

《最高人民法院关于审理工伤保险行政案件若干问题的规定》第三条第一款规定："社会保险行政部门认定下列单位为承担工伤保险责任单位的，人民法院应予支持：……（四）用工单位违反法律、法规规定将承包业务转包给不具备用工主体资格的组织或者自然人，该组织或者自然人聘用的职工从事承包业务时因工伤亡的，用工单位为承担工伤保险责任的单位……"该条规定从有利于保护职工合法权益的角度出发，对《工伤保险条例》将劳动关系作为工伤认定前提的一般规定作出了补充，即当存在违法转包、分包的情形时，用工单位承担职工的工伤保险责任不以是否存在

劳动关系为前提。根据上述规定，用工单位违反法律、法规规定将承包业务转包、分包给不具备用工主体资格的组织或者自然人，职工发生工伤事故时，应由违法转包、分包的用工单位承担工伤保险责任。

本案中，中铁某公司将其承建项目工程的劳务工作分包给重庆某公司。重庆某公司属于具有建筑劳务资质的企业，其应使用自有劳务工人完成所承接的劳务项目，但其却又将铺设琉璃瓦劳务分包给自然人董某，该行为属于违法分包。重庆某公司作为具备用工主体资格的承包单位，违法将其所承包的业务分包给自然人董某，董某聘用的工人蔺某在铺设琉璃瓦时因工受伤，重庆某公司依法应当承担蔺某所受事故伤害的工伤保险责任。

风险分析

根据前文论述，承包单位将相关工程分包给没有用工主体资格的实际施工人，此种情况下，承包单位与实际施工人招聘的农民工是不存在劳动关系的。但在建筑领域，对于农民工的工伤责任问题，我国实行的是劳动关系与工伤赔偿责任分离原则，虽然承包单位与农民工不存在劳动关系，但作为具有用工主体资格的承包单位应当承担工伤保险责任。

同时，需要注意的是，虽然法律规定，在层层转包、分包的建设工程关系中，作为实际施工人的自然人与其招用的劳动者产生纠纷，最近的上一层转包、分包关系中具备合法用工主体资格的单位应作为当事人。即若总包单位将部分工程分包给有用工主体资格的分包单位，分包单位再分包/转包给实际施工人，则对于实际施工人招聘的人员，发生工伤时责任承担主体为有用工主体资格的分包人，一般不会归责至总包单位。

五、应对指南

根据前文论述，作为总承包单位，在农民工工资支付的问题上主要的风险点在于农民工工资的垫付责任以及农民工工伤责任问题，故作为总承包单位，应当做好如下风险防控措施，以应对可能产生的风险。

（一）对项目施工过程中的农民工进行劳动合同强制备案管理

总包单位与劳务分包单位或专业分包单位签订《分包合同》时，强制性要求分包单位进场施工前将聘用的农民工所签订的《劳动合同》进行备案，并进行用工实名登记。对于未进行劳动合同备案和用工实名登记的农民工，不得允许其进入项目现场施工。

（二）总包单位应配备专人（即《保障农民工工资支付条例》规定的专管员）对分包单位的劳动用工进行监督管理

包括但不限于各分包单位每日实际参加项目施工的农民工姓名、劳动合同备案、实名制登记、对分包单位的农民工工资支付表进行审核、对农民工工资发放工作进行监督等，对不符合要求的农民工及时联系分包单位完善相关手续或要求分包单位予以清退。

（三）完善农民工工资代发管理制度

总包单位应当要求分包单位按月上报"农民工工资支付表"，并依据劳动合同备案情况、劳动合同约定的报酬、考勤情况等，对各分包单位报送的"农民工工资支付表"进行审核。确认无误后，要求分包单位签字盖章、农民工本人签字确认，以此作为代发农民工工资的依据。同时，工资发放后，应及时留存经分包单位签字盖章、农民工本人签字确认的《农民工工资支付表》，以及银行通过农民工工资专户代发工资的银行回单或银行流水明细等原件，以备后期可能发生的纠纷使用。

（四）总包单位应当做好分包管理

在工程项目施工过程中，严格遵守《建筑法》《民法典》等相关法律规定，禁止出现违法转包、分包工程情形。并且应当仔细审核分包单位的施工资质（营业执照、资质证书、安全生产许可证等证书），避免因施工资质问题导致承担农民工工伤责任。

（五）督促分包单位与聘用的人员签订劳动合同并缴纳工伤保险费

对于相对固定的分包单位员工，按用人单位参加工伤保险；对于不能按用人单位参保的农民工，可选择按项目参加工伤保险。

第二章
工 期 管 理

    根据《建设工程施工合同（示范文本）》（GF—2017—0201）对工期的定义，工期是指在合同协议书约定的承包人完成工程所需的期限，包括按照合同约定所作的期限变更。一般而言，承包人按照约定的工期完成施工任务是其主要的合同义务，但实践中承包人工期逾期的现象较为普遍。同时，因建设工程项目本身耗时较长，且在合同履行过程中影响工期的因素众多，其中既可能存在发包方的原因，也可能存在承包方的原因，还有可能是不可抗力的因素，故工期逾期的归责问题极为复杂。

    作为承包人的施工企业不仅要在正常的施工活动中保证正常施工进度，同时亦应当从法律层面采取完善的工期管理措施。本章将结合项目开竣工及工期条款效力问题，以及工期责任归责问题两个方面对工期管理问题进行详细的介绍，剖析工期管理过程中的相关法律风险，并针对具体的风险提出解决措施。

第一节 项目开竣工的认定

    在建设工程施工过程中，工期争议是发承包人之间常见的争议问题。开工、竣工是一个项目施工阶段的开始与结束，开工日期是指整个建设工程开始的时间，是工期计算的起点，竣工日期是指整个项目工程完成的时间。若一个项目正常开展，应当在发包方办理完成施工许可证后由发包方或者监理单位发出开工通知，开工通知载明的时间即为正式开工的时间，工期也由此时开始计算。

开竣工时间的认定，直接影响项目工程整体工期的认定，工期是否满足合同约定意味着能否认定承包人有违约行为，甚至还会影响材料价格调整等问题，事关发包人和承包人的重大利益。另外，由于建设工程本身具有多样性和复杂性，工期不一定能完全按照合同约定的日期履行或者按期顺利完成，工期顺延的情形也时常发生。

一、项目开工时间、竣工时间的认定

根据《最高人民法院关于审理建设工程施工合同纠纷案件适用法律问题的解释（一）》第八条规定："当事人对建设工程开工日期有争议的，人民法院应当分别按照以下情形予以认定：（一）开工日期为发包人或者监理人发出的开工通知载明的开工日期；开工通知发出后，尚不具备开工条件的，以开工条件具备的时间为开工日期；因承包人原因导致开工时间推迟的，以开工通知载明的时间为开工日期。（二）承包人经发包人同意已经实际进场施工的，以实际进场施工时间为开工日期。（三）发包人或者监理人未发出开工通知，亦无相关证据证明实际开工日期的，应当综合考虑开工报告、合同、施工许可证、竣工验收报告或者竣工验收备案表等载明的时间，并结合是否具备开工条件的事实，认定开工日期。"第九条规定："当事人对建设工程实际竣工日期有争议的，人民法院应当分别按照以下情形予以认定：（一）建设工程经竣工验收合格的，以竣工验收合格之日为竣工日期；（二）承包人已经提交竣工验收报告，发包人拖延验收的，以承包人提交验收报告之日为竣工日期；（三）建设工程未经竣工验收，发包人擅自使用的，以转移占有建设工程之日为竣工日期。"

司法实践中存在由于施工合同履行过程中的种种原因而导致双方当事人对开竣工日期产生争议的现象，开竣工日期则直接影响发包人给付承包人工程款的条件、时间，工程款利息起算时间，以及违约金计算数额等问题，故确定开工、竣工日期在建设工程施工合同纠纷中具有重要的意义。

二、风险提示：项目开工日期的认定应当以实际开工日为准

类型一：实际开工日期与合同约定不一致的，应当以实际开工日期作为认定开工日期的标准

案例一

A公司与B公司建设工程施工合同纠纷

基本案情

A公司与B公司签订了《建设工程施工合同》，合同约定：A公司为B公司开发的某项目的施工单位，合同工期的开工日期以开工令为准。后双方在施工过程中就案涉工程是否存在工期顺延以及开工时间产生争议。A公司主张本案应当根据合同约定以开工令上注明的开工时间为准；B公司主张应当以监理例会、会议纪要等书面记录记载的实际开工日期作为认定开工时间的依据。

法院裁判

关于开工时间的认定。根据《最高人民法院关于审理建设工程施工合同纠纷案件适用法律问题的解释（二）》第五条的规定[①]："当事人对建设工程开工日期有争议的，人民法院应当分别按照以下情形予以认定：……（二）承包人经发包人同意已经实际进场施工的，以实际进场施工时间为开工日期。（三）发包人或者监理人未发出开工通知，亦无相关证据证明实际开工日期的，应当综合考虑开工报告、合同、施工许可证、竣工验收报告或者竣工验收备案表等载明的时间，并结合是否具备开工条件的事实，认定开工日期。"

A公司与B公司多次召开的监理例会以及工作会议所形成的会议纪

[①] 对应《最高人民法院关于审理建设工程施工合同纠纷案件适用法律问题的解释（一）》第八条。

要、监理记录表等书面记录能够证明工程的实际开工时间，故应将实际进场施工日期确定为案涉工程的开工日期。

类型二：施工许可证载明的开工日期与实际开工日期不一致的，仍以实际开工时间为准

案例二

F公司与H公司建设工程施工合同纠纷

基本案情

F公司与H公司签订《建设工程施工合同》约定：由F公司为H公司的建设工程施工。后在合同履行过程中，双方对于开工日期产生了争议。根据F公司呈送并经监理单位确认的《开工报告》中载明的计划开工日期为2011年5月15日，竣工日期为2012年10月1日；但由H公司申报办理的经住房和城乡建设局颁发的建筑工程施工许可证中载明的开工日期为2011年6月20日，竣工日期为2012年12月31日。

法院裁判

虽然建筑工程施工许可证载明的开工日期为2011年6月20日，但施工许可证载明的日期并不具备绝对排他的、无可争辩的效力。建筑工程施工许可证是建设主管部门颁发给建设单位的准许其施工的凭证，只是表明了建设工程符合相应的开工条件，建设工程施工许可证并不是确定开工日期的唯一凭证。实践中，建设工程开工日期早于或者晚于施工许可证记载日期的情形大量存在。当施工单位实际开工日期与施工许可证上记载的日期不一致时，同样应当以实际开工日期而不是施工许可证上记载的日期作为确定开工日期的依据。

▨▨ 风险分析 ▨▨

从上述司法案例可以看出，在认定开工日期存在争议的情况下，一般

以开工通知载明的日期为开工日期；如有直接证据证明实际开工日期的，应当以实际开工之日认定为开工日期。同时，开工日期与施工许可证的取得日期（或其载明的日期）并无必然的关联，若存在先行无证施工的情况，法院以证据能够证明的实际进场施工的日期来确定开工日期，不因为施工许可证的办理期限滞后于实际进场施工的日期而将开工日期推迟至施工许可证载明的日期。

三、风险提示：承包人在不具备开工条件的情况下进场施工，应当以开工条件具备的时间为开工日期

案例

Z 公司、 T 公司建设工程施工合同纠纷

基本案情

Z 公司（发包方）与 T 公司（承包方）签订《建设工程施工合同》，约定 Z 公司将 B 区五栋、地下车库工程发包给 T 公司，合同约定工程总工期 730 日历天，以 Z 公司批准的书面开工日期为准。

合同签订后，Z 公司于 2011 年 12 月 5 日发出开工通知，并于其后发出数份工作联系单，T 公司于 2012 年 1 月 2 日出具通知回复单表明已进场施工。2012 年 6 月初，Z 公司完成施工场地高压线拆除后双方对于实际开工日期产生了争议。

法院裁判

《最高人民法院关于审理建设工程施工合同纠纷案件适用法律问题的解释（二）》第五条规定[①]："当事人对建设工程开工日期有争议的，人民

---

① 对应《最高人民法院关于审理建设工程施工合同纠纷案件适用法律问题的解释（一）》第八条。

法院应当分别按照以下情形予以认定：（一）……开工通知发出后，尚不具备开工条件的，以开工条件具备的时间为开工日期；因承包人原因导致开工时间推迟的，以开工通知载明的时间为开工日期。……"根据该条规定，开工日期的确定不仅需要以开工通知为准，还需要 Z 公司履行必要的协助义务，提供符合正常施工条件的场地及完成必要准备工作。

从 2012 年 4 月 8 日 Z 公司给 T 公司及其他整体项目各承包人的工作联系单来看，此时各承包人施工范围尚未确定；从 2012 年 6 月 27 日联系单来看，2012 年 6 月初 Z 公司才完成施工场地高压线拆除。前述证据表明，至 2012 年 6 月案涉工程并不具备完备的施工条件。因施工条件不完备，T 公司并不能正常施工，应以开工条件具备的时间为开工日期。

▓▓ 风险分析 ▓▓

承包人进场开始施工很重要的前提条件之一为开工条件成就，在开工条件未成就的情况下，即使发包人按合同约定时间向承包人发出开工通知，承包人也不能按照开工通知中载明的开工时间进场施工，或者只能进行一些前期辅助工作，不可能开展大规模施工行为。在因发包人原因而导致开工条件尚未具备的情况下，单纯以发包人或者监理人发出的开工通知中记载的开工时间为实际开工时间，不符合事实；但若是因为承包人的原因导致不具备开工条件的，仍以开工通知上载明的开工日期为准。

四、风险提示：竣工时间的认定应当以整改后的竣工验收合格之日为实际竣工日期

案例

某建筑公司、某房地产公司建设工程施工合同纠纷案

基本案情

某建筑公司与某房地产公司签订施工合同。合同约定：2#商住楼工

期为 580 天，4♯楼工期为 360 天（开工日期 2009 年 10 月 18 日，以乙方报请甲方核定的开工日期为准）。合同第三条第（二）项约定："竣工日期：通过工程竣工验收合格后，承包人送交验收报告的日期为竣工日期，如需返工修改才能通过竣工验收，则修复后提请发包人验收的日期为实际竣工日期。"

2012 年 2 月 28 日，案涉项目出具的《某项目 1♯、2♯、4♯楼及地下室工程初验》报告中载明"经过初验，工程存在多处问题。"某建筑公司对上述问题进行整改后，于 2012 年 3 月 6 日提交《工程实体质量检查反馈报告》，监理单位、设计单位和建设单位对于前述《工程实体质量检查反馈报告》予以签证。

法院裁判

关于竣工日期的认定，法院认为，根据《最高人民法院关于审理建设工程施工合同纠纷案件适用法律问题的解释》[①] 第十四条规定："当事人对建设工程实际竣工日期有争议的，按照以下情形分别处理：（一）建设工程经竣工验收合格的，以竣工验收合格之日为竣工日期……"本案中，L 公司主张根据其提交的《工程竣工验收报告》，竣工日期为 2011 年 12 月 8 日。该报告中的各签字人员均没有填写日期，表格中虽载明竣工日期为 2011 年 12 月 8 日，但根据 H 公司提供的 2012 年 2 月 28 日的《某项目 1♯、2♯、4♯楼及地下室工程初验》报告中载明，经过初验，工程存在多处问题，可以证明在 2012 年 2 月 28 日 L 公司提交竣工报告后，各单位组织进行了初验，并提出了相关的整改项目。2011 年 12 月 8 日只是案涉工程初验时间，且初验时还存在需整改事项，并未通过竣工验收。此后 L 公司进行整改，并于 2012 年 3 月 6 日提交《工程实体质量检查反馈报告》，监理单位、设计单位和建设单位予以签证确认，故判决认定 2012 年 3 月 6 日为竣工日期。

---

① 对应《最高人民法院关于审理建设工程施工合同纠纷案件适用法律问题的解释（一）》第九条。

▨‖ **风险分析** ‖▨

　　竣工时间的认定首先基于发包、承包双方施工合同中的约定和相关法律规定。有约定的按照施工合同的约定确定竣工日期及工期，发包、承包双方可以约定工程以竣工验收合格之日、承包人提交竣工验收报告之日、竣工备案之日、交工之日等时间节点为竣工日期。如发包、承包双方在建工合同专用条款中有特别约定，则根据《民法典》的意思自治原则，应优先适用当事人的约定。

　　竣工验收作为建设工程施工全过程的最后阶段，如验收合格则标志着承包人已按施工合同的约定完全履行合同义务，其产生的法律后果包括发包人应当向承包人支付工程款，工程应交付给发包人，并伴随着整个工程风险的转移。故约定不明的或者因发包人未按合同约定及相关法律规定正常履行验收义务等而产生争议的，以竣工验收合格之日认定为竣工日期更具有合理性。

五、应对指南

（一）在项目开工时应当注意的问题

1. 进场施工需谨慎，尽量避免在不具备施工条件的情况下进场

　　司法实践中，双方当事人对于实际开工日期有争议时，法院一般以施工单位实际开始施工的时间节点作为工期的起算点。但如果施工单位开始施工时，项目并不具备施工条件，比如：项目建筑工程施工许可证未领取，"五通一平"未完成，施工图纸未审定，材料、成品、半成品和工艺设备等无法满足连续施工要求等。施工单位擅自进场施工，既增加自身的工作成本，还可能承担工期延误的责任。

　　因此，如果因建设单位原因不具备施工条件时，施工单位应以书面形式提醒建设单位并留存相应的证据，告知其尽快完成开工前的各项准备工作，同时应当注意保留往来函件、监理日志、例会纪要、聊天记录、现场照片等书面证据，从而间接证明工程进展、合同履行情况以及过错方责任等。

2. 申请开工应及时向建设单位提交开工报审表或要求发出开工通知

根据《建设工程施工合同（示范文本）》（GF—2017—0201）通用条款的规定，除专用合同条款另有约定外，施工单位应在合同签订后 14 天内，但至迟不得晚于开工通知载明的开工日期前 7 天，向监理人提交工程开工报审表，经监理人报建设单位批准后执行。开工报审表应详细说明按施工进度计划正常施工所需的施工道路、临时设施、材料、工程设备、施工设备、施工人员等落实情况以及工程的进度安排。

若施工单位不重视开工报告，一味地等待建设单位发出开工令，不仅会导致管理成本增加，而且当出现索赔机会时，无法证明是因为建设单位的原因造成工程延期开工。因此，施工单位在现场具备开工条件时，应及时向建设单位提交工程开工报审表，要求建设单位审批并发出开工通知。

3. 如进场后发现不具备开工条件，应当及时提出异议

在实际操作中，很多施工单位在收到建设单位的开工通知后，即使现场不具备开工条件，也不提出异议。施工单位要么开始施工，要么继续等待施工条件的成就。在后期出现争议时，对于是否具备开工条件，施工单位往往没有充分的证据资料支撑，而施工单位又承担着举证责任，导致施工单位进而承担不利的后果。

（二）施工过程中应当注意的问题

承包人应加强履约管理，确保施工质量与安全，确保施工进度，承包人应建立严格的施工质量、进度、安全控制管理体系，凭技术实力、管理能力做好项目；同时承包人应当强化工期管理和索赔工作，提升总承包管理能力；若项目出现工期延长的情形，应当分析情况，在必要时解除合同，避免损失的扩大。具体见本章第二节。

（三）竣工验收时应当注意的问题

1. 尽早向发包方提出工程竣工验收申请并留存签收记录

工程完工与工程竣工是两个完全不同的概念，工程完工后，施工企业

应当及时提交竣工验收报告，并明确载明提交的日期，督促发包方尽快对工程进行验收。

2. 保存发包人擅自使用工程的关键证据

未经竣工验收，发包人擅自使用的，应通过拍照、录像，必要时通过公证等方式固定好发包人使用工程的证据。

3. 注重往来书面文件细节的处理

（1）承包人书面发函时，应将要求顺延的天数进行明确。

在现实中，不少承包人确实曾经针对设计变更、甲供材料①不及时、甲方支付工程款不到位等情形向发包人或监理单位提出工期顺延的请求，但是并没有明确提出顺延的天数。从大量的实践案例来看，法院或仲裁部门就此认定工期顺延的难度也较大，往往有可能因无法确定顺延天数而不支持承包人顺延工期的主张，并判罚承包人承担高额逾期竣工违约金。因此承包人书面发函应将要求顺延的天数进行明确。

（2）承包人应有意识地建立与发包人之间的签收制度。

由于各种原因，发包人时常会拒绝将其设计变更的指令以书面形式下达给承包人，出于相关的考虑，承包人对此又不能一味强求。针对这种情况，承包人在施工合同履约过程中，应有意识地建立与发包人之间的签收制度。

第二节　工期责任问题

在建设工程施工合同的履行过程中，工期管理的重要性主要在于工期责任的承担问题。建设工程的施工是一个较为漫长且复杂的过程，其不可避免地会产生各种工期纠纷，工期延误亦是经常发生的情况。但就工期延误的原因而言，其更为复杂，既有发包人的原因所致，亦有承包人的原因

---

① 甲供材料，也称"甲供材"，是指全部或部分设备、材料、动力由发包方或业主自行采购，并将自行采购的设备、材料、动力交给施工企业进行施工的一种建筑工程现象。

所致，还有政府部门要求停工、极端恶劣天气等其他原因所致，更有甚者会出现综合上述三种原因的情况。上述工期延误原因的复杂性，导致了更为复杂的工期责任的归责问题。同时，在讨论工期责任归责的基础上，对于工期顺延问题以及工期责任的承担方式的讨论亦是解决工期争议的重要一环。

一、风险提示：承包人无须承担工期延误责任的情形

类型一：如发包人未能按合同约定提供图纸、支付工程款、提供施工场地、甲供材迟延等发包人原因导致工期延误，承包人无须承担工期延误责任。

案例一

贵州某公司、重庆某公司建设工程施工合同纠纷案

基本案情

贵州某公司与重庆某公司签订《施工承包合同》，合同约定："开工日期以贵州某公司的开工通知书为准，竣工日期为 2016 年 4 月 15 日前；因以下原因造成工期延误，经工程师确认，工期相应顺延：（1）发包人未能按约定日期支付工程预付款、进度款，致使施工不能正常进行；……工程款（进度款）支付：14.1 重庆某公司 2016 年 2 月 9 日（春节）前垫资 300 万元先行进场施工，贵州某公司对重庆某公司完成工程量核实达到 300 万元之后，开始支付月进度款，即贵州某公司对重庆某公司的月进度工程量报表在 5—10 日内现场收方核定后，凭重庆某公司正规合法税务发票支付给重庆某公司当月已完成工程进度款的 80％。"

2015 年 11 月 20 日，贵州某公司向重庆某公司下达开工令，通知重庆某公司于 2015 年 11 月 20 日正式开工。后因甲供材料供应问题，重庆某公司共计 6 次分别向贵州某公司发出工作联系单，要求贵州某公司督促甲供材料的供应，并提交设计图纸，以便备料、施工。

法院裁判

法院认为，经核查工程进度款支付、设计图纸变更、甲供材料清单、工期承诺四项事实，贵州某公司未能证明重庆某公司存在违约，重庆某公司不承担逾期完工的违约金。

其一，《施工承包合同》约定，贵州某公司对重庆某公司完成工程量核实达到 300 万元之后，开始支付月进度款，付款比例为当月工程量的 80%。从应付款和已付款来看，至 2016 年 12 月 2 日贵州某公司的付款比例只有 50%，欠付工程款的事实客观存在。其二，贵州某公司提供的图纸变更资料共 41 项，其中有 8 项在约定的竣工时间 2016 年 4 月 15 日之后提供。虽然双方签订合同时已预见了有图纸变更，但图纸变更的情况超出了一般施工方的正常预期。其三，2016 年 2 月 28 日至 7 月 1 日期间的 8 份工作联系单证明贵州某公司没有按时提供甲供材料。无论双方协商变更材料供应方式为甲供是何原因，贵州某公司没有按期提供甲供材料的事实确实导致了工期客观上延长。

类型二：因甲指分包单位原因导致工程逾期且承包方已经履行了总包管理义务的，承包人无须承担工期延误责任。

案例二

宁波某公司、某建筑公司建设工程施工合同纠纷案

基本案情

宁波某公司与某建筑公司签订《施工总包合同》，合同约定：宁波某公司将某商业地块项目发包给某建筑公司，工程内容为施工总承包。甲方直接发包的独立分包工程有：电信、电视、移动信号覆盖、网络、管道煤气、高低配供电、市政供水等。以上分包工程均纳入总承包管理，但总包方不得收取任何总包管理与配合费用。

法 院 裁 判

根据《施工总包合同》约定，水电安装及暖通工程系甲指分包工程，某建筑公司对两项工程负有管理义务。宁波某公司未提交证据证明某建筑公司未尽到管理义务。故未按时完工并非某建筑公司原因所致，某建筑公司不应承担宁波某公司所主张的工期逾期违约责任。

▇▏▌风险分析▐▏▇

从上述司法案例可以看出，虽然按期完工的责任在于承包人，但在施工过程中若由于发包人的原因导致工期逾期，则承包人无须承担工期逾期的违约责任。《建设工程施工合同（示范文本）》（GF—2017—0201）第7.5.1项对发包人原因导致工程逾期的情况进行了归纳，具体为：（1）发包人未能按合同约定提供图纸或所提供图纸不符合合同约定的；（2）发包人未能按合同约定提供施工现场、施工条件、基础资料、许可、批准等开工条件的；（3）发包人提供的测量基准点、基准线和水准点及其书面资料存在错误或疏漏的；（4）发包人未能在计划开工日期之日起7天内同意下达开工通知的；（5）发包人未能按合同约定日期支付工程预付款、进度款或竣工结算款的；（6）监理人未按合同约定发出指示、批准等文件的；（7）专用合同条款中约定的其他情形。除上述约定的发包人原因导致的工期逾期外，司法实践中还存在其他发包人原因导致工期逾期的情况，如建设工程因甲指分包单位原因导致工程逾期，且总承包方已经履行了总包管理义务。

二、风险提示：发包、承包双方均有过错，双方共同承担工期延误责任

> 案例

长江某公司、某水利水电公司建设工程施工合同纠纷

基本案情

长江某公司与某水利水电公司签订《复建工程施工合同》，合同约定

长江某公司将某公路复建工程发包给某水利水电公司承建。案涉工程开工时间为 2011 年 9 月 12 日，竣工时间为 2012 年 10 月 12 日，合同总工期为 396 天。但实际主体完工之日为 2014 年 8 月 18 日。经审理查明，非承包人原因引起工期超期的主要事实为：（1）增加工程量、不可抗力；（2）延期交地；（3）村民阻工及林业部门责令停工；（4）设计变更、工序变更等待时间。

法院裁判

法院认为，根据查明的事实，超合同工期的原因有工程量增加、交地延迟、拆迁补偿等原因导致的村民阻工、洪水灾害、设计变更，以及施工作业面复杂等多种因素，同时也有承包人施工组织不合理、措施不科学、擅自停工等原因。由于双方原因导致工期延误的事实存在交叉，不能区分各自原因导致工期延误的具体时间段，根据已经认定的各自原因导致延误工期的时间，认定发包人承担主要责任，承包人承担次要责任。

风险分析

如前所述，建设工程的施工是一个较为漫长且复杂的过程，在此过程中，引发工期延期的责任亦多种多样，且各方原因相互交织。在发包、承包双方共同过错导致的工期逾期的情况下，认定发包、承包双方的工期责任显得尤为困难。

《民法典》第五百九十二条规定："当事人都违反合同的，应当各自承担相应的责任。当事人一方违约造成对方损失，对方对损失的发生有过错的，可以减少相应的损失赔偿额。"从前述法律规定及司法案例可以看出，在发包、承包双方对于工期逾期均存在过错的情况下，双方应当共同承担工期逾期的责任。

三、应对指南

1. 在工程投标时，承包人应当根据自身实际情况谨慎测算工期，不得为承接工程而做出超越自身施工能力的承诺。

2. 承包人在签订书面合同时，应特别注意以下几点：

（1）合理确定开工、竣工时间。承包人应当在合同中尽可能就开工日期和竣工日期的如何确定形成详细的约定，减少双方争议。

（2）明确工期延误的责任区分以及工期可顺延情形。在签订书面的合同时，应当对工期延误的责任问题进行详细的约定，明确承包人无须承担工期延误责任的情形。同时，也应当对工期顺延的情形进行明确约定，除法律明确规定的可顺延工期的情形外，承包人应当对特定情况下的工期顺延问题进行明确的约定，包括发包人原因、不利物质条件、付款问题以及异常恶劣气候条件等。尤其是对于"异常恶劣气候条件"顺延工期的约定应当明确具体，如明确约定降雨量每日超过多少毫米、大风达到几级以及当日最高气温达到多少度则构成"异常恶劣气候条件"并有权顺延工期。

（3）重点关注工期违约条款。工期违约条款直接影响承包人工期逾期的法律后果。对于发包人要求的高额违约金应当尽量要求进行降低，若发包人强烈坚持约定高额逾期竣工违约金，则承包人可以要求约定因发包人导致工期延误对等的违约责任。同时，应该对工期延误损失的范围进行限定，明确排除因工期延误导致的间接损失以及可得利益损失的承担。

3. 承包人在合同履行过程中，应当做好与工期有关的资料收集和留存工作，需特别注意的是：

（1）实际开工、竣工时间。一般而言，建设工程的实际开工、竣工时间往往与合同的计划时间并不一致，只有在确定开工时间、竣工时间的情况下才能确定实际工期总天数。故承包人应当做好开工报告、开工通知、实际进场施工的相关证据收集和留存工作；同时，承包人应当避免在达到开工条件之前进场开工，即使因客观原因需要提前进场开工的，亦应当注意尽量不要留下实际进场的书面证据材料。

（2）工程项目的设计图纸等资料变更。发包人在施工过程中对于设计图纸等资料的变更可能构成工期逾期抗辩的合理事由，故承包人应注意收集和保留相关设计图纸等材料变更的佐证材料，如：设计变更图纸、说明，发包人或监理人的书面通知，变更的实际施工内容的签证、验收，因变更对工期影响的洽商意见，等等。

（3）承包人应当注意保留因发包人原因导致工期逾期的相关证据材料，如：发包人迟延支付工程款，发包人迟延提供原材料、场地、技术资料等施工条件的相关证据。同时，若出现因发包人导致工期逾期且项目停工的情况，则承包人应当注意收集项目停工所造成的损失（包括人工、材料、机械等费用），并在监理例会中明确承包人材料、人员、机械的具体进场情况。

4. 承包人应当注意保留其他不利物质条件、异常恶劣气候条件等事件引起的工期延误的证据材料

在施工过程中，若出现非承包人原因导致的工期逾期情况，则承包人应当及时将相关事项按照合同约定向发包人报送工期函件。同时，承包人应当注意在项目例会（例如监理例会）中详细记录工期影响事件、影响的起始日期、造成的影响、施工方意见等。

第三章
材 料 管 理

建设工程施工项目，是将材料、人工、施工设备等结合使用，物化成建筑物的过程。材料是整个建设工程施工的重要一环，建筑施工材料的质量直接决定了工程项目建设的质量和进度，故对于施工材料的管理直接影响承包人项目盈亏，并关系整个建设工程项目能否顺利进行。而就材料管理而言，实践中容易出现争议的是：承包人未按照约定使用材料的责任承担问题、材料价格调差问题，以及甲供材料金额和数量的认定。本章将从上述三个问题出发，阐述施工企业的材料管理问题。

第一节　承包人未按约定使用材料的责任承担问题

施工材料的质量决定建设工程的质量，承包人在建设工程施工合同中的主要义务是依照合同约定依法进行施工。承包人按照合同及图纸施工，采用约定的建筑材料、构配件、设备，既是其合同义务，也是保证工程质量、实现发包人合同目的的必要条件。实践中，承包人未按合同约定，使用其他材料进行施工的情况层出不穷，故承包人应如何承担责任或发包、承包双方如何进行结算往往存在较大争议。

一、现行相关法律法规

《建筑法》第五十八条第二款中规定："建筑施工企业必须按照工程设计图纸和施工技术标准施工，不得偷工减料。"

《建筑法》第五十九条规定："建筑施工企业必须按照工程设计要求、施工技术标准和合同的约定，对建筑材料、建筑构配件和设备进行检验，不合格的不得使用。"

《建筑法》第七十四条："建筑施工企业在施工中偷工减料的，使用不合格的建筑材料、建筑构配件和设备的，或者有其他不按照工程设计图纸或者施工技术标准施工的行为的，责令改正，处以罚款；情节严重的，责令停业整顿，降低资质等级或者吊销资质证书；造成建筑工程质量不符合规定的质量标准的，负责返工、修理，并赔偿因此造成的损失；构成犯罪的，依法追究刑事责任。"

《建设工程质量管理条例》第二十九条："施工单位必须按照工程设计要求、施工技术标准和合同约定，对建筑材料、建筑构配件、设备和商品混凝土进行检验，检验应当有书面记录和专人签字；未经检验或者检验不合格的，不得使用。"

二、风险提示：未使用指定品牌的材料可能构成违约

案例

熊某某与某机电设备有限公司、某建筑工程公司建设工程施工合同纠纷案

基本案情

某机电设备有限公司与某建筑工程公司签订《施工合同》。后某机电设备有限公司、某建筑工程公司、熊某某三方签订了《工程款支付补充协议》，该协议明确约定熊某某是案涉工程项目负责人，负责组织人力、财力、物力进行施工，承担所有措施费及施工方所应负担的规费、建筑施工报建费用和各种税费。

此外，《施工合同》第20.7款中明确约定"甲方有权指定乙方使用甲方认可的生产厂家生产的建材产品。"2006年1月9日，某机电设备有限公司发出通知，明确要求案涉工程使用的钢材限于广钢集团（广钢）、韶

关钢铁集团（韶钢）、抚钢的品牌产品。但在施工过程中，熊某某并未按照某机电设备有限公司的要求使用钢材。

法院裁判

根据法院查明事实，熊某某使用了某机电设备有限公司指示品牌以外的钢材，违反了双方就建材使用作出的约定，熊某某称代用钢材均系正规厂家的合格产品，不足以构成对其违反约定行为的抗辩。法院根据权利义务相一致原则，根据《施工合同》约定，支持某机电设备有限公司因案涉工程使用其指定品牌以外的钢材损失72万元。

▧‖风险分析‖▧

《建筑法》第五十九条规定："建筑施工企业必须按照工程设计要求、施工技术标准和合同的约定，对建筑材料、建筑构配件和设备进行检验，不合格的不得使用。"《建设工程质量管理条例》第二十九条规定："施工单位必须按照工程设计要求、施工技术标准和合同约定，对建筑材料、建筑构配件、设备和商品混凝土进行检验，检验应当有书面记录和专人签字；未经检验或者检验不合格的，不得使用。"即使承包人使用替换的材料质量合格，但在合同明确约定应当采用指定品牌的情况下，承包人的行为仍然属于违约行为，将承担相应的违约责任。

三、风险提示：市场中无法采购到合同约定材料而选择其他替代性材料，应当按照实际使用材料进行结算

案例

某企业有限公司、赣州某实业有限公司建设工程施工合同纠纷

基本案情

承包人某企业有限公司与发包人赣州某实业有限公司签订《施工合

同》，约定由某企业有限公司承包赣州某实业有限公司开发的赣州某小区建设工程项目。

该项目的设计图纸采用的是直径 6 mm 的钢筋，但前述规格的钢筋在市场上无法进行采购，故实际施工过程中使用的为直径 6.5 mm 的钢筋。但结算时双方对应当按照何种规格钢筋进行结算产生了争议。

同时，在庭审过程中鉴定机构出具《工程造价鉴定意见》载明"关于建设方说设计图纸采用直径 6 mm 的钢筋，而市场上无法采购直径 6 mm 的钢筋，因此本鉴定按直径 6.5 mm 钢筋计量，未采纳建设方要求按直径 6 mm 的钢筋计量的主张，此部分存在 38670 元争议。"

法院裁判

关于设计图纸采用直径 6 mm 的钢筋价格计算问题。由于设计图纸采用的是直径 6 mm 的钢筋，但市场上无法采购到，故只能按照最接近的直径 6.5 mm 钢筋计量，赣州某实业有限公司要求按直径 6 mm 计量并扣除按照直径 6.5 mm 钢筋计量的 38670 元理由不充分，不予支持。法院按照承包人实际采购的施工材料进行计量计价，即按照直径 6.5 mm 钢筋计量，以据实进行结算。

风险分析

若发生承包人因市场变动及其他非因承包人自身原因，导致施工过程中无法采购到合同约定材料，经监理或发包人同意后，采购其他替代性材料，从而发生工程费用变更的结算争议。若建设工程施工合同中有明确约定该类情形的结算及处理条款，或者双方就该部分费用达成一致补充协议，那么双方应按照合同约定或补充协议约定执行。若建设工程施工合同中并未有明确约定，双方也无法就该部分变动费用达成一致意见，法院一般支持按照承包人实际采购的施工材料进行计量计价，据实进行结算，费用相应增减。

因此，为避免此类争议发生，建议发包、承包双方在施工合同中对该种情形的计量计价及结算原则进行明确约定。如无约定情况下，一旦发生此类情形，承包人应及时向发包人提交联系单或洽商申请，取得发包人同意，同时针对费用如何结算进行明确。

四、风险提示：长期使用且未提出异议，可能视为接受施工材料的替代履行

> 案例

某建设集团有限公司、某热电有限公司建设工程施工合同纠纷案

基本案情

发包人某热电有限公司与承包人某建设集团有限公司就热电联产（2×330MW）机组工程输煤及厂内附属系统项目签订了《建筑安装施工合同》。在施工过程中，某建设集团有限公司使用了角钢等材料取代了Φ32钢筋。现双方就认定某热电有限公司欠付某建设集团有限公司的工程款数额及利息是否有误产生争议，其中一个争议点为工程造价中是否应当扣减Φ32钢筋等措施筋的费用。

法院裁判

某热电有限公司在《圆贮煤筒仓施工图会审纪要说明》中盖章，说明其明知在圆贮煤筒仓的实际施工过程中使用了角钢等材料取代了Φ32钢筋，但某热电有限公司在知道上述材料替换情况后，既未就材料的更换向某建设集团有限公司提出异议，也未要求调整相应价款，而是接受了案涉工程并使用多年，亦未就工程质量提出异议，应当视为某热电有限公司接受了角钢对钢筋的替代履行。

五、应对指南

（一）确定材料采购计划

承包人应依据项目合同、设计文件、项目管理实施规划和有关采购管

理制度编制采购计划。采购计划内容应当涵盖：采购工作范围、内容及管理要求，产品或服务的数量、技术标准和质量要求；检验方式和标准，供应方资质审查要求；采购控制目标及措施。

（二）供应商市场调研

（1）审核查验材料生产经营单位的各类生产经营手续是否完备齐全。

（2）实地考察企业的生产规模、诚信观念、销售业绩、售后服务等情况。

（3）重点考察企业的质量控制体系是否具有国家及行业的产品质量认证，以及材料质量在同类产品中的地位。

（4）从建筑业界同行中了解，获得更准确、更细致、更全面的信息。

（5）组织对采购报价进行有关技术和商务的综合评审，并制定选择、评审和重新评审的准则。

（6）供应商的选择是采购流程中的重点，承包人需根据工程状况评估是否选用多家供应商，尽量避免"一家断供、项目停工"的状况。

（三）材料进场校验

（1）对材料进场填写材料入库单，并至少由两名库管人员对数量、规格进行清点确认。

（2）建筑材料验收入库时必须向供应商索要符合国家规定的有关质量合格及生产许可证明。项目采用的设备、材料应经检验合格，并符合设计及相应现行标准要求。

（四）材料现场管理

1. 材料存放管理

建筑材料应根据材料的不同性质存放于符合要求的专门材料库房，应避免潮湿、雨淋，防爆、防腐蚀，各种材料应标识清楚，分类存放。

2. 材料发放管理

（1）建立限额领料制度，对于材料的发放，实行"先进先出，推陈储新"的原则，物资耗用应结合分部、分项工程的核算，严格实行限额领料制度。

（2）在施工前必须由项目施工人员开具限额领料单，限额领料单必须按栏目要求填写，不可缺项。

（3）对贵重和用量较大的物品，可以根据使用情况，凭领料小票分多次发放。对易破损的物品，材料员在发放时需进行较详细的交验，并由领用双方在凭证上签字认可。

（五）材料不合规范的异议应及时提出

承包人在收到货物后若发现使用的施工材料不符合要求，应根据合同约定及时提出，合同中需要对异议提出时间或节点有具体规定。实践中经常出现承包人为了保障工期进度或赶工抢工，发现使用的施工材料不符合要求等问题未及时提出或未按照合同约定的流程提出，这样就容易在最后结算申请赔偿时被对方提出抗辩而失去索赔权。

第二节　材料价格调差

在建设工程领域，材料费一般占施工成本的 50% 左右，材料成本的变化将直接导致承包人利润的增减。尤其是自 2021 年以来，在环保政策等多重因素的影响下，大部分基础性建材的价格波动巨大，导致大量承包人面临巨额亏损。

同时，材料价格上涨亦会产生诸多的法律问题及争议，如：（1）在合同明确约定材料不调差的情况下，相关规范及政策性文件能否突破合同的约定，作为当事人要求进行材料价格调整的依据；（2）在合同对材料价格调差并未进行约定的情况下，能否依据相关规范及政策性文件主张材料价格的调整；（3）当事人能否适用情势变更原则主张对材料价格进行调整；

（4）发包人迟延开工导致材料价格上涨的，应当由谁承担材料价格上涨的责任。

合同履行过程中出现的材料价格巨大波动不仅会直接影响承包人承包工程的收益，亦可能产生诸多法律层面的争议。故作为建设工程项目的承包人，如何应对在施工过程中因材料价格上涨导致的风险，这一问题尤为重要。

一、风险提示：如合同明确约定不调差，则相关规范以及政策性文件不能突破合同约定

案例

某建筑公司与某工程建设管理局建设工程施工合同纠纷案

基本案情

某建筑公司与某工程建设管理局双方签订了《建设工程施工合同》，双方约定由某建筑公司承包建设某项目土建安装工程，且在合同中约定了工程价款、付款方式等。

后某市财政局委托北京某工程造价咨询有限公司对某建筑公司所施工的项目进行竣工核算，某建筑公司报审价为 135702934.38 元，北京某工程造价咨询公司审核价为 127142898.45 元。其中双方款项差异的原因之一是人工费及材料价格调差问题。

法院裁判

双方在签订的施工合同中明确约定：采取固定价格合同，合同价款中包括的风险范围综合单价在合同履行期内，不因劳务、材料、机械等成本的价格变动而调整。

虽然，住建部颁布的《建设工程工程量清单计价规范》（GB 50500—

2013）第 3.4.2 项①规定省级或行业建设主管部门发布的人工费调整以及由政府定价或政府指导价管理的原材料等价格进行了调整，影响合同价款调整的，应由发包人承担，但是依据住建部发布的关于该计价规范中强制性条文的通知，该 3.4.2 条不属于规范中的强制性条文，且该条款亦不属于法律、行政法规，故当事人在合同中就人工费调整的约定与该条内容不一致的，并不因违反该条文而无效，应尊重当事人的约定。故双方在合同中对人工费不予调整进行了明确约定，清单计价规范中关于人工费应当调整的内容并非强制性规范，应依据双方的合同约定，对人工费不予调整。

▓‖ 风险分析 ‖▓

《建设工程工程量清单计价标准》（GB/T 50500—2024）第 3.3.1 项规定："建设工程的施工发承包，应在招标文件、合同中明确计量与计价的风险内容及其范围，不得采用无限风险、所有风险或类似语句约定工程计量与计价中的风险内容及范围。"以及第 8.7.2 项规定："合同约定调整的人工费、材料费、施工机具使用费中的燃料动力费市场价格波动超出合同约定幅度，如合同未约定幅度或约定不明，其市场价格波动幅度超出 5% 时，可按本标准附录 A 的方法之一调整合同价格。"

在建设工程施工过程中，若遇到材料价格上涨，以固定价格结算的承包人常常以"合同约定的材料价格不调差"等条款违反了《建设工程工程量清单计价规范》（现为《建设工程工程量清单计价标准》，下同）为由要求发包人对材料价格上涨进行风险共担。但在合同明确约定材料价格不调

---

① 《建设工程工程量清单计价标准》（GB/T 50500—2024）对应条款序号及内容变更为："3.3.2 下列事项引起的计量与计价风险应由发包人承担，承包人的投标报价可不考虑，发包人应按本标准第 8 章的相关规定及时调整相应的合同价款，事项影响工期变化，并符合合同约定工期调整的，应调整合同工期。因承包人原因引起工期延误及其费用增加（减少）的，应按本标准第 8 章的相关规定执行：1 采用单价合同的工程，发包人提供的除措施项目清单外的项目清单存在工程量清单缺陷；2 发包人提供的工程项目原始数据和基准资料错误；3 发包人批准的工程变更；4 发包人要求的赶工、提前竣工、停工或暂缓施工；5 法律法规与政策性变化；6 超出招标文件规定承包人应承担风险范围和幅度，以及本标准第 8.7 节规定市场物价变动应予调整的物价变化范围和波动幅度；7 其他应当由发包人承担责任的事项。"

差的情况下，承包人想要达到"风险共担"的突破点就在于《建设工程工程量清单计价规范》能否突破合同的约定，即"材料价格不调差"的约定是否因违反《建设工程工程量清单计价规范》的"风险共担"原则而无效。

《民法典》第一百五十三条第一款中规定"违反法律、行政法规的强制性规定的民事法律行为无效。"但从《建设工程工程量清单计价标准》的性质来看，其属于国务院部委颁布的规范，其性质应是带有规范性文件性质的国家标准，而非部门规章、更不是"法律、行政法规。"合同条款违反《建设工程工程量清单计价标准》的规定并不导致无效，施工企业不能引用该规范要求进行材料调差。

二、风险提示：如合同未约定材料价格不调差，则属于合同约定不明

案例

某商务局、刘某等建设工程施工合同纠纷案

基本案情

第三人某建筑公司与某商务局签订《建设工程施工合同》，合同约定某建设项目由第三人某建筑公司承包施工。合同签订后，刘某作为实际施工人，对案涉工程实际进行了施工。后各方对结算问题产生争议，其中一项争议点为材料价格是否调差。

法院裁判

关于材料调差问题。近年来受环境监督加严、国内外形势变化影响，建筑材料大幅度上涨，河南省建设厅于 2008 年 2 月 14 日发布的豫建设标〔2008〕11 号文件，河南省建筑工程标准定额站于 2018 年 7 月 27 日发布的豫建标定函〔2018〕27 号文件，河南省住房和城乡建设厅于 2019 年 9

月 21 日发布的豫建科〔2019〕282 号文件，均规定了基于市场交易的公平性和权责对等性要求，发承包双方应合理分担风险，并规定了招标文件及合同中对建筑材料价格计价风险无约定或约定无限风险，如约定不调整建筑材料价格或对建筑材料计价风险无约定或约定无限风险时，当主要建筑材料价格涨跌幅度超过 5% 时，造成合同一方继续履行困难的，发承包双方应本着实事求是和公平公正的原则，协商解决或按照《建设工程工程量清单计价规范》（GB 50500—2013）第 9.8.2 项①规定执行。《建设工程工程量清单计价规范》（GB 50500—2013）第 3.4.1 项②规定："建设工程发承包，必须在招标文件、合同中明确计价中的风险内容及其范围，不得采用无限风险、所有风险或类似语句规定计价中的风险内容及范围。"

刘某提交的招标文件及合同中的专用合同中均未对材料风险予以约定，视为无约定或约定不明，刘某主张调整工程价的可在市场风险范围和幅度之外的部分予以支持。本案河南某咨询有限公司作出了建设工程造价鉴定意见书，该意见书对材料的调差计算依据合法，对调差的材料鉴定数额 122764.72 元，予以支持。

▨‖ 风险分析 ‖▨

《民法典》第五百一十条规定："合同生效后，当事人就质量、价款或者报酬、履行地点等内容没有约定或者约定不明确的，可以协议补充；不能达成补充协议的，按照合同相关条款或者交易习惯确定。"虽然根据前文论述，在合同明确约定材料价格不调差的情况下，各种规范以及政策性文件不能突破合同的约定。但若合同对于材料价格调差问题并未进行约定，在此种情况下则属于约定不明，在出现材料价格大幅度上涨的情况

---

①　《建设工程工程量清单计价标准》（GB/T 50500—2024）对应条款序号及内容变更为："8.7.2　合同约定调整的人工费、材料费、施工机具使用费中的燃料动力费市场价格波动超出合同约定幅度，如合同未约定幅度或约定不明，其市场价格波动幅度超出 5% 时，可按本标准附录 A 的方法之一调整合同价格。"

②　《建设工程工程量清单计价标准》（GB/T 50500—2024）对应条款序号及内容变更为："3.3.1　建设工程的施工发承包，应在招标文件、合同中明确计量与计价的风险内容及其范围，不得采用无限风险、所有风险或类似语句约定工程计量与计价中的风险内容及范围。"

下，相关规范以及政策性文件可作为前述《民法典》规定的"交易习惯"进行适用。多地司法机关均采取该观点，举例如下。

重庆市高级人民法院、四川省高级人民法院《关于审理建设工程施工合同纠纷案件若干问题的解答》第十四条解答："固定价施工合同履行过程中，钢材、水泥等对工程造价影响较大的主要建筑材料价格发生重大变化，超出了正常市场风险范围，合同对建材价格变动风险调整计算方法有约定的，依照其约定调整；没有约定或约定不明，当事人请求调整工程价款的，参照《中华人民共和国民法典》第五百三十三条的规定处理。因承包人原因致使工期或建筑材料供应时间延误导致的建材价格变化风险由承包人承担，承包人要求调整工程价款的，人民法院不予支持。固定价合同中约定承包人承担无限风险、所有风险或者类似未明确风险内容和风险范围的条款，对双方没有约束力。"

《安徽省高级人民法院关于审理建设工程施工合同纠纷案件适用法律问题的指导意见（二）》第十五条规定："建设工程施工合同履行过程中，人工、材料、机械费用出现波动，合同有约定的，按照约定处理；合同无约定，当事人又不能协商一致的，参照建设行政主管部门的规定或者行业规范处理。"

三、风险提示：在材料价格调差中，较难适用情势变更原则

案例

某通信公司、某建筑公司建设工程施工合同纠纷

基本案情

某通信公司与某建筑公司签订《建设工程施工合同》，合同约定："某通信公司将某工程发包给某建筑公司承建。合同价款为包工、包料、固定总价，招标文件、技术要求、图纸、答疑纪要、现场考察、各种风险费等全部包干，某通信公司不提出设计变更、现场签证，结算时合同价款不予

调整。合同价款的风险包括：① 施工期间工料价格浮动；② 施工期间国家有关政策变动而影响到工程实际成本的变化；③ 施工条件在施工期间的变化；④ 某通信公司在合同中约定不计入调整合同价款之变更的工程改动；⑤ 其他在某建筑公司承包范围内但在案涉工程招标文件中明确要求包干不调整的费用；⑥ 所有风险费用已统一纳入在合同价款中，不再另行调整。投标调整后价格不因国家政策引起材料、设备价格异常变动导致合同价款变化等任何原因而调整，相应风险已经包含到合同价款中。"

某建筑公司在施工过程中认为工料机价格异常上涨，导致施工成本增加，多次与某通信公司协商要求调差，后协商不成，发生争议。

法院裁判

关于本案能否适用情事变更原则变更案涉施工合同约定，对案涉工程的工料机价格进行调差的问题。首先，应关注某建筑公司在订立案涉施工合同时是否能预见或是否应当能预见工料机价格的持续上涨。案涉施工合同签订于 2007 年 8 月，而根据某建筑公司提交的广东省建设厅、广东省建设工程造价管理总站分别于 2007 年 7 月 15 日、2007 年 7 月 31 日发布的《关于合理确定和调整建设工程人工工资单价的指导意见》（粤建价函〔2007〕276 号）、《关于工料机价格涨落调整与确定工程造价的意见》（粤建造发〔2007〕002 号）等文件的内容显示，近年来建设工程的工料机价格已出现持续大幅度涨落，有关建设行政主管部门已提示建设工程发承包人应在确定工程造价时注意合理定价，以避免因工料机价格的大幅涨落导致工程造价大幅变化的风险。即在案涉施工合同签订前，工料机价格已长期处于剧烈变动态势，某建筑公司在签订合同、同意以固定合同总价方式承包案涉工程时，应当可预见到工料机价格在工程施工期间会出现大幅度涨落的情形，某建筑公司主张其无法预见到工料机价格在施工期间大幅上涨的诉请理由不能成立。

其次，关于工料机价格的上涨幅度是否导致案涉施工合同的继续履行会造成合同当事人间权利义务显失平衡。确认一个客观事实的巨变是否属于情势变更，关键在于此项变更是否引起质的履行艰难，并且产生显失公平的结果，使一方当事人履行合同会遭受"经济废墟"或"生存毁灭"。

具体到本案，根据鉴定结论，案涉工程已完工工程的人工、材料、机械调差价值为 12216135.43 元，而案涉工程已完工工程合同价款为

104690847.33 元，两者相加，工料机的调差价值亦只占工程造价的10.4％，比照《最高人民法院关于适用〈中华人民共和国合同法〉若干问题的解释（二）》（已废止）第二十九条第二款关于对过高损失认定的规定，某建筑公司因工料机价格上涨导致的差价损失幅度远未达到情势变更原则所要消除的当事人之间权利义务显失平衡的严重程度。综上，本案不符合适用情势变更原则调整案涉施工合同价款对工料机价格进行调差的条件，某建筑公司主张某通信公司应补偿其人工、材料、机械调差价值及相应利息的诉讼请求，缺乏合同和法律依据，不予支持。

▨‖ 风险分析 ‖▨

《民法典》第五百三十三条："合同成立后，合同的基础条件发生了当事人在订立合同时无法预见的、不属于商业风险的重大变化，继续履行合同对于当事人一方明显不公平的，受不利影响的当事人可以与对方重新协商；在合理期限内协商不成的，当事人可以请求人民法院或者仲裁机构变更或者解除合同。人民法院或者仲裁机构应当结合案件的实际情况，根据公平原则变更或者解除合同。"

《关于当前形势下审理民商事合同纠纷案件若干问题的指导意见》（法发〔2009〕40 号）第一条对"慎重适用情势变更原则，合理调整双方利益关系"进行了具体阐释，包括依据公平原则和情势变更原则严格审查，严格审查当事人提出的"无法预见"的主张而慎用该原则，异常变动程度是否在缔约时无法预见，侧重保护守约方等内容。

根据上述法律规定可以看出，司法实践中对于情势变更原则的适用较为严格，一般的合同客观情况发生变更并不会被认定为情势变更。而对于材料价格上涨能否适用情势变更原则的问题，在司法实践中需要着重考虑如下前提：材料价格上涨是否属于当事人未能且无法预料的客观事实；材料价格上涨是否导致双方当事人间利益的显失平衡。

首先，对于"材料价格上涨是否属于当事人未能且无法预料的客观事实"的问题。在司法实践中，法院通常认为市场价格的波动（尤其是最大变动幅度）以及政府主管部门已经发布指导意见提示风险的价格变化，属于有经验的市场主体能够预见的风险。同时，合同明确约定材料价格上涨不调整合同价格的风险事项，属于当事人明知、认可且自愿承担的风险，若诉讼中又据此提出调整合同价格，不属于"未能且无法预见"的情况。

其次，对于"材料价格上涨是否导致双方当事人间利益的显失平衡"的问题。在司法实践中，法院不仅考察单独的材料价格的上涨情况，还将考虑材料价格上涨所增加的成本在工程总造价中的比例，以及受损失一方得到补偿的情况。一般而言，如果材料价格上涨所增加的成本在工程总造价中的占比过小，价格变动的材料只属于合同造价的一小部分，或受损失的一方得到一定金额的补偿，则法院一般不会认定材料价格变动造成了当事人之间利益的严重失衡。

四、风险提示：发包人迟延开工导致材料价格上涨的承担问题

案例

某交通局、某建筑公司建设工程施工合同纠纷案

基本案情

某交通局与某建筑公司签订了《土建工程施工合同》，某建筑公司承建某交通局发包的某工程项目，合同约定案涉工程的施工期限为 13.8 个月。合同签订后，因施工图纸、征地、供水公司阻工、沙漠旅游区征地、跨铁路影响施工等发包方的原因造成某建筑公司工期延误 260 天。在合同约定的施工期到期前后，案涉工程的施工材料价格上涨。

法院裁判

首先，各方证据能够证明因某交通局征地、设计、协调等原因导致案涉工程无法按照进度进行施工，造成工期延误的事实。

其次，其他证据如关于沙漠旅游区永久性征地延误申请补偿费用的报告、关于某铁路影响施工申请补偿费用的报告、《内蒙古自治区建设工程费用定额》、关于申请材料价格调整的报告，以及法院委托河南某建设工程

管理有限公司所做的《司法鉴定意见书》，能够证明因某交通局原因所造成的工期延误带来的工程材料价格上涨、成本增加的具体情况。

因此，因某交通局的原因造成了工期延误，工期延误也带来了某建筑公司工程材料成本增加，故认定某交通局应承担对延误工期造成施工材料价格上涨、成本增加的责任。

▓▓ 风险分析 ▓▓

《民法典》第八百零四条规定："因发包人的原因致使工程中途停建、缓建的，发包人应当采取措施弥补或者减少损失，赔偿承包人因此造成的停工、窝工、倒运、机械设备调迁、材料和构件积压等损失和实际费用。"

《建设工程工程量清单计价标准》（GB/T 50500—2024）第8.7.4项规定："合同工程出现工期延长的，应按下列规定确定及调整合同履行期由于物价变化影响的价格：1 因发包人原因引起工期延长的，计划进度日期后续工程的价格，采用计划进度日期与实际进度日期两者的较高者；2 因承包人原因引起工期延长的，计划进度日期后续工程的价格，采用计划进度日期与实际进度日期两者的较低者；3 因非发承包双方原因引起工期延长的，计划进度日期后续工程的价格应按本标准第8.7.2条的规定调整，合同另有约定或法律法规及政策另有规定除外。"

重庆市高级人民法院、四川省高级人民法院《关于审理建设工程施工合同纠纷案件若干问题的解答》第十四条解答中指出："因承包人原因致使工期或建筑材料供应时间延误导致的建材价格变化风险由承包人承担，承包人要求调整工程价款的，人民法院不予支持。"

从法律规定以及司法案例来看，如因发包人原因导致工期延误，则发包人应当承担因工期延误引发的承包人的损失，该损失即包括工期顺延期间和材料供应延误期间的材料价差损失。

五、应对指南

在施工过程中，若建筑材料等价格上涨，作为以固定价格结算的承包人通过诉讼方式主张材料价格调差存在较大难度。承包人以《建设工程工程量清单计价标准》中关于风险分担的规定，以及材料价格上涨构成情势变更为由要求法院进行材料价格调差的，法院支持的可能性较低。但如果发包人对于工期延误存在违约责任且工期延误期间材料等价格上涨，法院则可能支持承包人要求调整材料价格的诉求。为了避免承包人在履行合同过程中再次遭遇价格上涨并承担损失，作为承包人可采取如下措施予以应对。

首先，在签订合同时，承包人应当对合同条款进行认真审查，尤其是需要注意关于材料价格调整的条款，争取将"在材料价格产生波动时，承包人有权调整合同价格"纳入合同约定。

其次，在合同履行过程中，当发生材料等价格大幅上涨时，承包人也应当积极与发包人发函沟通或者索赔，争取双方形成书面的文件，对于材料价格产生较大波动的事实予以确定，并对材料价格调差进行补充约定。

最后，在合同履行过程中，若出现发包人原因导致的延误工期的情况，承包人应当注意保留因发包人原因延误工期的证据，如：未能按约定提供图纸等施工必备的施工材料，未提供符合施工条件的场地，重大工程设计变更影响工程施工等。

第三节 甲供材料金额及数量的认定

发包方出于节约成本和保证质量的考虑，通常会直接采购施工工程的施工材料，也就是所谓的"甲供材"。"甲供材"是由工程发包方（甲方）自行采购全部或部分设备、材料，提供给建筑施工单位（乙方）用于建筑、安装、装修和装饰。

在建设过程中，发包人使用甲供材可以有效降低采购成本和材料备料的费用，直接控制材料的供货渠道和来源，以保证工程的质量，也能保证各个标段最终形成的建筑整体风格统一。承包方也可以节约材料的资金投入，减少垫付资金的压力，以避免材料上涨可能带来的风险。但施工过程中有许多无法预见的因素，在甲供材的情形下发承包双方之间也会存在诸多的争议。

一、风险提示：因使用甲供材料造成工程质量缺陷责任的承担问题

案例

A县水利局、B建筑公司建设工程施工合同纠纷案

基本案情

A县水利局与B建筑公司签订建设工程施工合同。合同约定，A县水利局将综合楼工程发包给B建筑公司施工，建筑材料由发包方提供并经承包方验收合格后投入使用。

合同签订后，B建筑公司如期开工，A县水利局亦如约提供钢筋水泥等建材。但是在合同履行过程中，A县水利局拒绝B建筑公司对每批建材进行检验。2009年6月10日，工程按期竣工，但是经建设单位、设计单位、监理单位和施工单位四方验收，工程质量不合格。A县水利局要求B建筑公司对工程进行修复并承担修复费用，B建筑公司则认为工程质量问题是因为A县水利局提供的建材质量不合格导致，坚持不同意承担修复费用，双方因此发生争议。

法院裁判

法院认为：原告A县水利局拒绝被告B建筑公司对其提供的建筑材料进行检验，其行为违反了合同的约定，并因此导致工程质量不合格，故应承担案涉工程质量不合格的主要责任；被告B建筑公司在原告拒绝对其提供的建筑材料进行检验的情况下，未坚持履行合同义务，不再对原告提供的建筑材料进行检验，也属违约行为，亦应对工程质量不合格承担相应的责任。故判决建筑公司对工程进行修复并承担30％修复费用。

▦‖ 风险分析 ‖▦

虽然根据《最高人民法院关于审理建设工程施工合同纠纷案件适用法

律问题的解释（一）》第十三条第一款第（二）项的约定，发包人具有"提供或者指定购买的建筑材料、建筑构配件、设备不符合强制性标准"情形，造成建设工程质量缺陷的，应当承担过错责任。但《建筑法》第五十九条规定："建筑施工企业必须按照工程设计要求、施工技术标准和合同的约定，对建筑材料、建筑构配件和设备进行检验，不合格的不得使用。"

从上述法律规定及司法案例可以看出，虽然由于发包人提供的建筑材料导致工程质量缺陷的，发包人应当承担过错责任，但法律同时规定，作为承包人的施工企业应当对建筑材料进行检验，不得使用不合格的建筑材料。故即使相关建筑材料是发包人指定，但承包人仍应当承担对建筑材料、设备等进行验收，并使用符合质量要求材料的义务。如果发包人指定的材料本身存在质量问题，且承包人没有对相关材料进行验收，或验收发现质量不合格仍使用，则承包人也应就其过错承担相应的责任。

二、风险提示：在甲供材料由乙方保管的情形下，保管费的收取及计价问题

在甲方提供施工材料的情形下，建设工程领域普遍存在由乙方进行材料保管并按需领用材料的情况。根据《建筑安装工程费用项目组成》（建标〔2013〕44 号），采购及保管费应作为材料价格组成部分计入建安费。但实践中部分施工合同中并未对甲供材部分材料是否应计取现场保管费作出约定，此时发承包双方极易就保管费问题产生争议。

类型一：合同未对甲供材料保管费承担进行明确约定的，根据地方政府文件计取保管费

案例一

A 公司与 B 公司建设工程施工合同纠纷案

基本案情

A 公司与 B 公司签订了《建筑装饰工程施工合同》，合同约定由 B 公

司承包 A 公司某科技大厦的幕墙装饰工程。该工程中部分建筑材料为甲供材料。双方合同约定，A 公司负责的费用还包括将 A 公司供应的材料运输到交货地卸车以及现场安装施工，材料检验及现场见证取样检测费用，与现场其他施工单位的配合协调衔接、检查及验收，各种保险费用、税金及合同包含的所有风险、责任等各项应有费用。

后 A 公司与 B 公司之间就工程款的结算问题产生了争议，其中一个争议焦点为甲供材料保管费应当由谁承担的问题。

裁判观点

关于是否计取甲供材料保管费 20475.61 元，B 公司主张应按 2006 年《青岛市工程结算资料汇编》规定计取该费用；A 公司主张材料保管费属于补充协议第三条约定的 "各项应有费用"，因此不应计取。法院认为，《幕墙工程施工合同》并未对甲供材料保管费之承担进行明确约定，应按 2006 年《某市工程结算资料汇编》规定予以计取费用。

类型二：合同约定甲供材料不计取保管费，如因发包人原因导致延期，仍应支付合同期外保管费

案例二

A 公司与 B 公司建设工程施工合同纠纷案

基本案情

A 公司与 B 公司签订了《脂肪酸车间工程施工合同》，由 A 公司承建脂肪酸车间基础工程、钢结构工程、设备安装、管道安装、电气、自动化仪表安装及防腐保温工程。同时合同约定，甲供材料不计取保管费。

在施工过程中，因 B 公司的原因导致工期延误。后 A 公司依照合同约定进行了施工，工程已经竣工。但在结算时关于甲供材料保管费的问题双方未能协商一致。

法院裁判

法院认为，双方合同约定对甲方供应的材料，乙方不收取保管费用，对合同期外是否收取保管费用双方未能作出明确的约定，因 B 公司的原因导致工期延误，A 公司请求 B 公司支付合同期外的保管费用虽无合同依据，但 A 公司确实履行了对 B 公司材料设备的保管义务，根据公平原则，A 公司请求 B 公司支付保管费用符合建设工程施工合同中按实结算的原则，该请求应予支持。

▓▓▓ 风险分析 ▓▓▓

对于甲供材料保管费是否计取以及费率问题，各地区建设主管部门发布的文件中有相应的规定，虽然不同计价文件中对采购费与保管费是否区分，以及保管费费率的规定略有区别，但均与《建筑安装工程费用项目组成》（建标〔2013〕44 号）一致认为保管费应属于材料价格的组成部分，应当计取。同时，从上述案例可以看出，司法实践中对于甲供材保管费计取方式的主要观点如下：

第一种观点，合同明确约定保管费计取方式的，按照合同约定收取。在保管费金额的计算认定中，合同中有约定的依据合同约定履行。合同中可约定适用定额中的规定计取保管费，也可以约定承包人获得结余甲供材并扣除保管费。

第二种观点，合同没有约定或者约定不明确的，仍应计取保管费。根据《民法典》第五百一十条的规定："合同生效后，当事人就质量、价款或者报酬、履行地点等内容没有约定或者约定不明确的，可以协议补充；不能达成补充协议的，按照合同相关条款或者交易习惯确定。"故合同中没有约定保管费的计取或者对其约定不明确的情况下，将根据项目实际情况或者交易习惯来认定。法院通常会参照工程项目所在地的地方政府计价文件或地方结算资料汇编等规范性文件来确定，在综合考虑合同约定的相关条款和所属地区或行业的计价文件的基础上认定甲供材保管费金额。

第三种观点，如发包人存在违约情形的，应计取工期外保管费。若在甲方提供施工材料、乙方进行材料保管的情形下，发包人存在违约情形，导致工期延误的，承包人进行材料保管的时间也随工期延误的时间而相应增加。故在该种情形下，承包人除了应当计取合同工期内约定的或者据实结算的保管费外，还应计取因发包人原因导致超过工期部分的保管费。

三、风险提示：甲供材料在结算过程中的结余和损耗问题

《建设工程工程量清单计价标准》（GB/T 50500—2024）第3.6.1项规定："建设工程存在发包人提供材料的，发包人应在招标文件中明确发包人提供材料的名称、档次、规格型号、交货方式及地点，并在招标工程量清单的项目特征中对发包人提供材料予以描述。"以及第3.6.2项规定；"发包人应在招标文件中明确发包人提供材料的有效损耗率，其相应有效损耗率可按类似工程同类项目材料损耗率合理确定，并按本标准附录G.1的规定填写表G.1.1发包人提供材料一览表，表G.1.1中的材料数量应根据招标图纸和相关工程国家及行业工程量计算标准规定计算。"

根据上述规定，若存在甲供材料的情形，发包人应当在招标文件中明确甲供材料的基本信息。《建设工程工程量清单计价标准》（GB/T 50500—2024）还要求发包人在招标文件中明确其提供材料的有效损耗。这一新增规定从发包人组织招标活动开始即对后续发承包双方可能产生的甲供材料结余和损耗的问题进行了固定，从而避免了在合同履行过程中发承包双方对甲供材料的数量发生争议时的处理不一致的问题。但是，实践过程中常常存在发包方与承包方之间没有就抵扣的金额达成一致或未进行约定的情形。关于扣减标准，司法实践中也存在不同的计算方法和裁判思路。

类型一：按照定额标准确定甲供材料价格后，节约部分也应直接从工程造价中扣除

> 案例一

某建筑公司、某置业公司建设工程施工合同纠纷案

> 基本案情

某建筑公司与某置业公司签订了《施工总承包合同》，合同约定：甲

供材料进入取费，甲供材料不再计取采购保管费、检验试验费。后双方对甲供材料扣除金额产生争议。

某置业公司主张，本案委托司法鉴定已对钢筋及混凝土作出鉴定，应当将鉴定得出的不含基坑支护使用的甲供材料总金额 49842437 元直接扣除。某置业公司另确认其供材混凝土为 64839.5 立方米，货值 21288616.5 元，钢筋为 9082.901 吨，总金额为 32675159.47 元。基坑支护使用钢筋 692.091 吨，金额 2648836.15 元，使用混凝土 6098.5 立方米，金额 1676758.83 元。甲供材料总金额为 53963775.97 元，减去基坑支护钢筋金额 2648836.15 元和混凝土金额 1676758.83 元，剩余 49638180.99 元。

某建筑公司认为，鉴定机构只是为了计算甲供材料对应的税金，才对甲供材料量进行了计算，该结果只是作为参考的数值，某置业公司真实的甲供材料才应当视为已支付的工程款。

法院裁判

法院认为，关于扣除甲供材料金额问题，双方的争议在于按照定额确定甲供材料价格后是直接扣减该数额还是按照工程实际使用的数额进行扣减。某建筑公司称，该差额部分为其施工所节省，余额利益理应由其享有。法院认为，作为案涉工程甲供材料的钢筋和混凝土是保证工程质量的重要材料，定额系正常施工过程中的标准用量，某建筑公司关于其施工节省下来即可由其享有的主张，理据不足。

类型二：按照实际消耗量计算扣除，对于甲供材料有节约的，节约利益应归属于承包人

案例二

A 公司、 B 公司建设工程施工合同纠纷案

基本案情

B 公司作为发包人与承包人 A 公司就某工程签订《建设工程施工合

同》，合同约定：施工过程中主要材料认质认价……甲方供货的材料按照市场价计入定额取费，使用量不得超出预算量，乙方超领的甲供材料按市场价扣除。

后经过双方确认，在外墙保温按照认价单计取的基础上，案涉工程的土建甲供材料节余 55219.41 元。

法院裁判

法院认为，关于土建甲供材料的问题，在外墙保温按照认价单计取的基础上，案涉工程的土建甲供材料节余 55219.41 元。因节约的土建甲供材料 55219.41 元，属于 B 公司在施工中对材料减少浪费、有效利用的结果，该费用应当在鉴定结果的基础上增加，以达到鼓励节约利用的社会效果，一审判决在鉴定报告的基础上扣减土建甲供材料 55219.41 元不妥，法院予以纠正。

类型三：当发包人与承包人之间没有就扣减金额进行约定或者达成一致时，如实际领用量大于定额量，甲供材料出现损耗的，按照实际领用量计算扣除

案例三

某建设公司与某实业公司建设工程施工合同纠纷案

基本案情

某建设公司与某实业公司签订《施工合同》，约定由某建设公司承包某广场电厂二期 4×330MW 机组工程建设工程。后双方对甲供材料发生争议。

法院裁判

关于甲供材料消耗量的计取问题，某建设公司主张，甲供材料计入造价数量不应按实际领用量取值，而应按定额消耗量取值。法院认为，某建设公司实际耗用的甲供材料总金额是定额甲供材料与施工单位超出定额含量领用的甲供材料之和，其总金额远大于定额甲供材料，超过定额部分均为某建设公司领用并耗用，该部分金额应由某建设公司承担并从工程造价中扣除。

▓▓ 风险分析 ▓▓

甲供材料在工程结算中，关于扣减的金额以及扣减的标准，发包、承包双方可以在合同中进行约定，双方对甲供材有明确核对确认的，以双方核对确认的金额进行扣减。由于市场变动等原因，对于该部分也需要设置合理的一个浮动区域，超出浮动区域的情况要有明确的计价约定，发包、承包双方应在合同中对工程所涉甲供材料的品种、规格、型号、数量、单价、质量等级、提供方式、价款结算等进行明确约定，并遵照合同约定处理，同时对工程项目所涉甲供材料损耗、节余和超领部分的分配、承担方式进行明确约定。在庭审过程中法院查明甲供材料金额的，以法院查明的金额进行扣除。

在双方未就扣减金额达成一致时，有的法院参照《建设工程工程量清单计价规范》（GB 50500—2013）第 3.2.4 项的规定，支持按照定额标准扣除。[①] 有的法院支持按照实际消耗量扣除，即"甲供材"由承包人领用，领料量超出承包人在投标清单计价文件中所报数量或定额时，按照实际消耗量扣除，实质是超出部分的材料设备价款由承包人承担；领料量少于承包人在投标单计价文件中所报数量或定额时，结余部分的材料设备价款利益归承包人。

在定额消耗量与实际用量存在不同时，发包、承包双方往往站在各自不同的立场，主张或者按照定额消耗量扣除，或者主张按照实际消耗量扣除，从而在甲供材上产生分歧，且经常在诉讼中作为案件的争议焦点。

四、应对指南

实务中关于甲供材金额与数量的争议往往是发包方、承包方在合同

---

① 《建设工程工程量清单计价标准》（GB/T 50500—2024）已经删除该规定。

中未约定或未明确约定结算方式而导致的。为了避免上述纠纷，建议发包、承包双方在施工合同中明确约定。同时，在施工过程中发包、承包双方均应完整保存领用材料的相关单据及文件，并且单据及文件上需经发包人或监理单位确认签字，以避免无法确定实际领用材料量而产生争议。

（一）建议在合同中明确约定对所涉甲供材料的结算标准、提供方式等

虽然建设工程招标、投标文件中列明了甲供材料的数量，但在实践中，甲供材的领用并不完全按清单记载的数量执行。部分施工合同中也未列明具体的甲供材料数量。建议承包人在合同中对工程项目所涉甲供材料的结算标准、提供方式、料款的结算等进行明确约定，并遵照合同约定处理。

（二）建议在合同中明确约定对所涉甲供材损耗的承担方式

甲供材由发包人负责采购、运输。合同应明确约定甲供材的损耗承担方式。否则将来发生争议时，司法机关可能以在采用定额计价或工程量清单计价结算甲供材料时，已经考虑了材料的合理损耗量为由，要求材料损耗风险由承包人承担。

（三）建议在合同中明确约定对所涉甲供材结余进行分配

施工合同关于甲供材奖励有明确约定的，应按合同约定执行。因此建议施工单位在施工合同中约定对甲供材节约部分按照一定比例奖励给承包人。

（四）建议在合同中明确约定甲供材保管期间是否计取保管费及保管费费率等

对于甲供材保管费是否计取以及费率问题，司法实践中人民法院一般会基于甲供材保管事实，在综合考虑合同约定和所属地区或行业计价文件的基础上认定甲供材保管费金额。从减少争议、降低风险角度。建议发包、承包双方在签订施工合同时对甲供材保管期间是否计取保管费及保管费费率等进行明确约定。

第四章
签证与索赔风险防控

第一节　签证与索赔概述

一、签证与索赔的概念

（一）签证

签证为建工行业用语，在现行法律中并没有统一定义。2013 年版的《建设工程施工合同（示范文本）》通用条款中出现"签证"用语，但示范文本未进行明确定义。

（二）与签证有关的法律规定以及行业规范

（1）《建设工程工程量清单计价规范》（GB 50500—2013）第 2.0.24 项规定，现场签证是："发包人现场代表（或其授权现场监理人、工程造价咨询师）与承包人现场代表就施工过程中涉及的责任事件所做的签订证明。"① 现场签证可直接作为双方后续权利主张的依据，故现场签证又称为工程签证、施工签证等。

（2）《最高人民法院关于审理建设工程施工合同纠纷案件适用法律问题的解释（一）》第二十条规定："当事人对工程量有争议的，按照施工过程中形成的签证等书面文件确认。承包人能够证明发包人同意其施工，

---

① 《建设工程工程量清单计价标准》（GB/T 50500—2024）已经删除该规定，并在全文删除"现场签证"的表述。

但未能提供签证文件证明工程量发生的，可以按照当事人提供的其他证据确认实际发生的工程量。"

（三）索赔

根据《建设工程施工合同（示范文本）》（GF—2017—0201）第19条中的规定，根据合同约定，承包人或发包人认为有权得到追加付款和（或）延长工期的，承包人或发包人可以向发包人或承包人提出索赔。

《建设工程工程量清单计价规范》（GB 50500—2013）中第2.0.23项规定："在工程合同履行过程中，合同当事人一方因非己方原因而遭受损失，按合同约定或法律法规规定承担责任，从而向对方提出补偿的要求。"[①]

根据相关合同示范文本及计价规范的规定，索赔一般指在特定情况下提出一种主张、要求或者权利。建设工程领域的索赔通常是指在建设工程合同履行过程中，合同当事人一方因非自身的责任或者对方违约而受到经济损失或权利损害时，通过一定的程序向对方提出的经济或时间（工期）的补偿要求（故索赔可分为工期索赔和费用索赔）。发包方和承包方均有权提出索赔，如承包方未能履行合同约定的义务，且未能按合同约定履行其赔偿责任时，发包方有权向其提出索赔，包括赔偿损失或减少工程价款，发包方向承包方的索赔一般被称之为反索赔。索赔是一种单方法律行为，在索赔事项未经对方认可的情况下，不能直接作为工程结算的依据，索赔人只能通过诉讼或仲裁程序，由司法机关对索赔事项的权益进行确认。索赔经对方确认后，双方应签订工程签证或其他"合同补充协议"性质的文件，即索赔可向"签证"转换。

二、索赔的原因

根据《建设工程工程量清单计价标准》（GB/T 50500—2024）第

---

① 《建设工程工程量清单计价标准》（GB/T 50500—2024）对该条文序号和内容变更为："2.0.31 工程索赔 claim 当事人一方因非己方的原因造成经济损失、费用增加或工期延误（或延长），按合同约定或法律法规规定，应由对方承担赔偿或补偿义务，而向对方提出经济损失赔偿或补偿和（或）工期调整及其他的要求。"

8.11.1 条规定："合同履行过程中，因非己方的原因而发生不属于本标准第 8.2 节～第 8.10 节规定调整范围，且造成自身经济损失及费用增加和（或）工期延误（或延长）等事件，并应由合同另一方承担义务的，发承包双方均可依据合同约定和法律法规规定，以及自身蒙受的损失按相关规定向另一方提出经济损失赔偿或补偿和（或）工期调整等工程索赔，并相应调整合同价款。属于本标准第 8.2 节～第 8.10 节规定调整范围的事件应按相应规定调整，不属于的事件可按本节处理。"而对于承包人有权提起索赔的原因主要规定在《建设工程工程量清单计价标准》（GB/T 50500—2024）第 8.11.10～第 8.11.14 条中，并对不同索赔原因下的索赔方式进行了单独规定。

三、签证索赔的具体类型

（一）传统意义上主要分为工期及造价类签证索赔

1. 因业主原因导致的工期延误，施工单位免责且可以提出索赔

《建设工程施工合同（示范文本）》（GF—2017—0201）通用条款第 7.5.1 项"因发包人原因导致工期延误"中规定："在合同履行过程中，因下列情况导致工期延误和（或）费用增加的，由发包人承担由此延误的工期和（或）增加的费用，且发包人应支付承包人合理的利润：（1）未发包人未按约定提供图纸、图纸不符合约定的；（2）发包人未能按合同约定提供施工场地、施工条件、基础资料、许可、批准开工条件的；（3）发包人提供的测量基准点、基准线和水准点等文件错误或疏漏的；（4）发包人未能在计划开工日期之日起 7 天内同意下达开工通知的；（5）发包人未能按照合同约定支付工程预付款、进度款或竣工结算款的；（6）监理人未按合同约定发出指示、批准等文件的；（7）专用合同条款中约定的其他情形。"

2. 通用条款的其他约定

根据示范文本，可概括如下：（1）1.6.1 图纸的提供和交底；（2）1.6.2 图纸错误；（3）1.9 发现化石和文物的保护措施签证；（4）4.3 乙方对监理人指示有异议的签证；（5）5.3 隐蔽工程验收签证；（6）6.1.1 安全生产暂停施工签证；（7）7.3.2 未能在 90 天内发出开工通知，有权调整价格或解除合同；（8）7.4 发现测量放线错误的签证；（9）7.6 不利物质条件；（10）7.7 异常恶劣的气候条件；（11）7.8 发包人原因引起的暂停施工；（12）10.2 设计变更；（13）10.6 变更引起的工期调整。

（二）其他签证索赔的类型

（1）第 3.2 款：乙方项目经理签证；

（2）第 3.3 款：乙方主要施工管理人员签证；

（3）第 8.7.2 项：使用替代的材料与工程设备签证；

（4）第 8.8 款：乙方更换施工设备的签证；

（5）第 8.9 款：乙方撤走闲置施工设备和物品的签证。

（三）建设工程工程量清单计价规定条文说明部分中签证索赔的类型

（1）发包人的口头指令，需要承包人将其提出，由发包人转换成书面签证；

（2）发包人的书面通知如涉及工程实施，需要承包人就完成此通知需要的人工、材料、机械设备等内容向发包人提出，取得发包人的签证确认；

（3）合同工程招标工程量清单中已有，但施工中发现与其不符，比如土方类别等，需承包人及时向发包人提出签证确认，以便调整合同价款；

（4）由于发包人原因，未按合同约定提供场地、材料、设备或停水、停电等造成承包人停工；

（5）需承包人及时向发包人提出签证确认，以便计算索赔费用；

（6）合同中约定的材料等价格由于市场发生变化，需承包人向发包人提出采购数量及单价，以取得发包人的签证确认。

四、签证的要求

《关于工程量清单计价施工合同价款确定与调整的指导意见》（苏建价〔2005〕593 号）提出："工程施工中的签证内容不清楚、程序不规范、责权不清等，是造成工程结算扯皮，项目造价不能得到有效控制的重要原因。各级建设主管部门、工程建设投资方，特别是国有投资工程建设单位要切实加强对施工过程中变更签证的管理。发承包双方应在合同专用条款中约定有效工程变更签证的认定原则，发包人在合同中明确工程变更签证审批程序，指定变更签证金额不同时的审批人。没有约定的，签证单上必须有发包人代表、监理工程师、承包人（项目部）三方的签字和盖章，方可作为竣工结算的依据；签证单上必须明确签证的原因、位置、尺寸、数量、材料、人工、机械台班、价格和签证时间。"

《建设工程工程量清单计价规范》（GB 50500—2013）第 9.14.3 项规定："现场签证的工作如已有相应的计日工单价，现场签证中应列明完成该类项目所需的人工、材料、工程设备和施工机械台班的数量。如现场签证的工作没有相应的计日工单价，应在现场签证报告中列明完成该签证工作所需的人工、材料设备和施工机械台班的数量及单价。"[1]

参考上述规定，对于签证应该采用的格式并没有详细的法律规定，主要约束来源于合同双方当事人的约定，但无论采用什么格式，都需要确保签证具备一些必要的要素，包括签证的原因、位置、尺寸、数量、材料、人工、机械台班、价格和签证时间等，使得签证内容明确具体，以便签署的签证能够正常作为工程结算的依据。

第二节　签证的风险防控

一、风险提示：签证应当由有权主体签署，否则可能导致效力瑕疵而无法进入结算

首先，根据中国建设工程造价管理协会 2002 年颁布的《工程造价咨询业务操作指导规程》规定，签证是指按承发包合同约定，一般由承发包双方代表就施工过程中涉及合同价款之外的责任事件所作的签认证明。签证是施工过程中发包人及其代理人回复承包人提出有关价款、工期和质量的报告、函件、要求所形成的签字盖章文件。

其次，《浙江省高级人民法院民事审判第一庭关于审理建设工程施工合同纠纷案件若干疑难问题的解答》（浙法民一〔2012〕3 号）第十一条

---

[1]　《建设工程工程量清单计价标准》（GB/T 50500—2024）删除了该条规定。

"施工过程中谁有权利对涉及工程量和价款等相关材料进行签证、确认?"解答认为:"要严格把握工程施工过程中相关材料的签证和确认。除法定代表人和约定明确授权的人员外,其他人员对工程量和价款等所做的签证、确认,不具有法律效力。没有约定明确授权的,法定代表人、项目经理、现场负责人的签证、确认具有法律效力;其他人员的签证、确认,对发包人不具有法律效力,除非承包人举证证明该人员确有相应权限。"

因此,从相关部门行业规范、司法解释和地方高级人民法院(以下简称"高院")对疑难问题的解答中我们可以看到,原则上签证的有权主体为发包人以及授权代表。但是,其他人员所做签证是否具有效力。需要结合签证的类型,签证的惯例综合进行认定。下文我们将分别从发包人现场代表(通常为项目经理)、一般工作人员以及监理的签证分别进行分析。

类型一:发包人现场代表(实践中也被表述为现场负责人、发包人代表等,一般为项目经理)

案例

某管委会、某沈阳公司建设工程施工合同纠纷案

基本案情

王某经某管委会授权代表管委会(发包人)与某沈阳公司(承包人)签订《施工合同》。双方约定:某沈阳公司承包某建设工程。2014年7月,审计局委托咨询公司对案涉工程进行结算审核。2016年7月,在咨询公司对案涉工程造价进行结算审核期间,某沈阳公司因与某管委会在材料、设备价格、人工费调整、审核期限过长等问题上发生争议,遂向法院提起诉讼。

裁判观点

关于王某签字的签证单是否具有法律效力。案涉工程施工过程中,某沈阳公司依约向某管委会报送认价单,其中部分认价单经询价小组确认,大部分认价单系由王某签字确认。王某系某管委会城市建设局副局长,是

该管委会派驻案涉项目的项目经理，王某在认价单上签字的行为系代表某管委会和发包人的职务行为。经王某签字确认后，承包人采购的材料、设备已投入到工程建设中，无证据证明询价小组或者某管委会对材料和设备价格提出过异议，应视为询价小组对王某签字的认价单予以认可。

同时，亦无证据证明作为鉴定依据的认价单与王某原始签字的认价单不同。虽然咨询公司在2017年3月向法院提交的《关于人工费及材料价格确认事宜的请示》，其内容说明王某签字的部分价格确认单明显高于市场价格，但咨询公司并未说明比对价格的基准日是采购材料时的市场价格还是鉴定时的市场价格，而材料价格客观上是存在波动的，根据《施工合同》第三部分专用条款第20.1款约定，材料由某沈阳公司采购并向管委会报送认价单，由某管委会确认，材料价格并非完全按照市场价格确定，而是双方合意的结果。据此，王某签字的认价单能够作为鉴定依据，某管委会主张王某签字部分的工程价款明显高于市场价格，缺乏证据证明，法院不予支持。

▩▌风险分析▐▩

从上述相关部门的行业规范结合相关司法裁判案例，我们可以看到，目前在司法实践中，主流观点认为：

（1）项目经理是发承包人在施工工程项目上的代表，其在职权范围内作出的签证是职务行为，具有法律效力，其效果分别归于发承包人。

（2）发承包人项目经理无代理权或超越其内部授权时，对于无代理权或超出授权范围签字的效力需考虑是否构成表见代理，即结合考察项目经理是否具备相应的权利外观。实践中比较常见的权利外观表现主要有以下方面：① 授权委托书，聘任书等企业盖章确认的身份证明文件等；② 具有公示性质的身份证据，包括在登记备案的建设工程施工合同、施工图纸中载明的项目经理；③ 项目信息公示铭牌中列明的项目经理人员的身份信息；④ 被代理人知道行为人的无权代理行为而不表示反对，代理权终止后的行为等；⑤ 其他足以使相对人产生合理信赖的身份证据，以及相对方是否明知或应知签字人超出权限范围。根据最高人民法院《关于当前形势下审理民商事合同纠纷案件若干问题的指导意见》第十四条规定，人民法院应当："结合合同缔结与履行过程中的各种因素综合判断合同相对人是否尽到合理注意义务。"此外还要考虑合同的缔结时间，例如合同的某些部分直接有项目经理的签字，此时相对人便有理由相信项目经理有代表企业进行结算的权力，并考虑建筑单位是否知道项目经理的行为、是否参与合同履行等各种因素，作出综合分析判断。若在发包人项目经理具有权利外观的情况下，发包人又无法举证证明承包人明知或应知项目经理超越其权限的，即不得对抗善意的承包人，此种情形下项目经理签署的签证，一般会被认定为有效。

（3）对于授权范围没有约定或约定不明的，对于其签署的签证，法院一般会结合合同双方过往文件（包括经济类、工期质量类签证）的签署情况、项目经理在合同履行过程中的履职情况以及建筑领域的行业习惯来综合判断。在有上述相关文件支撑的情况下，一般认为，项目经理作为企业在一个建设工程项目的合法代表，除非发包人有证据证明相对方知道或应当知道项目经理没有代理权，否则其签订的签证是有效的，对发包人能够产生约束力。

类型二：普通工作人员

> 案例

A 公司与 B 公司建设工程施工合同纠纷案

基本案情

A 公司与 B 公司签订了《某项目劳务承包合同》，合同主要约定 B 公司将某建设工程中的土建、木工、钢筋、水电暖、外架五个工种的全部劳务工程发包给 A 公司施工。A 公司随即入场施工，后双方因劳务费用的结算问题产生争议诉至法院。

裁判观点

关于发包人普通工作人员签署的签证能否作为结算依据，A 公司提供了单方制作的材料来证明窝工事实的存在，签字人员为 B 公司普通职工，不能代表公司。此外，签字经鉴定是在同一时间集中形成，系后补签，不能反映真实存在误工状况。故对于停（窝）工损失不予支持。

▓▓ 风险分析 ▓▓

《北京市高级人民法院关于审理建设工程施工合同纠纷案件若干疑难问题的解答》（京高法〔2012〕245 号）第九条"当事人工作人员签证确认的效力如何认定？"解答："当事人在施工合同中就有权对工程量和价款洽商变更等材料进行签证确认的具体人员有明确约定的，依照其约定，除法定代表人外，其他人员所作的签证确认对当事人不具有约束力，但相对方有理由相信该签证人员有代理权的除外；没有约定或约定不明，当事人工作人员所作的签证确认是其职务行为的，对该当事人具有约束力，但该当事人有证据证明相对方知道或应当知道该签证人员没有代理权的除外。"

从相关部门行业规范以及司法解释和地方高院对疑难问题的解答中我们可以看到，目前的主流观点认为，发包人派驻施工现场的其他工作人员，因其并非一方当事人任命代表该方履行合同的现场负责人，其在施工现场通常也不具有确定工程量和工程价款等职责，故对于此类人员的签证，对方当事人应当尽到合理的注意义务，核实清楚其是否具有相应的授权。因此，在施工合同对此类人员的签证权限没有明确约定或约定不明的情况下，其所做出的签证一般不应认定有效。

需要注意的例外情况是，若对方有证据证明该工作人员具有相应权限的，则对该工作人员的签证仍可基于职务行为或表见代理而认定有效。例如，若承包人能够提供证据证明发包人某工作人员具有核定本工程已完成工程量的权限（该人员多次在本工程已完成工程量报审表上代表发包人进行审核并签字确认工程量，此种情形下，承包人有理由相信该人员能够代表发包人进行工程量的核对工作），则该人员在其相应可以被认定为表见代理的权限（确认工程量）范围内所做的签证，对发包人具有约束力。

同理，若发包人能够提供证据证明承包人某工作人员具有签收工程材料的权限（比如，该人员在承包人项目部管理人员名单上的职务为材料员并多次代表承包人在甲供材料签收单上签字确认），则该人员在其相应可以被认定为表见代理的权限（签收工程材料）范围内所作的签证，亦对承包人具有约束力。

223

类型三：监理人员

1. 监理人员作出的经济性签证，原则上对发包人不具有约束力

案例一

张某、园林公司建设工程施工合同纠纷案

基本案情

园林公司中标某工程并与旅游局签订《建设工程施工合同》。园林公司与张某签订一份《项目管理责任书》约定：园林公司成立项目部，张某负责该项目部，履行园林公司与业主之间的合同。张某向园林公司出具书面承诺，愿意按照总工程款 2% 上交管理费，并交纳履约保证金 59.5 万元。《项目管理责任书》签订后，监理工程师下发开工令，张某开始施工。施工过程中，由于张某施工进度缓慢、施工质量不合格等情形，最终中途退场，案涉项目工程未办理最终结算。

此后，张某因案涉工程结算、工程款支付、保证金退还等事宜与园林公司及某旅游局产生争议，遂诉至法院。诉讼过程中，法院委托鉴定机构进行鉴定。

裁判观点

对于鉴定报告的争议部分问题，法院认为，第一部分即某休闲广场工程绿化项目中造价共 790149.00 元争议部分，因该部分工程在设计图纸中没有设计且工程量清单系复印件，对该部分款项不予确认；第二部分某休闲广场工程其他争议部分因系涉及直接影响工程造价变动的经济类签证，且该签证仅有监理工程员郑某签字，施工合同并未赋予郑某相应签署权限，该事项又无建设单位人员签字，且无其他的工程施工单据佐证，故不予确认。

2. 工程监理人员在监理过程中签字确认的报导性签证文件，涉及工程量、工期及工程质量等事项的，原则上对发包人具有约束力

案例二

四川某公司与李某、某投资公司、袁某建设工程施工合同纠纷案

基本案情

2010 年 6 月，某投资公司与四川某公司签订了《某工程建设合同》，约定由四川某公司承接某投资公司开发的某项目。

2010 年 7 月，四川某公司工作人员袁某在没有得到四川某公司授权委托的情形下与李某签订了《建设工程劳务分包施工合同》，随后李某依约进场施工。李某所承建的某工程造价经司法鉴定为 3897993 元。四川某公司通过其公司员工袁某向李某已支付工程材料款、工程价款和退还保证金共计 2175800 元。四川某公司在工程建设期间已代李某直接向其他单位及个人支付工程款 420107 元。双方因工程款结算支付发生纠纷，李某起诉至法院。

裁判观点

对于只有监理人员签字确认的签证文件，是否能作为工程结算的依据。四川某公司主张应在结算中扣除清淤部分费用，但四川某公司提交的选址红线图、岩土工程勘察报告、基础验槽资料，不能直接证明案涉工程中不存在淤泥需清除，不涉及外运工程量等。而相关清淤费用所对应的签证单均有监理工程师邓某及总监理工程师张某签字确认，虽张某出庭作证认为其签字时并未审核签证内容，但其证言并不足以推翻两个监理工程师签字的签证单的效力。

▓‖风险分析‖▓

关于监理人员签证的效力问题，《建筑法》第三十二条第一款规定："建筑工程监理应当依照法律、行政法规及有关的技术标准、设计文件和

建筑工程承包合同，对承包单位在施工质量、建设工期和建设资金使用等方面，代表建设单位实施监督。"

《北京市高级人民法院关于审理建设工程施工合同纠纷若干疑难问题的解答》（京高法〔2012〕245号）第十条解答："工程监理人员在监理过程中签字确认的签证文件，涉及工程量、工期及工程质量等事实的，原则上对发包人具有约束力；涉及工程价款洽商变更等经济决策的，原则上对发包人不具有约束力，但施工合同对监理人员的授权另有约定的除外。"

从相关部门行业规范、司法解释和地方高院对疑难问题的解答中我们可以看到，监理人代表建设单位对承包单位在施工质量、建设工期和建设资金使用等方面实施监督，监理对技术签证的签认属于其职权范畴，应为有效；但对经济签证的签认没有明确授权的，应当认定为无效。在案例一中，仅有监理人员签认了直接涉及工程造价变更的经济性签证文件，又无其他证据予以佐证，法院最终以其不具备经济类签证签署权限为由未予支持；而在案例二中，则可以看到清淤费用的构成均有对应的签证单支撑，而签证单记载的是清淤事实以及清淤量，属于报导性签证文件，法院认可了监理人员签认的签证单所记载的事实性内容，从而支持了依据事实性内容推算出的该部分费用。

综上，无论是在相关法律法规、司法解释还是司法实践中，普遍认为监理人员签认的签证单涉及工程量、工期及工程质量等事实的，原则上对发包人具有约束力，涉及工程价款洽商变更等经济决策的，原则上对发包人不具有约束力。

二、风险提示：工期顺延应当在合同约定期限内提出，否则可能视为工期不顺延

案例

A公司与B公司建设工程施工合同纠纷案

基本案情

A公司承包了B公司发包的某工程项目，后A公司与B公司因工程进

度款支付及结算问题产生纠纷诉至法院。案件审理过程中，双方就案涉工程工期是否顺延的问题产生了争议，A 公司认为根据现场其提交的签证资料，可以证明工期存在因 B 公司原因导致延误的情形，工期应该予以顺延。B 公司则认为，A 公司递交的工期顺延的签证资料超过了合同约定的递交时间，工期不应该顺延。

裁判观点

根据《最高人民法院关于审理建设工程施工合同纠纷案件适用法律问题的解释（二）》第六条第二款规定①以及《建设工程施工合同》专用条款第 13.1 款约定，"凡涉及工期顺延的，承包人应于情况发生之日起 28 日内以书面形式向监理工程师提出报告，逾期提出的发包人不予确认，视为不影响工期。"A 公司提供的工期延期申请表中所载日期表明 A 公司未于顺延情形发生之日起的 28 日内提交书面报告，且未经发包人和监理单位共同签证确认，不符合合同约定，因此工期不予顺延。

风险分析

《最高人民法院关于审理建设工程施工合同纠纷案件适用法律问题的解释（一）》第十条规定："当事人约定顺延工期应当经发包人或者监理人签证等方式确认，承包人虽未取得工期顺延的确认，但能够证明在合同约定的期限内向发包人或者监理人申请过工期顺延且顺延事由符合合同约定，承包人以此为由主张工期顺延的，人民法院应予支持。当事人约定承包人未在约定期限内提出工期顺延申请视为工期不顺延的，按照约定处理，但发包人在约定期限后同意工期顺延或者承包人提出合理抗辩的除外。"若发承包双方在合同中明确约定逾期主张工期顺延会导致失权，则一般会按照合同约定处理，逾期主张工期顺延的，法院可能不支持。因此承包人应当及时提出工期顺延申请。

---

① 对应《最高人民法院关于审理建设工程施工合同纠纷案件适用法律问题的解释（一）》第十条。

三、风险提示：签证的内容与现场实际不符合，可能存在不被支持的风险

案例

邵某、王某建设工程施工合同纠纷案

基本案情

邵某以其挂靠的 A 公司名义经招标投标取得某工程施工项目。后 A 公司与 B 公司签订了《建设工程施工合同》，并于 2012 年 12 月在某住房和城乡建设局进行了备案。后邵某按照约定组织人员进场施工。案涉工程于 2015 年 4 月 3 日竣工并交付使用。其后，邵某与 B 公司就案涉工程价款结算问题产生争议。

裁判观点

关于附楼屋面变更（签证单 TJ-008）涉及 103109 元、6 层屋面增加 100 厚 C30 砼（签证单 TJ-007）涉及 52856.3 元、主楼屋面变更（签证单 TJ-007）涉及 69478 元，双方存在争议。经双方现场电话询问邵某聘请的现场负责人吴某，其明确表示 TJ-007 签证单中 6 层屋面未变更，主楼 A、B 屋面加厚，TJ-008 签证单附楼屋面未变更。对此，法院认为，现场负责人吴某自认主附楼屋面变更存在不实内容，故对于该签证单 TJ-007、TJ-008 所涉及内容本院均不予采信，对所涉金额 225443.3 元不予认定。

关于主楼 3—6 层变更增加隔墙 68208 元（工程签证单 TJ-015 号）。经核实，在 J（施）-05 号图纸中，原设计中存在卫生间隔墙。且经过现场核实，在 3—6 层的房间内，未发现卫生间增加隔断的事实。因此，该签证单内容不属实，不予认定。

▓‖ 风险分析 ‖▓

《北京市高级人民法院关于审理建设工程施工合同纠纷案件若干疑难问题的解答》（京高法〔2012〕245号）第三十四条解答中提出："当事人对施工合同效力、结算依据、签证文件的真实性及效力等问题存在争议的，应由法院进行审查并做出认定。"

因此，签证是施工方、发包方、监理方就施工内容进行的确认，系工程结算的依据。但签证不仅形式上要有三方盖章及相应授权代表签字确认，而且签证内容记载的工程量及价款应与实际情况相符，才有可能作为证据。施工企业在施工过程中均要如实填写签证的内容，保证其真实性。在诉讼或者仲裁过程中，对签证的举证、质证和证据审核时，都要对签证的形式真实和内容真实做出有效认定。即便发承包双方形成了签证，若签证载明事实与现场实际情况出入较大，法院也可能不认可签证金额及相应结算。

四、应对指南

（一）关于签证的内容和格式

（1）涉及费用签证的填写要有利于计价。如果有签证结算协议，填列内容要与协议约定计价口径一致；如无签证协议，按原合同计价条款或参考原协议计价方式计价。

（2）需要填列的内容应当明确、具体、完整，应详细列明何时、何地、何因；列明具体签证内容；签证所涉及的组织设计（人工、机械）；工程量（有数量和计算式，必要时附图）；签证是否涉及甲供材料。签证的描述要求客观，准确，隐蔽签证要以图纸为依据，标明被隐蔽部位、项目和工艺、质量完成情况，如果被隐蔽部位工程量在图纸上不确定，还要标明几何尺寸，并附上简图。

（3）签证的内容应当尽可能反映事项真实情况，避免将部分费用以虚构签证的形式进行确认。

（二）关于工期顺延的签证需要及时送审，避免逾期失权

发生影响工期的事由，承包人须及时依照合同约定在规定时间内向发包人提交工期顺延签证。

（三）签证主体须为有权主体

（1）签证单的签署，应当由双方书面确认的有权代表进行。

（2）如签字人的授权确有问题，应要求发包人盖章确认或事后由有权代表补签。

（3）还可通过会议纪要、补充协议等方式对签证单进行确认。假设签证的内容、形式和时限有瑕疵，只要通过会议纪要、补充协议形式进行确认，则视为当事人双方已经达成一致，避免发生争议时不被认可的风险。

（4）若建设单位拒绝办理或延迟办理签证，承包人仍需按照合同约定报送完整充分的签证材料，保留好相应报送签收记录。保留工作量发生的证据，比如现场施工照片、录像，材料购买、入场记录等。

第三节　索赔的风险防控

一、索赔程序

根据《建设工程施工合同（示范文本）》（GF—2017—0201）第19.1款，承包人索赔的程序为："（1）承包人应在知道或应当知道索赔事件发生后28天内，向监理人递交索赔意向通知书，并说明发生索赔事件的事由；承包人未在前述28天内发出索赔意向通知书的，丧失要求追加付款和（或）延长工期的权利；（2）承包人应在发出索赔意向通知书后28天内，向监理人正式递交索赔报告；索赔报告应详细说明索赔理由以及要求追加的付款金额和（或）延长的工期，并附必要的记录和证明材料；（3）索赔事件具有持续影响的，承包人应按合理时间间隔继续递交延续索赔通知，说明持续影响的实际情况和记录，列出累计的追加付款金额和（或）工期延长天数；（4）在索赔事件影响结束后28天内，承包人应向监理人递交最

终索赔报告，说明最终要求索赔的追加付款金额和（或）延长的工期，并附必要的记录和证明材料。"

二、索赔内容

《建设工程工程量清单计价规范》（GB 50500—2013）第 9.13.4 项规定："承包人要求赔偿时，可以选择下列一项或几项方式获得赔偿：延长工期；发包人支付实际发生的额外费用；要求发包人支付合理的预期利润；要求发包人按合同的约定支付违约金。"①

《建设工程司法鉴定程序规范》（SFZ JD0500001—2014）第 7.3.1.1 目发包人（监理人）指示暂停施工的相关费用鉴定规定："发包人（监理人）认为有必要时，可向承包人发出暂停施工的指示，承包人应按发包人（监理人）指示暂停施工。无论由于何种原因引起的暂停施工，暂停施工期间承包人应负责妥善保护工程并提供安全保障。司法鉴定人需确定以下发生的费用，并由责任方承担：（a）保护、保管暂停施工部分的工程或全部工程的费用；（b）由于暂停施工而引起的、必需的安全费用；（c）项目经理部人员的工资及进入施工现场生产工人的工资；（d）由于暂停施工而引起的需延期租赁的施工机械和施工机具租赁费用；（e）暂停施工达 28 天或 28 天以上，承包人为受鉴项目采购的生产设备和（或）材料的款项；（f）为暂停施工部分的工程复工而引起的、必需的准备费用。"

根据上述相关规范，承包人索赔的主要内容依据类型的不同主要可分为工期类索赔和经济类索赔。工期索赔的具体诉求就表现为向发包人主张工程工期在原来约定时间上进行顺延，无须就案涉工程超出原合同约定的完工时间向发包人承担工期逾期责任。而经济类索赔的具体诉求可表现为因索赔事项导致实际发生的额外费用（如暂停施工导致的保管费、管理人员费用、机械租赁费用等）、逾期利润、合同约定违约金等。施工企业应

---

① 《建设工程工程量清单计价标准》（GB/T 50500—2024）删除了该条规定，对于承包人有权提起索赔的原因主要规定在《建设工程工程量清单计价标准》（GB/T 50500—2024）第 8.11.10～第 8.11.14 条中，并对不同索赔原因下的索赔方式进行了单独规定。

当做好索赔风险管理，否则可能丧失索赔权利或者存在索赔不被支持的风险。

三、风险提示：索赔需要遵守合同约定的索赔期限，否则可能导致施工单位失去索赔权利

观点一：若承包人未按照合同约定在期限内索赔，则逾期失权

案例一

A 公司与 B 公司建设工程施工合同纠纷案

基本案情

B 公司获得了某高速公路建设经营权。后 A 公司经过招标投标程序与 B 公司签订该高速公路路基工程施工合同。合同签订后，A 公司入场施工，后双方因结算问题产生争议并诉至法院。法院庭审过程中，双方就部分索赔项目是否应计入工程价款产生争议。

裁判观点

关于 2006 年 11 月至 2009 年 4 月期间的停（窝）工损失问题。根据合同通用条款第 53 条约定，在该索赔事件首次发生的 28 天之内将其索赔意向书提交监理工程师，并抄送业主。如果承包人提出的索赔要求未能遵守本条规定，承包人无权得到索赔。对此部分损失，A 公司自认其并未依据合同约定提出过索赔。因此，在 A 公司未依据合同通用条款第 53 条约定履行索赔程序的情况下，A 公司无权获得该部分诉请款项的赔偿。

观点二：承包人索赔时存在索赔和诉讼时效竞合的情形时，可以适用诉讼时效

案例二

A 公司、某局建设工程施工合同纠纷案

基本案情

某局对案涉某公路工程进行招标，后 A 公司中标。2014 年 1 月，A 公司与某局签订了《某工程第一标段施工合同协议书》，合同约定：关于索赔，承包人应在知道或应当知道索赔事件发生后 28 天内，向监理人递交索赔意向通知书，并说明发生索赔事件的事由；承包人未在前述 28 天内发出索赔意向通知书的，丧失要求追加付款和（或）延长工期的权利。

裁判观点

法院认为，因某局原因造成 A 公司实际窝工损失共计 980 万元。某局主张，A 公司应根据合同约定的索赔程序主张权利，A 公司未在损失事件发生 28 天内提出索赔申请则丧失索赔权利。但双方当事人签订的合同文件中既有工程索赔也有违约责任的约定，上述窝工损失符合合同中关于发包人违约的约定，A 公司要求某局承担违约责任赔偿其损失的诉请有法律及合同依据，某局关于 A 公司应按照索赔条款主张权利而不能按违约条款主张权利的观点没有法律及合同依据，法院不予采信。

▓▓▓ 风险分析 ▓▓▓

《建设工程施工合同（示范文本）》2013 年版及 2017 年版中，对于逾期未发出索赔意向通知的，就承包人丧失的索赔权约定了"追加付款"和

"延长工期"两项。因此，如施工合同约定逾期办理工期顺延签证视为工期不顺延的，则条款效力应根据双方合同约定确定。在案例一中因承包人未按照合同约定时间索赔工期顺延并办理相应签证，故法院未予认定工期顺延。在案例二中，法院以索赔时效与诉讼时效竞合为由认为逾期不失权。即双方在案涉合同中既约定了索赔程序，也约定了违约情形和对应责任，此种情形下，即便索赔超过了合同约定的索赔时间，法院认为承包人也可以通过主张违约责任要求发包人赔偿损失。

司法审判实践之所以存在上述不同观点，系因各地各级人民法院对"索赔权"及"索赔期限"的性质认定存在差异，也可能是在个案中为了平衡当事人双方利益。虽然司法裁判对索赔逾期失权存在不同的处理意见，但作为施工单位，应在索赔事项发生后在合同约定时间内提出相应索赔，才能更好地维护自身的合法权益，避免逾期失权风险。

四、风险提示：索赔文件未按约定报送发包人代表的，索赔可能失权

案例

A公司与B公司建设工程施工合同纠纷一案

基本案情

A公司与B公司签订《建设工程施工合同》，施工合同约定A公司为B公司开发的某项目施工单位。合同签订后，A公司入场施工，后双方因结算问题产生争议，诉至法院。

裁判观点

法院认为，案涉索赔清单不应作为停工损失的计算依据。

首先，上诉人 A 公司主张停工损失所依据的索赔清单是上诉人单方制作的，被上诉人 B 公司不予认可。

其次，上诉人主张根据案涉建设工程施工合同通用条款"工程师在收到承包人送交的索赔报告和有关资料后 28 天内未予答复或未对承包人作进一步要求"，则应视为发包人对该项索赔已经认可。但是根据该合同专用条款第 5.2 款之规定，"监理单位委派的工程师姓名马某，职务总监，发包人委托的职权：负责施工过程中的质量、进度、投资、现场安全文明施工控制，负责工程建设的组织协调工作，负责工程隐蔽验收、主持工程的主体验收及定期的现场施工调度会，以及行使发包人工程管理制度赋予的权利。需要取得发包人批准才能行使的职权：工程变更、工程量增减的签证、停复工令。"由此可见，监理工程师无权接收承包人递交的停工损失申请或代表甲方对停工损失直接予以确认，其在索赔清单上签字的行为对发包人不应产生效力。

风险分析

根据《建设工程施工合同》示范文本的规定，正常情况下的索赔流程确实应该由承包人先行报送监理单位，由监理单位审核后再行报送发包人。但该示范文本仅作为参考性规范，若发包人与承包人的建设工程施工合同中并未设定此类条款，则对发包人不具备强制约束力。施工单位应该严格按照合同约定向有权主体递交索赔申请。

上述案例中，因为承包人未按照合同约定向具有接收索赔文件权限的发包人代表报送索赔清单资料，而材料接收人不具有接收相应材料的权限，从而导致法院认为该索赔清单资料对发包人不产生约束力，造成了相应索赔失权的后果。

总的来说，施工单位报送索赔材料的主体应当是发包方的合法授权代表。同时，施工单位签订施工合同时就应当督促发包人将接收索赔材料的被授权人信息和授权范围在合同文本中明确。如由未经授权的发包人现场员工接收相应索赔资料，除非有相应证据证明发包人现场员工有相应的代理权限，或构成表见代理，否则其接收索赔材料的行为面临未有效送达的法律风险。

五、风险提示：建设单位逾期未回复索赔的，可能视为认可施工单位索赔

> 案例

A 公司与 B 公司建设工程施工合同纠纷案

基本案情

B 公司与 A 公司签订《建设工程施工合同》，约定 B 公司将其开发的某广场 D、E 区工程交由 A 公司施工。上述施工合同签订后，A 公司入场施工，施工过程中，后双方因结算问题产生争议，诉至法院。

裁判观点

法院认为，关于 A 公司主张的停工损失有无事实和法律依据的问题。法院认为，案涉《建设工程施工合同》通用条款第 19.2.2 项约定："发包人应在监理人收到索赔报告或有关索赔的进一步证明材料后的 28 天内，由监理人向承包人出具经发包人签认的索赔处理结果。发包人逾期答复的，则视为认可承包人的索赔要求。"A 公司在停工期间报送了索赔报告，并经 B 公司及监理公司签收，后 B 公司未对索赔报告作出答复，按合同约定应视为认可 A 公司的索赔要求。故 A 公司要求 B 公司赔偿停工损失 4289484 元的诉讼请求成立，法院予以支持。

▓▓ 风险分析 ▓▓

一般情况下，逾期回复视为认可索赔的条款若已基于双方意思自治明确在合同约定，应该严格按照合同约定履行。但司法实践中，部分法院在审查逾期答复视为认可索赔条款时会认为，该类条款系解决争议的程序性约定，并不能直接产生影响实质权利义务的效果，因此还需考虑案件的具体情况综合判定逾期答复能否算作建设单位认可索赔要求。

虽然司法裁判对索赔逾期失权存在不同的处理意见，但从施工单位风险防控角度，应在施工合同专用条款中约定相应逾期回复视为认可索赔的条款，如业主故意拖延确认，可更好地维护施工单位的合法权益。

六、风险提示：停工损失索赔的分担规则

停工损失的索赔依据其发生原因，可划分为以下几类分摊的规则。

类型一：因发包人过错导致停工的，承包人应当采取措施防止损失扩大

案例

C公司与A学院、B公司建设工程施工合同纠纷案

基本案情

A学院与B公司签订了《建设工程施工合同》。A学院将其成教楼、住宅楼发包给B公司。B公司为组织施工将上述工程转包给C公司，双方签订了《某工程分包合同》。该转包合同除了C公司执行A学院与B公司签订的合同中的施工义务外，对C公司的责任进行了进一步明确。后C公司对A学院工程进行施工。施工过程中，A学院提供的地质报告有误，从而造成了案涉工程的停工。

裁判观点

依据查明的案件事实认定A学院提供地质报告有误，从而导致成教楼裂缝，造成C公司停工，A学院对此应承担主要责任。虽然成教楼工程实际处于停工状态近两年，但对于计算停工损失的停工时间应当综合案件事

实加以合理确定，综合本案各方当事人的责任大小，参照河南省建设厅《关于记取暂停工程有关损失费用规定的通知》（豫建标定〔1999〕21 号）的规定，将 C 公司的停工时间计算为从 1999 年 4 月 20 日起的 6 个月，较为合理。对此后的停（窝）工，C 公司应当采取措施防止损失扩大，C 公司对其未采取适当措施致使的损失应当承担责任，C 公司主张不存在怠于采取措施致使损失扩大的理由亦不能成立。

▓▏▍风险分析 ▐▍▓

《民法典》第五百九十一条规定："当事人一方违约后，对方应当采取适当措施防止损失的扩大；没有采取适当措施致使损失扩大的，不得就扩大的损失请求赔偿。当事人因防止损失扩大而支出的合理费用，由违约方负担。"故对于因故导致工程长期停工的情况，合同双方当事人应严格按照合同约定处理，如果没有合同约定的，双方又不能达成协议的，承包人也负有采取合理措施防止损失扩大的法定义务。

司法实践中，即便是因为发包人原因导致停（窝）工产生损失，也不能简单地以停工状态自然延续时间为依据，还应综合案件实际情况加以判断。因此，作为承包人，在发包人造成停（窝）工损失产生的时候，也不应盲目等待，放任停工损失的不断扩大，而应积极采取措施，做好机械设备、人员的撤场工作，尽可能减少损失。

类型二：因双方当事人及宏观政策调整等多方面原因造成停（窝）工的，根据双方过错程度确定停工、窝工损失

> 案例

A 公司等与 B 公司建筑工程欠款纠纷案

基本案情

A 公司将某项目发包给 B 公司承包，双方签订了《建设工程施工合同》，合同约定，工程暂定价为 5857 万元，计划开竣工时间 2011 年 7 月 10 日至 2013 年 8 月 31 日。施工合同签订后，B 公司进场组织施工，因 A 公司进度款拨付迟延、设计变更以及 B 公司施工质量问题，叠加国家产业整顿政策对施工计划的影响，双方曾多次发生争议。后双方因案涉工程的结算问题产生争议并诉至法院。

裁判观点

关于案涉项目发生停工时，如何确定各方施工人员的责任大小。从有关证据看，B 公司停工、窝工损失是存在的，只是对 B 公司单方提出的损失数额以及导致损失的过错责任程度，争议较大。实际上造成停工、窝工损失原因是多方面的，主要受宏观调控政策影响，资金、设计等发生变化，施工管理也会对之造成一定影响，既有双方原因，也有非双方的原因，难以证明双方在造成停工、窝工方面责任的大小。根据双方在造成停工、窝工损失方面的过错程度，由双方各承担该项损失的一半，既符合公平原则，也符合本案双方当事人履行合同的实际情况。

▨‖ 风险分析 ‖▨

实践中，工程停工的原因往往纷繁复杂，虽然发承包双方的原因造成工程停工的情况占多数，但也不乏发包人、承包人、设计单位、分包单位事由，以及宏观政策调整等多种因素混合并共同造成停工的情况。此种情形下，往往难以确定是何种原因直接造成停工，各方也难以举证证明其他方在造成停工、窝工方面责任的大小。而大多数法院在面临此种情况时，往往会根据各方在合同履行中的过错程度，以及各自所受损失的情况来确定停工、窝工损失的分摊，既符合公平原则，也符合双方当事人履行合同的实际情况。

七、风险提示：停（窝）工损失的计算方式

裁判规则一：可参照双方之前达成的一致意见，推算停工损失

案例一

A公司、B公司建设工程施工合同纠纷案

基本案情

B公司作为发包方与A公司作为承包方签订了《某项目基坑支护合同》，将某项目基坑支护工程委托A公司施工。2011年11月，A公司所承建的工程全部竣工验收合格，后双方因案涉工程款结算问题产生争议，并诉至法院。

另查明，2011年7月，A公司向B公司及案涉工程监理单位发出工程联系单，主要内容为请求B公司及监理单位确认因B公司原因导致工程窝工81天，应给予顺延工期81天及合理补偿。监理单位卢某签字确认"情况属实，请甲方与施工单位协商合理解决"，并盖有监理部印章。

裁判观点

法院认为，在案涉工程2011年7月的工程联系单中，监理单位已经签章确认确实存在因B公司原因导致A公司窝工81天的事实，但签证单中并未确定损失数额，也没有涉及停工损失的计算方法。A公司提供的停（窝）工损失证据相当一部分是其自己记载、单方提供的工人数量、名单、工资数额、现场机械数量等，B公司对此不予认可，鉴于此前双方在施工过程中也曾发生过8天停（窝）工，双方协商的补偿数额为7万元，基本可以反映出停（窝）工给A公司造成的损失程度，酌定81天停（窝）工损失为70万元。

裁判规则二：结合鉴定报告及举示的证据综合确定

案例二

A公司与B公司建设工程施工合同纠纷案

基本案情

A公司与B公司签订《某建设项目合同协议书》。协议约定，由B公司承包A公司发包的某项目工程。

上述协议签订后，B公司进场施工。B公司在案涉工程施工期间，曾发生停工，但案涉工程最终完工并投入使用。其后，双方因案涉工程项目的结算事宜产生争议，并诉至法院。庭审期间，双方就停工期间的停工损失金额产生争议，A公司对B公司依据施工资料测算的停工损失表不予认可，法院遂组织双方对案涉工程造价以及停工损失金额进行司法鉴定。

裁判观点

法院判决依照鉴定意见书的鉴定标准，结合设备实际拆除的时间，认定塔吊和脚手架、扣件等材料的停工损失共计4897244.37元。

裁判规则三：可根据行业部门发布的工程量清单计价定额为标准，计算停（窝）工损失

案例三

某医院与A公司建设工程施工合同纠纷案

基本案情

某医院将某项目工程发包给A公司，并签订了某项目工程承包合同。

其后，双方因案涉项目的结算问题产生争议。

法院认为，关于"人材机"的损失，根据施工网络计划可以分析72天对应的工作内容，按照定额计算出该工作内容包含的人工费和机械费。根据2009年《四川省建设工程工程量清单计价定额》定额解释中关于停工窝工计算办法，机械停置台班单价＝定额施工机械台班单价×60%；停（窝）工人工单价＝工程造价管理机构发布的工程所在地相应各种计日工人工单价＋相应工种定额人工单价×25%，计算出人工、机械停（窝）工费。停工人工工作日数为257.4个工作日。扣除72天中的15天春节假期，实际计算57天，计算停（窝）工损失合计1573612.11元。

▓‖风险分析‖▓

关于停（窝）工损失的计算方式和损失金额，首先是属于双方当事人可自行进行约定协商的范畴。停工损失发生后，若双方当事人对损失的计算方式或损失金额有约定，一般而言，法院会依照双方的约定来进行认定；其次，若双方当事人对本次的停工损失没有相应约定，但此前曾发生过类似的停工事宜，并约定了相应的停工损失计算标准，法院亦能参考双方当事人此前的约定来进行推算认定；再次，若双方当事人对停（窝）工损失确定不能达成一致的，法院也可以启动司法鉴定程序，将主张的停（窝）工损失进行鉴定，并根据鉴定机构的意见结合案件综合情况确定损失金额，这也是大部分法院会采取的确定停（窝）工损失的办法；最后，对于索赔材料依据不充分的，部分法院也会依照相关行业部门发布的工程量清单计价定额文件对停（窝）工损失予以确定。

八、应对指南

（一）施工单位要做好合同签订的风险防控

施工合同是整个项目施工最为重要的依据。无论是施工过程中的索赔还是工程竣工后的索赔，其处理过程、解决方式、具体金额的计算方法等，首先是看施工合同约定。施工单位与业主签订施工合同前，重点需关注以下涉及工程索赔的条款：

（1）索赔逾期类条款，此类条款需重点关注索赔的期限、期限起算时间以及逾期的后果。作为施工单位，适当增加索赔的期限有利于施工单位更充分地收集索赔资料，同时，也应尽量避免约定索赔逾期失权。

（2）索赔程序及签收类条款，此类条款需重点关注合同约定的索赔必要程序以及索赔资料的签收主体以及签收方式。作为施工单位，应力求约定的索赔程序简单易操作，并可尽量在约定指定接收人的同时增加送达条款，避免业主单位拒绝接收。

（3）逾期回复类条款，作为施工单位，应尽量与建设单位在专用合同条款部分约定业主逾期未回复索赔视为认可索赔内容的条款。

（二）施工单位要做好证据资料的固定与收集

证据资料是索赔能否成功的基础。索赔证据资料主要包括如下六类。

（1）合同类证据资料：招标投标文件、施工合同及附件、补充协议、备忘录、工程图纸、技术规范等。

（2）施工变更类证据资料：有关设计交底记录、变更图纸、变更指令等及其送达的日期、经发包方或监理工程师签认的签证。

（3）索赔项记录类证据资料：如工程停电、停水和干扰事件影响的日期和恢复的日期、监理例会纪要、施工日志、有关天气方面的温度、风力、雨雪等记录。

（4）因索赔事项发生造成的损失类资料：总体可以划分为人员、材料、机械这三大类的损失。就人员方面，需要收集因索赔事项导致增加的管理人员进出场记录、工资发放记录；就材料和机械方面，需要收集因索赔事项导致增加的材料设备进出场记录、采购或租赁合同、相应的付款凭证及开具的发票等。

（5）其他类证据材料：如工程验收报告及各项技术鉴定报告、抽查试验记录、工程验收记录、计量记录、日进度记录等工程日志、国家、省、市有关影响工程造价、工期的文件、规定等。

（6）在往来函件、监理例会、施工日志中增加索赔原因、索赔事项、索赔金额的描述。

（三）施工单位特别需要关注索赔的时限要求

在索赔事件发生后，施工单位应严格按照合同约定的索赔期限和索赔程序向发包人提出索赔意向，避免造成逾期失权的不利法律后果。

（四）施工单位报送索赔资料时需注意报送主体

尽量做到向合同约定的主体报送索赔资料。如接收索赔材料的主体授权确有问题，应要求发包人盖章确认或事后由有权代表补充签收；通过会议纪要、补充协议等方式亦可对索赔材料的有效送达进行补强。

（五）施工单位要做好索赔文书的制作

（1）在索赔事件发生后，要分析索赔事件产生的原因，划清各方责任，确定是否符合索赔条件。

（2）在基本符合索赔条件时，及时向对方提交索赔意向书。

（3）对索赔事件引起的损失或损害进行调查分析，确定工期索赔和费用索赔值，提供具体的计算过程和依据。

（4）根据合同约定的文件格式和流程，起草、确定最终索赔报告。编制索赔报告时需注意：

① 对索赔事件要叙述清楚明确，避免采用"可能""也许"等估计猜测性语言；

② 强调索赔事件的不可预见性和突发性，并且索赔方为避免和减轻该事件的影响和损失已经采取了能够采取的措施；

③ 明确全部责任在对方或者其他责任方；

④ 计算索赔金额时，要将计算的依据、方法、结果详细列明。

（六）施工单位应确保索赔有效送达

按照合同约定的送达地址向约定的主体提交索赔文件和索赔证明文件，并保存送达回执，送达回执应当清楚明确地记录送达文件内容、送达日期以及附件资料内容。

CHAPTER IV

第四篇

竣工验收与结算篇

项目施工结束后，施工单位须按照法律规定及合同约定申请办理竣工验收及结算。实践中，建设工程施工合同纠纷所涉工程款支付争议较多因验收或结算产生，施工企业在竣工验收及结算过程中做好风险防控，有助于自身合法权益的维护。

　　首先，对于施工单位来说，竣工验收往往与工程移交及风险转移、项目结算及付款、质量保修期间起算时间、工期延误责任等息息相关。其次，工程价款结算直接关乎着施工企业将获取的经济利益，关乎施工企业与建设单位之间债权债务的确认，原则上具有终局性，施工企业在建设工程价款结算过程中应关注合同效力对结算条款效力影响、结算依据及结算协议的风险防控。

　　本篇将通过相关案例，结合我国现行法律规定，阐述竣工验收阶段及建设工程结算阶段风险防控的相关问题。

第一章
竣工验收阶段的风险防控

竣工验收是指由建设单位、施工单位、勘察单位、设计单位、监理单位，以项目批准的设计任务书和设计文件，以及国家颁布的施工验收规范和质量检验标准为依据，按照一定的程序和手续，在项目建成并试生产合格后，对工程项目的总体进行检查和认证的活动。《最高人民法院新建设工程施工合同司法解释（一）理解与适用》对竣工验收的定义为："建设工程的竣工验收，是指建设工程全部建成后为检查工程质量而进行的一项工作程序，也是建设过程中最后一个工序，是全面考核基本建设工作，检查是否合乎设计要求和工作质量的重要环节，是房屋从建设生产转入使用的一个重要标志，交付使用的房屋必须经过这一环节。不管是新建、扩建、改建项目及技术改造项目一律要经过工程验收后，方可交付使用。"①

对于施工单位来说，竣工验收往往与工程移交及风险转移、项目结算及付款、质量保修期间起算、工期延误责任等息息相关。在工程完工后，施工单位在竣工验收阶段就发包人拖延验收、甩项竣工、资料移交、工程移交应注意风险防范。本章将通过相关案例，结合我国现行法律规定，阐述竣工验收阶段风险防控的相关问题。

---

① 最高人民法院民事审判第一庭编著：《最高人民法院新建设工程施工合同司法解释（一）理解与适用》，人民法院出版社 2020 年版，第 147 页。

第一节 发包人拖延验收的风险防控

一、竣工验收条件

竣工验收作为建设工程一个重要的节点，对于施工单位具有重要意义。根据《建设工程质量管理条例》第十六条以及《房屋建筑和市政基础设施工程竣工验收规定》（建质〔2013〕171号）第五条规定，工程竣工验收须符合下列条件：（1）完成建设工程设计和合同约定的各项内容。（2）施工单位在工程完工后对工程质量进行了检查，确认工程质量符合有关法律、法规和工程建设强制性标准，符合设计文件及合同要求，并提出工程竣工报告。工程竣工报告应经项目经理和施工单位有关负责人审核签字。（3）对于委托监理的工程项目，监理单位对工程进行了质量评估，具有完整的监理资料，并提出工程质量评估报告。工程质量评估报告应经总监理工程师和监理单位有关负责人审核签字。（4）勘察、设计单位对勘察、设计文件及施工过程中由设计单位签署的设计变更通知书进行了检查，并提出质量检查报告。质量检查报告应经该项目勘察、设计负责人和勘察、设计单位有关负责人审核签字。（5）有完整的技术档案和施工管理资料。（6）有工程使用的主要建筑材料、建筑构配件和设备的进场试验报告，以及工程质量检测和功能性试验资料。（7）建设单位已按合同约定支付工程款。（8）有施工单位签署的工程保修书。（9）对于住宅工程，进行分户验收并验收合格，建设单位按户出具《住宅工程质量分户验收表》。（10）建设主管部门及工程质量监督机构责令整改的问题全部整改完毕。（11）法律、法规规定的其他条件。

施工单位提起竣工验收的前提条件包括已完成所有施工任务、工程质量合格（责令整改的问题已全部整改完毕）、竣工资料完整并签署保修书。若施工单位提出竣工验收后，经监理单位审查未达到竣工验收条件的，监理人须通知还需完成的工作内容，施工单位应在完成监理单位通知的全部工作内容后，再次提交竣工验收申请报告。

二、工程竣工验收程序

竣工验收须经过严格的程序，根据《房屋建筑和市政基础设施工程竣工验收规定》第六条规定，工程竣工验收应当按以下程序进行："（一）工程完工后，施工单位向建设单位提交工程竣工报告，申请工程竣工验收。实行监理的工程，工程竣工报告须经总监理工程师签署意见。（二）建设单位收到工程竣工报告后，对符合竣工验收要求的工程，组织勘察、设计、施工、监理等单位组成验收组，制定验收方案。对于重大工程和技术复杂工程，根据需要可邀请有关专家参加验收组。（三）建设单位应当在工程竣工验收 7 个工作日前将验收的时间、地点及验收组名单书面通知负责监督该工程的工程质量监督机构。（四）建设单位组织工程竣工验收：1. 建设、勘察、设计、施工、监理单位分别汇报工程合同履约情况和在工程建设各个环节执行法律、法规和工程建设强制性标准的情况；2. 审阅建设、勘察、设计、施工、监理单位的工程档案资料；3. 实地查验工程质量；4. 对工程勘察、设计、施工、设备安装质量和各管理环节等方面作出全面评价，形成经验收组人员签署的工程竣工验收意见。参与工程竣工验收的建设、勘察、设计、施工、监理等各方不能形成一致意见时，应当协商提出解决的方法，待意见一致后，重新组织工程竣工验收。"

结合《建设工程施工合同（示范文本）》（GF—2017—0201）通用条款第13.2.2项，施工单位申请验收经监理人审查符合验收条件的，发包人应组织相关单位完成竣工验收，并在验收合格后向施工单位签发工程接收证书；验收不合格的，由监理人通知承包人对不合格工程返工、修复或采取其他补救措施后重新提交验收。

三、建设工程竣工验收的日期

建设工程中发包人与承包人会约定明确的工期，而工期的确定则主要根据开工时间和竣工时间。建设工程实际竣工日期，其法律意义涉及工程款结算与支付、工期违约以及风险转移等诸多问题。但工程竣工验收须经一定程序，根据《建设工程施工合同（示范文本）》（GF—2017—0201）第13.2.2项的规定，验收程序为承包人向监理人报送竣工验收申请报告后，监理人在收到后14天内完成审查，认为具备竣工验收条件的报送发包人，而发包人则在收到监理审核的竣工验收申请报告后28天内审批完毕并组织监理人、承包人、设计人等相关单位完成竣工验收。故从承包人认为具备验收条件并报送竣工验收申请报告后至实际竣工验收合格之日，可能存有一定时间间隔。此外，实践中也常发生发包人因各种情形拖延验收或未经验收擅自使用的情形。

就竣工时间争议的确定，根据《最高人民法院关于审理建设工程施工合同纠纷案件适用法律问题的解释（一）》第九条规定："当事人对建设工程实际竣工日期有争议的，人民法院应当分别按照以下情形予以认定：（一）建设工程经竣工验收合格的，以竣工验收合格之日为竣工日期；（二）承包人已经提交竣工验收报告，发包人拖延验收的，以承包人提交验收报告之日为竣工日期；（三）建设工程未经竣工验收，发包人擅自使用的，以转移占有建设工程之日为竣工日期。"

当对实际竣工日期有争议时，应区分不同情况进行分别处理。首先，工程通过竣工验收被认定合格的，以竣工验收合格的日期为实际竣工日期。其次，工程未经竣工验收的应分为两种情形：第一，承包人已经提交了竣工验收报告的（注意：本次竣工验收报告应理解为向承包人提出的申请竣工验收的报告），由于发包人原因拖延验收，以承包人提交竣工验收报告之日作为竣工日期；第二，承包人已经将工程交付给发包人后，未进行竣工验收时发包人擅自投入使用的，则认定转移占有建设工程之日为实际竣工日期。

施工单位向发包人提交申请竣工验收后，发包人不乏因各种原因拖延组织验收，导致工程迟迟不能进行竣工验收，或最终验收各方签字确认的竣工验收合格时间晚于承包人实际申请验收数日，而竣工验收的日期往往关系着：（一）施工单位是否逾期完工应否承担工期违约责任；（二）进度款支付比例及时间；（三）工程移交与接收，并影响着风险转移以及工程照管、成品保护、保管等与工程有关的各项费用承担；（四）影响施工单位后续结算推进。故竣工验收日期对于施工单位非常重要。本节我们将通过案例就施工单位遭遇发包人故意拖延验收情形下的风险防控。

四、风险提示：发包人拖延验收，承包人已提交竣工验收报告的，以承包人提交验收报告之日为竣工日期

案例

A 公司与 B 公司建设工程施工合同纠纷

基本案情

A 公司作为发包人、B 公司作为承包人分别就办公楼工程，宿舍楼、车库、锅炉房等工程签订建设工程施工合同。合同签订后，B 公司组织工程施工，后双方产生争议。2008 年 7 月 3 日，B 公司向 A 公司提交了竣工验收报告，但 A 公司拒绝竣工验收，拒不接收工程，系由于 A 公司原因导致工程未能交付使用。

法院裁判

根据《最高人民法院关于审理建设工程施工合同纠纷案件适用法律问题的解释》第十四条第（二）项规定①，当事人对建设工程实际竣工日期有争议的，承包人已经提交竣工验收报告，发包人拖延验收的，以承包人提交验收报告之日为竣工日期。关于案涉工程竣工日期的问题，案涉工程于 2008 年 6 月完工，B 公司于 2008 年 7 月 3 日将竣工验收报告提交给 A 公司。A 公司未组织竣工验收，合同约定的竣工日期为 2007 年 10 月 30 日，工程实际交付时间为 2011 年 5 月。案涉项目工程项目的竣工时间应认定为 2008 年 7 月提交竣工验收报告之日。

---

① 对应《最高人民法院关于审理建设工程施工合同纠纷案件适用法律问题的解释（一）》第九条。

▨‖ 风险分析 ‖▨

司法实践中，竣工日期关系着工程进度款支付、竣工结算、质量保修期起算及保修金的返还时间、工期逾期责任等，因此该日期的界定十分关键。根据《最高人民法院关于审理建设工程施工合同纠纷案件适用法律问题的解释（一）》第九条规定以及《建设工程施工合同（示范文本）》（GF—2017—0201）通用条款第 13.2.3 项竣工日期"工程经竣工验收合格的，以承包人提交竣工验收申请报告之日为实际竣工日期，并在工程接收证书中载明；因发包人原因，未在监理人收到承包人提交的竣工验收申请报告 42 天内完成竣工验收，或完成竣工验收不予签发工程接收证书的，以提交竣工验收申请报告的日期为实际竣工日期。"

由此，在工程完工后，应首先由承包人在自检合格后向监理人提交竣工验收报告申请验收。如在承包人已经提交竣工验收报告后，发包人拖延验收的，法院原则上会认定以承包人提交验收报告之日为竣工日期。

五、风险提示：承包人应及时提交竣工验收报告，否则承包人可能承担逾期竣工违约责任

> 案例

某房地产公司与某建设公司建设工程施工合同纠纷一案

基本案情

某房地产公司作为某高层综合楼工程的建设单位，就该工程进行招标投标，后确定某建设公司为中标单位。双方签订建设工程施工合同，合同约定开工日期为 2006 年 2 月 8 日，竣工日期为 2007 年 12 月 28 日，合同工期总日历天数为 680 天。合同明确工程完工后由承包人递交竣工验收报告，发包人收到竣工验收报告后应及时组织有关单位进行工程竣工验收，工程未按规定如期竣工，根据逾期情形需承担的违约责任。此后，双方因

工程价款支付、违约赔偿责任等发生争议，某房地产公司称竣工日期应为
2008 年 12 月 30 日，某建设公司则称其施工的工程已于 2008 年 3 月 31 日
完工并移交给某房地产公司。

法院裁判

关于案涉工程竣工日的认定及逾期责任问题。法院认为：双方当事人
于 2008 年 3 月 31 日形成的会议纪要明确"自即日起，项目工程管理由甲
方负责，乙方积极配合"，某建设公司认为该日即为其工程移交之日，但
某建设公司在庭审中明确此前其并未提交竣工验收报告，发包人也未进行
擅自使用。因此，某建设公司以该日作为案涉工程竣工日与相关规定不
符，现案涉工程实际于 2008 年 12 月 30 日验收合格。

关于某建设公司施工工期是否存在迟延问题，法院认为该会议纪要可
以证明某建设公司已于 2008 年 3 月 31 日将其施工工程移交给了某房地产
公司。某建设公司称该工期迟延责任在某房地产公司，但某建设公司未能
提交相应证据，其要求工期顺延依据不足。

根据合同约定，"工程完工后，由承包人递交竣工验收报告，……承
包人递交报告之日即为工程竣工日"，现某建设公司称其已于 2008 年 3 月
31 日完工，则某建设公司理应及时递交竣工报告。但根据庭审中双方当事
人的陈述，结合 2008 年 9 月 18 日会议纪要内容，某建设公司未及时提供
验收资料，导致竣工验收延后。法院最终判令因迟延交房造成的损失及工
程延期造成的监理费损失酌情由某建设公司承担 60％ 的责任。

▒▓ 风险分析 ▓▒

（一）工程已交付也应及时提交竣工验收报告

本案中，工程于 2008 年 3 月 31 日移交给某房地产公司管理，因某建
设公司在庭审中明确此前其并未提交竣工验收报告，法院认为某建设公司
在工程完工后理应及时递交竣工报告因未及时提供资料导致竣工验收延
后，最终认定竣工日期为 2008 年 12 月 30 日，判决某建设公司对某房地产
公司就工程逾期竣工的损失承担 60％ 的责任。

根据《建设工程施工合同（示范文本）》（GF—2017—0201）第 13.2.2

项的规定，验收程序首先应由承包人向监理人报送竣工验收申请报告。即使在工程已经移交发包人管理情形下，因不一定构成发包人"擅自使用"，承包人未报送竣工验收报告及资料，导致竣工验收延后的，实践中承包人也可能承担违约责任。

（二）工程交付与擅自使用

事实上，本案中工程已于 2008 年 3 月 31 日完工并移交给某房地产公司，但法院认为发包人未使用，故未适用《最高人民法院关于审理建设工程施工合同纠纷案件适用法律问题的解释（一）》第九条规定的"（三）建设工程未经竣工验收，发包人擅自使用的，以转移占有建设工程之日为竣工日期。"

关于在工程已经交付发包人情形下是否构成"擅自使用"，通常认为对于"擅自使用"可以从"擅自"和"使用"两个方面理解，实务中有着不同观点。

1. 关于"擅自"的理解

一种观点认为，"擅自"系发包人未经同意而单方使用的行为，如若建设工程未经竣工验收，发包人取得承包人同意后使用，不属于擅自使用。另一种观点认为，"擅自"是指发包方未经竣工验收或未经竣工验收合格即投入使用的行为，无论承包人是否同意。

《民法典》第七百九十九条第二款规定："建设工程竣工经验收合格后，方可交付使用；未经验收或者验收不合格的，不得交付使用。"《建筑法》第六十一条第二款规定："建筑工程竣工经验收合格后，方可交付使用；未经验收或者验收不合格的，不得交付使用。"《建设工程质量管理条例》第十六条第三款规定："建设工程经验收合格的，方可交付使用。"从以上规定可知，竣工验收是发包人的法定义务，竣工验收合格是建设工程合法使用的前提条件。建设工程的质量关系到社会公共安全和人民的生命财产安全，发包人取得同意后使用不属于"擅自使用"的观点背离了法律的立法原意。

2. 关于"使用"的理解

一种观点认为，发包人在物理上占有或控制了建设工程即视为"使用"；另一种观点认为发包人需按照建设工程的通常用途进行使用，发挥该建筑物应有的作用或功能的才认定为"使用"。

根据《建设工程施工合同纠纷案件适用法律问题的解释（一）》第十四条中的规定："建设工程未经竣工验收，发包人擅自使用后，又以使用部分质量不符合约定为由主张权利的，人民法院不予支持。"就"使用"的理解，我们倾向于认为其系指发包方按照建设工程的用途及功能运行或运营使用的行为。

综上所述，即使工程已经完工交付，不必然构成发包方"擅自使用"，为避免拖延竣工验收对承包人的不利影响，承包人应及时向发包方提交申请竣工验收的报告及资料。

六、风险提示：发包人怠于组织竣工验收，应当视为工程已经竣工验收合格

案例

某建设公司、某电子公司建设工程施工合同纠纷

基本案情

某电子公司与某建设公司签订《某电子公司公共租赁住房（保障房）合同协议书》，将公共租赁住房（员工宿舍楼）建设工程承包给某建设公司建设施工，工程承包范围为施工图范围内所有内容；计划开工日期2015年6月6日，计划竣工日期2016年3月30日，工期总天数296天。补充协议约定完成所有合同约定所有工程量后30日内提交验收工作，发包人应在收到验收申请的30日内组织验收。发包人拖延组织验收，自承包人提交验收申请之日起超过30日视为验收完成，达到协议约定的支付条件，如验收不合格，某建设公司返工返修，直到验收合格。2018年11月5日，某建设公司向某电子公司送达《申请某电子公司非标准项目办公楼建设工程进行验收函》。

法院裁判

该案争议焦点为本案是否存在发包人故意拖延验收的情形，对于某建设公司请求支付的工程款及利息、违约金应否支持。法院认为建设工程竣工后，发包人应当按照相关施工验收规定对工程及时组织验收，该验收既是发包人的权利，亦是发包人的义务。本案中某建设公司主张其已完成案涉工程，并向某电子公司提交竣工报告，提出验收申请，但某电子公司拖延不组织竣工验收。某电子公司在某建设公司完工后应及时组织验收，如存在工程质量问题应及时告知某建设公司处理。现某电子公司怠于组织竣工验收，消极阻止合同约定付款条件的实现，应当视为工程已经竣工验收，合同约定的付款条件成就。案涉补充协议对此约定为"甲方拖延组织验收，自乙方提交验收申请之日起超过 30 日视为验收完成"，本案中某建设公司以提交竣工报告的时间 2018 年 11 月 3 日，推后 30 日主张 2018 年 12 月 2 日视为验收合格，不违反法律规定和合同约定，应予支持。现案涉工程视为验收合格，支付工程结算价款的条件已经成就。最终根据"工程验收完成（或视为验收完成）14 日内，甲方支付全部剩余工程款（含签证费用，不含质保金）"的约定，支持了某建设公司上诉要求按照此协议约定自 2018 年 12 月 16 日支付欠付工程款利息及违约金。

风险分析

《民法典》第七百九十九条规定："建设工程竣工后，发包人应当根据施工图纸及说明书、国家颁发的施工验收规范和质量检验标准及时进行验收。验收合格的，发包人应当按照约定支付价款，并接收该建设工程。"

《民法典》第一百五十九条规定："附条件的民事法律行为，当事人为自己的利益不正当地阻止条件成就的，视为条件已经成就；不正当地促成条件成就的，视为条件不成就。"

《建设工程质量管理条例》第十六条第一款规定："建设单位收到建设工程竣工报告后，应当组织设计、施工、工程监理等有关单位进行竣工验收。"

根据前述规定，发包人组织验收既是权利也是应履行的义务，司法实践中，在承包人按约定提交竣工验收报告后，法院会综合发包人拖延验收的情形，综合判断发包人是否怠于履行义务，消极阻止合同约定付款条件的实现，进而判断合同约定的付款条件是否成就。所以，在发包人拖延验收时，承包人于竣工验收报告提交后达到一定期限，则可积极提交竣工结算资料，要求进行竣工结算与付款。

七、风险提示：发包人拖延验收，但承包人未提交结算报告，应付款日可确定为起诉之日

案例

某装饰公司、某制药公司建设工程施工合同纠纷

基本案情

原告某装饰公司与被告某制药公司签订了《建设工程施工合同》。合同第 32.2 款约定"发包人收到竣工验收报告后 28 天内组织有关单位验收，并在验收后 14 天内给予认可或提出修改意见。承包人按要求修改，并承担由自身原因造成修改的费用。"第 32.3 款约定"发包人收到承包人送交的竣工验收报告后 28 天内不组织验收，或验收后 14 天内不提出修改意见，视为竣工验收报告已被认可。"第 33.3 款约定"发包人收到竣工结算报告及结算资料后 28 天内无正当理由不支付工程竣工结算价款，从第 29 天起按承包人同期向银行贷款利率支付拖欠工程价款的利息，并承担违约责任。"

合同签订后，某装饰公司组织人员进场施工。2018 年 5 月 7 日，某装饰公司向某制药公司提交工作联系单，载明"……根据贵某某已确认的《陕西某制药公司某基地中药粗提精制车间-A、B 外檐幕墙工程》施工图纸，我司按照合同约定，已完成所有的分部分项工程并已自检完成，恳请贵某某尽快依照合同组织竣工验收……"

法院裁判

法院认为，从原告与被告某制药公司 2018 年 5 月 7 日的工作联系单中

明确记载"……我司按照合同约定，已完成所有的分部分项工程并已自检完成，恳请尽快依照合同组织竣工验收……"来看，原告已经向被告发出了验收申请。根据合同约定，被告某制药公司作为发包人，组织竣工验收既是其权利，也是其义务，被告怠于行使该权利既损害自身利益，也损害了原告利益，同时亦不符合商业惯例，由此产生的不利后果应当自负。某制药公司在认可竣工验收报告后 28 天内原告应向其递交竣工结算报告，被告一未按约定组织竣工验收，原告无法按照约定提交竣工结算报告，致本案工程价款未经结算，至起诉之日原告才提交竣工结算报告，故应付款时间可确定为当事人起诉之日。

风险分析

如前述分析，发包人怠于组织竣工验收，消极阻止合同约定付款条件实现的，应当视为工程已经竣工验收，合同约定的付款条件成就。本案中某装饰公司在提交了竣工验收报告后，发包人某制药公司存在拖延验收情形，某装饰公司并非无法按照约定提交竣工结算报告。事实上，某装饰公司在某制药公司超出合同约定的期限仍未组织竣工验收后，可以积极采取措施，包括提交结算材料、固定工程移交证据、积极主张工程价款。

根据《最高人民法院关于审理建设工程施工合同纠纷案件适用法律问题的解释（一）》第二十七条规定："利息从应付工程价款之日开始计付。当事人对付款时间没有约定或者约定不明的，下列时间视为应付款时间：（一）建设工程已实际交付的，为交付之日；（二）建设工程没有交付的，为提交竣工结算文件之日；（三）建设工程未交付，工程价款也未结算的，为当事人起诉之日。"

如若某装饰公司在合同约定的验收期限届满，发包人某制药公司仍未组织验收的情形下，及时提交结算资料要求进行结算，或固定工程移交时间节点证据，则可主张利息从建设工程交付之日或提交竣工结算文件之日起计算。但某装饰公司于起诉之日才提交竣工结算报告，也未证明工程交付的具体日期，故最终法院判决应付款时间确定为当事人起诉之日，利息亦从起诉之日起开始计算。

八、应对指南

（一）签署施工合同前仔细核查合同验收条款，必要时在专用条款中约定发包方拖延验收情形如何处理

签署合同前，承包方应仔细核查合同版本是否使用了示范文本，验收条款是否有调整与改动，在合同条款中明确约定：（1）发包人在承包人递交验收报告后固定期限内组织验收，如示范文本通用条款13.2.2竣工验收程序；（2）监理人审查后认为已具备竣工验收条件的，应将竣工验收申请报告提交发包人，发包人应在收到经监理人审核的竣工验收申请报告后28天内审批完毕并组织监理人、承包人、设计人等相关单位完成竣工验收；（3）约定发包人在收到竣工验收报告后一定期限内，未组织验收或未提出异议的，视为案涉工程验收合格。

（二）承包人在工程完工、具备验收条件时，应及时主动向发包人提交竣工验收报告

根据《最高人民法院关于审理建设工程施工合同纠纷案件适用法律问题的解释（一）》第九条第（二）项规定："承包人已经提交竣工验收报告，发包人拖延验收的，以承包人提交验收报告之日为竣工日期。"故在工程完工、具备验收条件时，承包人应及时主动向监理人、发包人提交验收报告，说明已经完工并自查合格，提请发包人组织验收。承包人提交竣工验收报告后，即使发包方故意拖延不验收，也不影响该报告的效力，若承包人没有提交竣工验收报告，承包方的竣工日期存在争议，应根据该规定将参照验收合格之日或发包方擅自使用之日等标准确认竣工日期。

（三）承包人提交竣工验收报告时需有意识地保留提交及签收证据

承包人提交验收报告之日在发包人拖延验收情形下，将被视为竣工日期。实践中常常出现承包人虽然提交了竣工验收报告，但是未要求监理人或发包人出具签收文件，或者项目人员变动微信、短信信息无法提取，导致发生争议时无法有效地证明提交了竣工验收报告和提交时间。由此，承

包人应有意识保留已经提交了竣工验收报告，以及提交的日期的有效证据；首先，纸质版验收报告及资料需取得监理人、发包人签收记录，并及时归档；其次，若无法取得纸质版签收记录时，用邮政快递方式向监理人、承包人再次提交，明确注明邮寄内容为"竣工验收报告"，保留邮寄凭证及邮寄跟踪签收记录；再次，同时可使用电子邮件、微信等方式向监理人、承包人指定送达联系人或法定代表人发送并保存发送记录。

（四）承包人应当留意其他相关情况

在承包方没有向发包方提交竣工验收报告情形下，若发包方擅自使用，根据《最高人民法院关于审理建设工程施工合同纠纷案件适用法律问题的解释（一）》第九条第（三）项规定，建设工程转移占有的日期视为竣工日期。此时，承包方须注意收集发包方擅自使用的相关证据，如有关竣工验收内容的新闻、微信公众号、开业宣传、销售传单及其他形式的广告等，以备后续维权所需。

（五）发包人拖延验收，承包人可积极主张结算及付款

通常来说，工程结算及付款前提往往为工程竣工验收合格，但在发包人故意拖延验收以拖延结算及付款的情形下，承包人可在提交竣工验收报告或发现发包人有视为竣工验收其他情形时，积极主张结算及付款。包括通过向发包人的上级主管部门反映情况，要求主管部门干预协调，或者向人民法院起诉请求发包人依法支付工程款项等。

第二节　甩项竣工验收的风险防控

一、关于甩项

（一）概念

"甩项"一词为建筑行业用语，一般指工程主要部分已经完成施工并且能够发挥主要功能，但部分设施尚未施工完毕或存在缺陷，而工程项目为了尽早交付使用或基于其他原因，发承包双方把按照施工图要求还没有

完成的某些工程项目部分甩下，而对整个单位工程先行验收。其甩下的工程细目，称甩项工程。通俗地说，甩项是部分工程通过验收先行交付使用，未通过验收的部分工程甩下，等到符合条件时再验收。

我国法律和行政法规对甩项竣工没有明确的规定，但建设工程施工合同示范文本中有相应规定。《建设工程施工合同（示范文本）》（GF—2017—0201）通用条款第13.2.1项竣工验收条件规定："工程具备以下条件的，承包人可以申请竣工验收：（1）除发包人同意的甩项工作和缺陷修补工作外，合同范围内的全部工程以及有关工作，包括合同要求的试验、试运行以及检验均已完成，并符合合同要求；（2）已按合同约定编制了甩项工作和缺陷修补工作清单以及相应的施工计划；（3）已按合同约定的内容和份数备齐竣工资料。"

第14.3款甩项竣工协议约定："发包人要求甩项竣工的，合同当事人应签订甩项竣工协议。在甩项竣工协议中应明确，合同当事人按照第14.1款〔竣工结算申请〕及第14.2款〔竣工结算审核〕的约定，对已完合格工程进行结算，并支付相应合同价款。"

在工程实践中，常见的甩项工程主要有如下几种：（1）漏项工程；（2）由于缺少某种材料、设备或其他原因造成的未完工程；（3）验收过程中检查出来的需要返工或进行修补的工程；（4）承包人严重拖延工期但发包人急于使用的工程；（5）其他发包人同意进行甩项的工程。甩项验收往往通过发包人与承包人就甩项竣工验收事宜进行协商达成合意并签订甩项验收协议的方式来实现。

（二）甩项的性质

1. 甩项的性质

甩项本质上构成对原来施工合同的变更，因施工过程中的各种原因，发包人要求甩项、取消承包人的部分工作，这些行为将引起合同内容、合同价格，乃至结算、清算条款等的变更。

2. 甩项与部分工作取消

工程实践中，除了甩项之外，发包人对工程施工经常行使的另一项权利为"部分工作取消"，从形式上看，甩项与施工合同履行期间部分工作取消存在一定的相似性，都是合同约定中的部分工作量的减少。但两者也有区别：第一，就整个工程而言，甩项工程最后往往仍需继续进行施工；部分工作取消后被取消的工作则不再进行施工，无须继续履行；第二，甩项工程通常仍属于承包人的施工范围，纳入承包人管理，除特殊情形下发包人后续交由第三方施工外，仍由承包人在条件成就时对甩项部分继续施工，承担一定的责任；部分工作取消后，相关工作内容不再属于承包人的施工范围，承包人不对该部分工程承担任何责任。

（三）甩项验收的合法性

《建设工程质量管理条例》第十六条第二、三款对建设工程验收必须具备的条件作出了明确规定："建设工程竣工验收应当具备下列条件：（一）完成建设工程设计和合同约定的各项内容；（二）有完整的技术档案和施工管理资料；（三）有工程使用的主要建筑材料、建筑构配件和设备的进场试验报告；（四）有勘察、设计、施工、工程监理等单位分别签署的质量合格文件；（五）有施工单位签署的工程保修书。建设工程经验收合格的，方可交付使用。"

建设工程在进行甩项验收时，事实上并未完成建设工程设计和合同约定的全部工作内容，并不满足前述相关规定对建设工程竣工验收的条件要求。在当前建设工程施工实践中，若建设行政主管部门不主动干预，相关建设工程项目一般能够进行甩项验收，但只能对少部分扫尾工程、零星工程等细目工程进行甩项。

（四）适用甩项验收的情形

工程实践中，适用甩项竣工验收的情形主要有以下两种。

1. 合意的"甩项竣工验收"

发包人与承包人依据合同约定，就甩项事宜达成合意，签订甩项协议约定甩项竣工事宜，或即便未明确约定甩项竣工，但就甩项工程达成合意并最终验收合格，该情形为甩项竣工验收。但需要注意的是，甩项协议中，若明确约定甩项验收不是竣工验收，仅为中间验收的，则非甩项竣工验收合格。

2. 推定的"甩项竣工验收"

此类情形为竣工验收前，发包方与承包方虽然未就甩项达成合意未签订相关协议确认，但在承包方有施工范围内工作未完成的情况下，发包方组织竣工验收并验收合格的，推定为甩项竣工验收合格。

（五）甩项验收后的工程价款结算

竣工验收往往与工程款结算和支付相关，甩项验收后，工程价款结算一般有以下两种方式：一是甩项验收协议有约定的，按照协议约定结算；二是无甩项协议或甩项协议中未明确约定结算方式的，实务中可以依据施工合同约定参照未完工程结算方式的规定进行结算。

各地法院对于未完工程的结算方式，部分出具了相关指导意见作为参考，常见的结算方式包括：已完工部分工程量占比折算；已完工部分价款占比折算；比照包干价下浮一定比例折算等。

1. 四川、江苏等地对于未完工程的结算，可以按已完工部分工程量占合同约定总工程量比例进行折算

重庆市高级人民法院、四川省高级人民法院《关于审理建设工程施工合同纠纷案件若干问题的解答》第十五条解答认为："建设工程施工合同约定工程价款实行固定总价结算，在未全部完成施工即终止履行，已施工部分工程质量合格，承包人要求发包人支付工程价款的，可以采用"价款比例法"的方式，由鉴定机构根据工程所在地的建设工程定额及相关配套文件确定已完工程占整个工程的比例，再用合同约定的固定总价乘以该比例确定发包人应付的工程价款。"

江苏省高院《建设工程施工合同案件审理指南》第七条建设工程施工合同工程款的认定中规定："在工程没有全部完工的情况下，有两种不同的方式来确认工程款，一是根据实际完成的工程量，以建设行政管理部门颁发的定额取费，核定工程价款，并参照合同约定最终确定工程价款；此时，对工程造价鉴定不涉及甩项部分，只需鉴定其完工部分即可。二是确定所完工程的工程量占全部工程量的比例，按所完工程量的比例乘以合同约定的固定价款得出工程价款。此时，对工程造价鉴定涉及甩项部分，即对案涉工程总造价进行鉴定。第一种方法较为经济，也是较为常用的一种方法，一般用于工程没有总体竣工验收；第二种方法鉴定费用较高，一般用于工程竣工验收合格。上述两种方式均具有一定的合理性，应尽量寻求双方当事人意见的一致，如无法取得一致时由人民法院酌情确定。"

2. 北京等地可以按已完工部分价款占合同约定总工程价款比例进行折算已完工程价款

《北京市高级人民法院关于审理建设工程施工合同纠纷案件若干疑难问题的解答》（京高法〔2012〕245号）第十三条解答认为："建设工程施工合同约定工程价款实行固定总价结算，承包人未完成工程施工，其要求发包人支付工程款，经审查承包人已施工的工程质量合格的，可以采用"按比例折算"的方式，即由鉴定机构在相应同一取费标准下分别计算出已完工程部分的价款和整个合同约定工程的总价款，两者对比计算出相应系数，再用合同约定的固定价乘以该系数确定发包人应付的工程款。"

3. 重庆等地可按定额计算工程款后比照包干价下浮一定比例折算已完工程价款

《重庆市高级人民法院关于当前民事审判若干法律问题的指导意见》关于建设工程施工合同纠纷案件的处理中提出："建设工程合同中当事人约定按固定价结算，或者总价包干，或者单价包干的，承包人按照合同约定范围完工后，应当严格按照合同约定的固定价结算工程款。如果承包人中途退出，工程未完工，承包人主张按定额计算工程款，而发包人要求按定额计算工程款后比照包干价下浮一定比例的，应予支持。"

二、甩项竣工验收的风险防控

（一）风险提示：书面协议未对甩项内容、范围、继续施工等进行约定的，施工方将承担工期延误责任

案例

某建设工程公司、某投资公司建筑工程施工合同纠纷

基本案情

某市体育运动委员会与某投资公司进行投资合作，由某投资公司负责

投资建设并承包经营某地块上的建筑及其配套设施。后某投资公司将案涉工程发包给某建设工程公司，后因逾期竣工某建设工程公司被某投资公司起诉要求承担逾期竣工违约金。某建设工程公司认为依据某投资公司发送的《施工联系单》中"水电、消防（含通风及排烟）系统均按设计施工"的内容，系指"甩项"的水电、消防等工程恢复按设计施工，并因"甩项"施工影响工期。

法院裁判

关于未予认定案涉工程存在重大设计变更、增加"甩项"施工等是否造成工期延误等事实的问题。法院认为双方未明确约定不予施工的工程内容，仅凭《施工联系单》中"按设计施工"的表述并不足以证明水电、消防工程即为某投资公司之前要求甩项的项目内容，亦无法确证由此增加的工程数量与延期天数。此外，某建设公司并未提供证据证明其曾就甩项工程恢复施工所导致的工期延长与某投资公司有过协商洽谈，或经监理单位审核确认，该情形既不符合双方的合同约定，亦有违常理。故对某建设公司提出的因"甩项"施工造成工期延误的主张不予支持。

▧▧ 风险分析 ▧▧

为了避免因甩项竣工产生争议，施工合同示范文本中明确约定若出现甩项竣工验收的情况，双方应签署甩项竣工协议。本案中，因双方未签订甩项协议明确甩项内容、范围、后续施工等事项，施工单位也未在后续施工过程中保留明确证据证明因甩项施工，或就工期事宜进行协商，最终未被法院认可其系甩项施工造成工期延误，而被判决施工单位承担逾期竣工违约金。

为避免类似本案的不利后果，在项目出现需甩项验收情形时，施工单位应高度重视与建设单位对甩项竣工事宜进行沟通，并签署书面甩项协议，明确工程甩项竣工原因、工程甩项部位及清单工程量、甩项工程后续施工、甩项工程竣工验收时间、竣工验收合格后人员管理和现场管理、甩项工程结算方法、质量保修期和工程缺陷责任期等。

（二）风险提示：施工单位对甩项工程后续施工未保留证据致工程款未被支持

案例

某建设公司、某投资公司建设工程施工合同纠纷

基本案情

某建设公司作为承包方与发包方某投资公司签订承包协议，承建某小区。施工过程中，某投资公司多次进行设计变更，增加工程量。从 2015 年 1 月 17 日至 2016 年 6 月 13 日，某建设公司陆续向某投资公司交付了案涉房屋。后某建设公司请求某投资公司支付包括甩项工程在内的工程款及逾期利息，而某投资公司主张应扣除甩项工程量对应价款。

法院裁判

法院认为某投资公司提供的资料证明工程存在甩项及整改等多个问题，应从工程款中扣除。地下车库供热主管道安装工程造价为 1129256.97 元，某建设公司未施工，故对供热主管道 1129256.97 元予以扣除。某投资公司提交的证据证明工程存在甩项及整改等多项问题，某建设公司未提交该公司就上述项目施工的证据，故判决将上述项目工程量从工程总造价中予以扣减。

风险分析

本案中，施工企业认为对甩项工程进行了施工，并要求发包方支付该部分工程款，但因没有提供施工证据，导致该部分工程款未被支持。

一般情形下，工程甩项竣工验收后，往往需要后续继续施工，除特殊情形下发包人交由第三方继续施工外，仍由承包人在条件成就时对甩项部分继续施工并承担一定的责任。对甩项工程后续施工，施工企业应注意留

存相关施工证据，包括施工资料、相关的会议纪要、签证单、施工日志、质量验收报告、结算单以及双方往来函件等，否则，如无法提供相关甩项工程施工证据，将导致施工企业就甩项部分工程款被扣减的不利后果。

（三）风险提示：发包人或第三方继续施工的，承包人提供配合基础上有权收取总包配合费

> 案例

某置业公司、某工程公司建设工程施工合同纠纷

基本案情

某工程公司起诉要求某置业公司支付人工费差额、安全文明措施费差额，以及甩项工程施工过程中总承包管理费及施工配合费。某置业公司认为对于甩项部分，某工程公司没有施工，双方对该部分工程量并未进行核对，计费范围也存在争议，不应支付。

法院裁判

某工程公司作为总承包方，有权就业主甩项工程收取施工配合费。本案中，某置业公司作为发包方负有提供分包项目结算资料的义务，在某置业公司未提供完整分包项目结算资料，且某置业公司未就某工程公司单方计算得出的配合费数额提供相反证据证明的情形下，法院在考虑诉讼成本基础上支持某工程公司单方就甩项部分进行审计得出的费用数额。

▓▏风险分析▏▓

甩项竣工后，就甩项工程后续施工，原则上由承包人继续施工，但在特殊情形下，发包方基于各种考虑或者基于施工客观情况无法继续施工情形下，不排除另行发包给第三方施工的可能。第三方施工过程中，如需总

包单位的配合及协助，要求总包单位提供施工便利条件，如提供临时设施、水电、道路、脚手架、垂直运输机械等配合措施的，总承包方可要求收取总包配合费。

（四）风险提示：甩项验收后，参照工程验收后付款比例支付工程款

案例

某房地产开发中心、某工程有限公司建设工程施工合同纠纷

基本案情

某房地产开发中心与某工程有限公司签订《某市建设工程施工合同》，合同约定某工程公司承包某商品住房项目住宅工程，合同开工日期 2011 年 8 月 4 日，竣工日期 2012 年 10 月 31 日。工程款（进度款）支付时间为发包人每月接到承包人提交的已完工程量报告后十日内，审核确认完毕并按照承包人实际完成工程应付款的 70％支付工程款；工程竣工验收合格后 10 日内，发包人累计向承包人付款至合同总价的 90％工程款。合同签订后，承包人按照合同约定的开工日期开始施工。2014 年 1 月 17 日，工程进行甩项验收，某工程公司、某房地产中心以及工程勘察单位、设计单位、监理单位共同签订竣工验收单。某工程公司起诉要求某房地产中心按照合同约定支付 90％工程款以及逾期付款违约金。某房地产中心认为不能认定 2014 年 1 月 17 日为案涉工程的竣工验收日，不应支付 90％的工程款以及逾期付款违约金。

法院裁判

法院认为双方竣工验收为甩项验收，竣工验收为双方在履行合同中达成意思表示一致的确认，对于案涉工程已经完成竣工验收。2014 年 1 月 17 日竣工验收单上有某工程公司、某房地产中心、案涉工程勘察单位、设计单位、监理单位共同确认，同日 4＃楼单位（子单位）工程质量竣工验收

记录、单位（子单位）工程质量竣工验收报告均显示 4♯楼竣工验收时间为 2014 年 1 月 17 日，案涉工程竣工验收日期应为 2014 年 1 月 17 日，甩项竣工验收为双方真实意思表示。双方在通用条款第 32.7 款中亦约定："因特殊原因，发包人要求部分单位工程或工程部位甩项竣工的，双方另行签订甩项竣工协议，明确双方责任和工程价款的支付方法。"现双方并未对甩项工程中涉及的权利义务和工程价款支付方式作出明确约定。法院认为某房地产中心作为发包人，对承包人已经建设完成的工程支付相应价款是其基本合同义务。案涉工程甩项验收是双方在合同履行过程中的变更，双方对甩项验收后工程款如何支付没有达成新的约定……在甩项的工程因某房地产中心原因不确定何时能够继续施工的情况下，参照合同关于竣工验收的约定确定工程款付款进度及相应责任，符合建设工程合同的本质特征和公平原则，亦不违背双方当事人的本意。故法院判决认定已完工程的竣工验收时间为 2014 年 1 月 17 日，并以此确定付款进度和逾期付款违约金。

▓▓ 风险分析 ▓▓

目前司法实践中，针对甩项验收系部分验收还是整体验收，工程款支付比例应按照进度款比例支付还是验收款比例支付存在两种不同观点。

一种观点认为，甩项验收仅系部分工程的验收，并非整体工程的最终竣工验收，就整体工程来说，因存在部分甩项的工程尚未竣工验收，故工程并未全部竣工验收，工程整体实际的竣工验收合格时间应以甩项工程后续施工完毕后，整体竣工验收合格时间来最终确定。

另一种观点认为，甩项验收应被视为发包人与承包人对原承包合同中工程内容的变更，双方签署甩项竣工协议系对已完成的部分工程的变更协议，进行甩项验收即为发包人对工程进行整体、终局的竣工验收，该验收合格时间即为工程整体、终局的竣工验收合格时间。而对于甩项工程，应待其施工完成后再就该部分工程进行竣工验收，本案裁判观点即持该观点。

结合本案例，笔者更倾向于第二种观点，即甩项竣工协议系发包、承包双方对原合同工程内容的变更。甩项竣工验收合格的时间即为工程最终竣工验收合格的时间，双方应予以遵守；双方对甩项工程之外的工程进行了竣工验收，若经竣工验收合格，则承包人有权就除甩项工程之外的部分工程要求发包人支付工程款。甩项工程后续施工完成后，仅需对甩项部分进行验收、结算及支付。否则，若因发包人原因，工程无法全部完工，则无法整体竣工验收的过错责任在于发包人。此时若仍认定甩项验收系部分工程的验收，并非工程最终验收从而拒不结算工程款，对于承包人而言有失公平。

（五）应对指南

1. 甩项只能是针对少部分扫尾工程、零星工程等细目工程，充分判断甩项竣工是否符合竣工验收的规定

如前所述，甩项竣工系对合同的变更，甩项只能是针对少部分扫尾工程、零星工程等细目工程，不能是针对建设工程主体或其他重要施工内容。故在工程需甩项验收情形下，无论是发包方还是承包方均应充分判断甩项竣工是否符合竣工验收规定。"甩下"的是否为建设工程主体或其他重要施工内容，甩项后是否符合前文提到的《建设工程质量管理条例》第十六条对建设工程验收必须具备的条件的相关规定，是否符合《房屋建筑和市政基础设施工程竣工验收备案管理办法》（住房和城乡建设部令第 2 号）第五条对建设单位办理工程竣工验收备案应当提交文件的要求。否则，若甩项竣工不符合竣工验收的规定，无法达到通过甩项完成对整个单位工程先行竣工验收的目的，可能无法顺利完成工程竣工验收备案，甚至可能触及经招标投标工程的施工合同实质性内容变更导致的不利影响。

2. 承包人应注意就甩项竣工验收与发包人签订书面甩项竣工协议

根据《建设工程施工合同（示范文本）》（GF—2017—0201）第 14.3 款，结合前文施工方因未签署甩项协议后续施工被认定为工期延误，进而承担违约责任的案例，甩项竣工验收时，建议承包方应注意与发包方签订"甩项竣工协议"，对甩项相应内容进行明确约定。

（1）明确甩项竣工验收的原因：如因发包人无法提供材料暂无法施工、发包人装修方案变更所需定制施工材料暂无法施工等情形，选择暂停施工"甩项竣工验收"待条件成就时继续施工的，则建议承包人在"甩项协议"中详细写明甩项竣工验收的原因。

（2）明确甩项竣工验收的工程概况：为避免就甩项竣工验收事宜产生

争议，与承包人对甩项竣工验收工程的工程名称、工程地点、工程范围等工程概况作出明确说明。

（3）明确约定工程系甩项验收，并约定"甩项工程"的范围，附工程量清单。

（4）明确甩项工程后续施工：通常情况下，甩项工程仍由承包人施工，但也有可能交由第三人施工或者发包人自行施工，甚至不再施工，协议可明确后续施工相关事宜及施工工期等安排。

（5）明确工程价款的结算和支付：工程价款的结算应是甩项竣工验收时最为重要的一项工作，这牵涉到"甩项工程"对应工程价款的计算及扣除。甩项协议签订时，建议承包人与发包方明确约定"甩项工程"对应的工程价款，扣除甩项工程价款后其余工程款结算及支付节点。

（6）明确甩项工程的照管、检查及验收以及与甩项竣工相关的其他事宜。

3. 甩项工程后续施工事宜，承包人应注意留存相关证据材料，避免承担违约责任

关于甩项工程后续施工事宜，通常来说甩项协议有约定的，按照约定处理；甩项协议未约定的，鉴于"甩项"的特点并非部分工作取消，建议承包人在后续对甩项部分施工前主动与发包人协商甩项工程再行施工及工程款支付等相关事宜，以规避潜在不利因素；若协商不成或发包人怠于回复的，承包人应注意保留书面证据。施工过程中，承包人也应注意保留相关施工资料避免无法提供相关证据的不利后果。

第三节　竣工验收资料的风险防控

一、竣工验收资料

竣工验收资料交付作为施工合同履约中的一环，在完成竣工验收中发挥着重要作用，关乎建设工程能否通过竣工验收、备案。

（一）竣工验收备案概念

竣工验收备案是建设单位在建设工程验收合格后，将建设工程竣工验收报告，规划、公安消防、环保部门等出具认可的文件或者准许使用文件，报工程所在地县级以上地方人民政府建设主管部门进行备案的行为。

《建设工程质量管理条例》第四十九条规定："建设单位应当自建设工程竣工验收合格之日起15日内，将建设工程竣工验收报告和规划、公安消防、环保等部门出具的认可文件或者准许使用文件报建设行政主管部门或者其他有关部门备案。建设行政主管部门或者其他有关部门发现建设单位在竣工验收过程中有违反国家有关建设工程质量管理规定行为的，责令停止使用，重新组织竣工验收。"

《房屋建筑和市政基础设施工程竣工验收规定》第九条规定："建设单位应当自工程竣工验收合格之日起15日内，依照《房屋建筑和市政基础设施工程竣工验收备案管理办法》（住房和城乡建设部令第2号）的规定，向工程所在地的县级以上地方人民政府建设主管部门备案。"

（二）办理竣工验收及备案需要的材料

《建设工程质量管理条例》第十六条规定："建设单位收到建设工程竣工报告后，应当组织设计、施工、工程监理等有关单位进行竣工验收。建设工程竣工验收应当具备下列条件：（一）完成建设工程设计和合同约定的各项内容；（二）有完整的技术档案和施工管理资料；（三）有工程使用的主要建筑材料、建筑构配件和设备的进场试验报告；（四）有勘察、设计、施工、工程监理等单位分别签署的质量合格文件；（五）有施工单位签署的工程保修书。建设工程经验收合格的，方可交付使用。"第二十九条规定："施工单位必须按照工程设计要求、施工技术标准和合同约定，对建筑材料、建筑构配件、设备和商品混凝土进行检验，检验应当有书面记录和专人签字；未经检验或者检验不合格的，不得使用。"

住建部发布的《房屋建筑和市政基础设施工程竣工验收规定》第五条进一步细化和明确了竣工验收的法定条件和法定内容，即"……（二）施工单位在工程完工后对工程质量进行了检查，确认工程质量符合有关法律、法规和工程建设强制性标准，符合设计文件及合同要求，并提出工程竣工报告。工程竣工报告应经项目经理和施工单位有关负责人审核签字。……（六）有工程使用的主要建筑材料、建筑构配件和设备的进场试验报告，以及工程质量检测和功能性试验资料。（七）建设单位已按合同约定支付工程款。（八）有施工单位签署的工程质量保修书。（九）对于住宅工程，进行分户验收并验收合格，建设单位按户出具《住宅工程质量分户验收表》。（十）建设主管部门及工程质量监督机构责令整改的问题全部整改完毕。（十一）法律、法规规定的其他条件。"

《房屋建筑和市政基础设施工程竣工验收备案管理办法》第五条规定："建设单位办理工程竣工验收备案应当提交下列文件：（一）工程竣工验收备案表；（二）工程竣工验收报告。竣工验收报告应当包括工程报建日期，施工许可证号，施工图设计文件审查意见，勘察、设计、施工、工程监理等单位分别签署的质量合格文件及验收人员签署的竣工验收原始文件，市政基础设施的有关质量检测和功能性试验资料以及备案机关认为需要提供的有关资料；（三）法律、行政法规规定应当由规划、环保等部门出具的认可文件或者准许使用文件；（四）法律规定应当由公安消防部门出具的对大型的人员密集场所和其他特殊建设工程验收合格的证明文件；（五）施工单位签署的工程质量保修书；（六）法规、规章规定必须提供的其他文件。住宅工程还应当提交《住宅质量保证书》和《住宅使用说明书》。"

（三）施工单位移交施工资料、配合竣工验收及备案义务

根据上述规定，组织竣工验收、办理竣工验收备案的责任主体是建设单位，但进行竣工验收及办理备案需要提交的书面文件中，部分文件必须由施工单位提供或签署，例如：工程使用的主要建筑材料、工程技术档案和工程施工管理资料、工程设备的进场试验报告、施工单位同建设单位签署的证明工程质量合格的文件和保修书等。

《建筑法》第六十一条第一款规定："交付竣工验收的建筑工程，必须符合规定的建筑工程质量标准，有完整的工程技术经济资料和经签署的工程保修书，并具备国家规定的其他竣工条件。"以上规定表明，移交竣工验收材料、配合建设单位完成工程竣工验收备案是施工单位的法定义务。

《建设工程文件归档规范》（GB/T 50328—2014）[①] 第 3.0.5 项规定："勘察、设计、施工、监理等单位应将本单位形成的工程文件立卷后向建设单位移交。"

---

① 已被《住房和城乡建设部关于发布国家标准《建设工程文件归档规范》局部修订的公告》（2019 年 11 月 29 日发布，2020 年 3 月 1 日实施）部分废止。

《建设工程施工合同（示范文本）》（GF—2017—0201）第 3.1 款"承包人的一般义务"第（9）项规定："按照法律规定和合同约定编制竣工资料，完成竣工资料立卷及归档，并按专用合同条款约定的竣工资料的套数、内容、时间等要求移交发包人。"

上述规定表明，配合竣工验收资料交付及备案既是施工单位的法定义务也是合同义务，施工单位在建设单位办理竣工验收及备案手续时应当履行协助义务，即按照法律规定和相关建设行政主管部门的要求，及时向建设单位移交相应的竣工验收资料并做好补正工作，积极配合发包人完成竣工验收及备案工作。

二、竣工验收资料交付的风险防控

（一）风险提示：发包人有权要求总包单位交付竣工验收资料

案例

某建筑安装集团股份有限公司、某房地产公司
建设工程施工合同纠纷案

基本案情

某房地产公司作为发包方与某建筑安装集团股份有限公司（以下简称"某建筑安装公司"）作为承包方签订《施工合同》，约定由某建筑安装公司承包某房地产公司开发的某住宅工程，承包范围为施工图纸标识的全部土建、水暖、电气、电梯、消防、通风等工程的施工安装。2011 年 11 月 30 日，某建筑安装公司所承建的工程全部竣工验收合格。2012 年 8 月底，某建筑安装公司向某房地产公司上报了结算报告，某房地产公司签收。后某建筑安装公司起诉要求判令某房地产公司给付拖欠工程款并赔偿停工窝工损失，某房地产公司反诉请求判令某建筑安装公司交付工程竣工备案资料。

法院裁判

法院认为，提交竣工验收资料是施工单位的法定义务，其在特定情况下享有抗辩权并不意味着可以一直不履行交付竣工资料的义务，某建筑安装公司在庭审中也认可交付资料，故对某房地产公司的该项诉请予以支持。

（二）风险提示：发包人擅自使用不免除承包人交付竣工验收资料义务

案例

B 公司与 A 公司建设工程施工合同纠纷

基本案情

A 公司与 B 公司签订《工程合同》，约定 A 公司将案涉项目交由 B 公司施工。施工范围为补充设计施工图范围内所有内容。案涉工程于 2013 年 4 月 30 日开工建设，2014 年 3 月在未竣工验收情况下，A 公司开始使用工程。B 公司向法院起诉请求判令 A 公司支付工程款、违约金及损失，A 公司提起反诉请求判令 B 公司交付案涉工程竣工验收所需的施工资料并配合办理竣工验收手续等。

法院裁判

法院认为按照法律规定，建设工程未经竣工验收不得交付使用，承包人在交付经竣工验收合格工程的同时，应交付竣工验收资料并配合办理竣工验收手续。虽 A 公司在案涉工程未经竣工验收的情况下便擅自使用，但并不能因此免除 B 公司交付施工资料的义务，判令 B 公司向 A 公司交付施工资料并协助办理竣工验收手续。

（三）风险提示：合同无效条件下，不免除承包人交付竣工验收资料义务

案例

某实业公司、某建设公司建设工程施工合同纠纷案

基本案情

2010 年 12 月 1 日，某实业公司与某建设公司签订了《建筑安装施工总承包合同》，合同约定：某实业公司将其开发的某建设工程 1、2、3 号楼发包给某建设公司总承包。2012 年 6 月双方又签订一份《建筑安装施工总承包合同》，约定由某建设公司在上述地块总承包施工建设二期 4 号楼工程。双方约定承包方在验收过程中，应提供完整竣工验收所需资料，并在竣工验收后 20 日内向发包方移交完整的竣工图纸及工程完整资料等内容。工程完工后，某实业公司在某建设公司交付房屋前后，已对房屋及商铺进行了销售。某实业公司诉称要求判令某建设公司交付完整的竣工图纸及相关资料；判令某建设公司在用于备案的全部工程资料上加盖公章及提供其他需要办理的备案手续等。

法院裁判

法院认为，依据《房屋建筑和市政基础设施工程竣工验收备案管理办法》第四条、第五条的规定，建设单位应当自工程竣工验收合格之日起 15 日内向工程所在地的县级以上地方人民政府建设主管部门备案；办理工程竣工验收备案需提交工程竣工验收备案表及与工程竣工验收报告有关的资料。本案中，双方对竣工验收合格均无异议，但某建设公司迄今并未完全履行竣工验收所应当承担的相关义务。因此某建设公司作为工程承包单位对配合原告办理工程竣工验收备案手续不仅是其承诺履行的合同义务，亦属于依据相关法律法规应履行的法定义务，而不是附随义务。

某建设公司认为案涉项目必须招标却未进行招标，因此，其和某实业

公司签订的两份《建筑安装施工总承包合同》均无效。法院认为根据《最高人民法院关于审理建设工程施工合同纠纷案件适用法律问题的解释》第二条①规定："建设工程施工合同无效，但建设工程经竣工验收合格，承包人请求参照合同约定支付工程价款的，应予支持。"工程完工后，双方先后对所完成的工程进行了竣工验收，工程验收合格。某建设公司对该四栋房屋建设工程已竣工并验收合格的事实也予以认可。据此，即使双方签订的合同无效，也不影响某建筑公司作为承包人请求某实业公司支付工程款的权利，根据合同权利义务对等原则，该合同无效也不影响某实业公司向某建筑公司主张交付竣工验收资料及要求其配合备案的权利。故某建设公司不能以双方签订的合同无效而拒绝履行其向某实业公司交付竣工验收材料及配合备案的义务。

（四）风险提示：承包人不配合交付竣工验收资料，须赔偿给发包人造成的损失

案例

某建设集团股份有限公司、某房地产公司
建设工程施工合同纠纷案

基本案情

某建设集团股份有限公司（以下简称"某建设公司"）作为房地产项目的总包单位，与某房地产公司签订《施工合同》，合同约定工程资料应与工程同步，分部验收完成后某建设公司应向某房地产公司报送全部资料。2013年10月，某建设公司完成B区建设。但直至2019年12月，在长达数年的时间里某建设公司一直未向某房地产公司交付其施工的工程资料。

---

① 已被《最高人民法院关于废止部分司法解释及相关规范性文件的决定》（2020年12月29日发布，2021年1月1日起实施）废止。

法院裁判

  某房地产公司未能按约完成竣工验收和竣工验收备案，虽不能排除有其他分包单位也未按时提交施工资料的原因，但某建设公司是案涉工程的主要施工单位，其未按约提交其施工部分施工资料也会直接影响案涉工程的竣工验收和竣工验收备案。法院认为某建设公司未能履行配合工程档案备案的协作义务，违反了《施工合同》的约定，有违诚实信用原则，存在一定过错。考虑到未提交资料无法进行验收备案及办理产权，结合当地当时的商业写字楼销售实际情况，判决某建设公司按照评估报告中 2014 年房屋的市场价值与 2019 年 3 月的市场价值差额 1352.11 万元作为损失的计算基数，酌定某建设公司对损失承担 20% 的责任，判令某建设公司赔偿某房地产公司损失 2704220 元。

▨▨ 风险分析 ▨▨

1. 提交竣工验收资料系建设工程合同中的附随义务、法定义务

  《民法典》第五百零九条规定："当事人应当按照约定全面履行自己的义务。当事人应当遵循诚实信用原则，根据合同的性质、目的和交易习惯履行通知、协助、保密等义务。当事人在履行合同过程中，应当避免浪费资源、污染环境和破坏生态。"

  附随义务是指基于诚实信用原则产生并促进主给付义务实现的义务，例如通知、保密、保护、协助等。违反附随义务往往不能阻止主义务的履行，仅产生违约的法律后果。在建设工程合同中完成施工并交付合格工程、支付工程款等为合同当事人的主要目的，系合同的主义务；反之，提交发票、提交竣工验收资料等义务不会对合同产生根本性的影响，仅能对合同履行起到一定的辅助作用，因此为合同的附随义务。

  根据《建设工程质量管理条例》第十六条规定，建设工程竣工验收应当具备的条件包括："（一）完成建设工程设计和合同约定的各项内容；（二）有完整的技术档案和施工管理资料；（三）有工程使用的主要建筑材料、建筑构配件和设备的进场试验报告；（四）有勘察、设计、施工、工

程监理等单位分别签署的质量合格文件；（五）有施工单位签署的工程保修书。"因此，向发包人提交竣工验收资料同时也是承包人的法定义务。承包方作为建设工程的实际施工者，应当依照诚实信用原则，配合发包方提交相应的施工资料和手续以便完成竣工验收备案。

2. 除非合同明确约定，承包方交付竣工验收资料的义务不因发包方不支付工程款、擅自使用、合同无效等行为而免除

《民事审判指导与参考》（总第 58 辑）中提出："只有对等关系的义务才存在先履行抗辩权的适用条件。如果不是对等关系的义务，就不能适用先履行抗辩权。"支付工程款是建设工程合同中的主义务，但交付竣工验收资料是附随义务，两者并非对等的义务关系。合同一方不履行附随义务，合同一方不能以另一方不履行附随义务为由，主张不履行主义务的抗辩。因此，在合同中未明确约定的情况下，发包人不得以承包人未能交付竣工资料为由拒绝履行支付工程价款的主要义务。

《北京市高级人民法院关于审理建设工程施工合同纠纷案件若干疑难问题的解答》第二十三条解答认为："发包人以承包人未移交工程竣工资料为由拒绝支付工程款的，不予支持，但合同另有约定的除外。"

实践中认为，支付工程款与交付竣工验收资料是两种不同性质的义务，前者是合同的主要义务，后者是承包方的附随义务，二者不具有对等关系，发包人不能以承包人未提交竣工材料为由拒绝支付工程款，只有合同明确约定在承包人未交付竣工资料的情况下，根据意思自治原则，发包人有权拒付工程款。同理，基于义务之间的不对等性，承包方交付竣工验收资料的义务不因发包方不支付工程款等违约行为而免除。此外，根据《建筑法》第六十一条第一款规定，交付竣工验收资料是承包人的法定义务，不论合同有无约定及是否有效，承包人均负有交付竣工验收资料的义务，即使在特定情况下享有抗辩权，并不意味着其可以一直不履行交付竣工资料的义务。

在建设工程合同关系中，因工程资料涉及建筑行政主管部门对建筑领域的规范管理、工程质量、安全，以及及时充分实现建筑物的使用价值以避免社会财富的巨大损耗和浪费等重大问题，承包人以其享有先履行抗辩权为由主张拒绝提交相关资料的，司法实践中较多法院未予支持。

3. 承包人因不配合交付竣工验收资料应承担给发包人造成的损失

如前所述，承包人提交竣工验收资料系建设工程合同中的附随义务、法定义务，不因发包方不支付工程款、擅自使用、合同无效等行为而免除。竣工验收资料关系着工程顺利竣工验收、备案及产权办理等事宜，若承包人拒不配合交付竣工验收资料导致发包人损失，实践中法院会结合实际情况判令承包人承担违约及赔偿责任。

（五）应对指南

1. 在施工过程中做好资料规范化管理

建设工程领域，所涉项目施工周期长、施工技术资料繁多。项目竣工验收所需承包人提交较多施工资料。《建筑工程资料管理规程》（JGJ/T 185—2009）中规定，工程资料应真实反映工程质量的实际情况，并与工程进度同步形成、收集、整理、归档。工程资料不符合要求的，不得进行竣工验收。这标示了工程资料在工程管理及验收中的重要性。

需要承包人提供的资料包括但不限于技术档案和施工管理资料、工程使用的主要建筑材料、建筑构配件和设备的进场试验报告、质量合格文件等。大量资料在施工过程中形成，需要承包人做好规划、未雨绸缪，科学化、系统化、标准化、规范化、精细化做好资料管理。

2. 承包人依约及时向发包方交付竣工验收资料，避免承担违约或赔偿责任

向发包人交付竣工验收资料是承包人附随义务，也是法定义务。实践中认为承包方交付竣工验收资料的义务不因发包方不支付工程款、擅自使用、合同无效等行为而免除，若承包人原因拒不配合交付竣工验收资料导致发包人损失的，实践中法院会结合实际情况判令承包人承担违约及赔偿责任。

故建议承包人在项目完工后，按照合同约定及法律规定及时向发包方交付竣工验收资料，避免承担违约或赔偿责任。

3. 发包人违约情形下，承包人可积极主张权利，而非以拒不配合提交竣工验收资料对抗

实践中不乏因发包人欠付工程款，承包人在催付未果情形下以拒绝提供竣工验收资料予以对抗施压，由此导致发包人无法顺利进行竣工验收备案及办理产权。但交付竣工验收资料是承包人的附随义务、法定义务，建议承包人在发包人未付工程款等违约情形下，可积极通过法律途径主张权利，而非以拒不配合提交竣工验收资料对抗，否则不排除承包人因此承担拒绝提交资料导致的损失。

第四节　工程移交的风险防控

一、工程移交

（一）概念

工程移交广义上包括工程实物移交和工程资料移交，前一节我们介绍了竣工验收资料，本节主要讨论工程实物移交。根据《民法典》第七百九十九条中的规定，"建设工程竣工验收后……验收合格的，发包人应当按照约定支付价款，并接收该建设工程。建设工程竣工经验收合格后，方可交付使用"，建设工程实物移交即交付，系建设工程竣工验收完毕后，承包人在规定的期限内将竣工项目移交给发包人，及时转移撤出施工现场，解除施工现场管理责任，将已完工的工程移交给发包人，由发包人接收该建设工程。工程移交意味着工程施工阶段的结束和使用阶段的开始。

（二）建设工程移交时间

《建设工程施工合同（示范文本）》（GF—2017—0201）通用条款第13.2.2项中规定："竣工验收合格的，发包人应在验收合格后14天内向承包人签发工程接收证书。发包人无正当理由逾期不颁发工程接收证书的，自验收合格后第15天起视为已颁发工程接收证书。"通用条款第13.2.5项

中约定"除专用合同条款另有约定外，合同当事人应当在颁发工程接收证书后 7 天内完成工程的移交。"

（三）无正当理由不移交/接收工程后果

《建设工程施工合同（示范文本）》（GF—2017—0201）通用条款第 13.2.5 项"移交、接收全部与部分工程"中规定："发包人无正当理由不接收工程的，发包人自应当接收工程之日起，承担工程照管、成品保护、保管等与工程有关的各项费用，合同当事人可以在专用合同条款中另行约定发包人逾期接收工程的违约责任。承包人无正当理由不移交工程的，承包人应承担工程照管、成品保护、保管等与工程有关的各项费用，合同当事人可以在专用合同条款中另行约定承包人无正当理由不移交工程的违约责任。"

（四）工程移交的法律意义

工程移交具有如下法律意义。

（1）工程竣工日期确定：就建设工程竣工验收日期存在争议情形下，根据《最高人民法院关于审理建设工程施工合同纠纷案件适用法律问题的解释（一）》第九条规定，建设工程未经竣工验收，发包人擅自使用的，以转移占有建设工程之日为竣工日期。

（2）工程质量责任确定：根据《最高人民法院关于审理建设工程施工合同纠纷案件适用法律问题的解释（一）》第十四条规定，建设工程未经竣工验收，发包人擅自使用后，又以使用部分质量不符合约定为由主张权利的，人民法院不予支持，但是承包人应当在建设工程的合理使用寿命内对地基基础工程和主体结构质量承担民事责任。

（3）工程款支付时间确定：根据《最高人民法院关于审理建设工程施工合同纠纷案件适用法律问题的解释（一）》第二十七条规定，当事人对付款时间没有约定或者约定不明的，建设工程已实际交付的，为交付之日。

（4）工程管理责任确定：建设工程移交后，建设工程的管理责任交由发包人。

二、工程移交的风险防控

（一）风险提示：发包人原因未接收工程，承包人有权主张看护费用损失

案例

某投资公司、某工程公司建设工程施工合同纠纷

基本案情

某投资公司与某工程公司分别就某小区三期工程一标段、二标段签订《安置房建设工程融资建设合同》。后一二标段工程分别于 2015 年 9 月、2015 年 12 月竣工验收。

2016 年 3 月 23 日至 2017 年 9 月 20 日期间，某工程公司向某投资公司发出 14 份《报告》，要求某投资公司解决相关问题并及时办理移交。从 2016 年 6 月 14 日起，某工程集团公司在其《报告》中均载明"从五月开始已造成经济损失……"并列举有门卫费、管理人员工资、清洁费、电费。

此后，双方发生争议，某工程集团公司起诉要求某投资公司支付结算款项，以及未及时接收工程期间给某集团公司造成的损失。

法院裁判

关于某工程公司主张某投资公司承担逾期接收工程的经济损失是否成立的问题，案涉工程一、二标段已分别于 2015 年 9 月以及 2015 年 12 月竣工验收，符合《中华人民共和国城市房地产管理法》《建筑法》《建设工程质量管理条例》等规定的"验收合格"可交付使用，也符合合同约定的移交标准"项目工程竣工验收合格"。法院认定案涉工程已符合移交标准，

因案涉工程未能移交的责任在于某投资公司,对某工程公司为避免工程损毁风险及日常需要必然产生相应费用予以支持。

▓▓风险分析▓▓

本案因发包人原因未接收工程,某工程集团公司向某投资公司发出14份《报告》要求进行移交,并在多份报告中载明因逾期移交给承包人造成的损失。法院最终支持了某工程集团公司为避免工程损毁风险及日常需要必然产生的相应费用。如出现此类情形,承包人应注意发包人未按约接收工程的,承包人应及时催促要求其接收并保留证据。

(二)风险提示:承包人无正当理由不移交工程的,须承担违约责任

> 案例

某房地产公司与某建筑安装公司等建设工程施工合同纠纷

基本案情

某房地产公司与某建筑安装公司签订《建设工程施工合同》,合同约定开工日期为2009年9月16日,竣工时间为2010年9月16日。施工中工程进行了加宽、加高等多处变更,塑钢窗等工程项目进行了甩项。该工程于2011年7月1日竣工验收,因某建筑安装公司拒绝交付,双方争议诉至法院。2011年9月,人民法院受理本案后通过先予执行交付了部分商住楼,2013年4月23日将剩余的商住楼及附属工程先予执行完毕。竣工验收之日起至先予执行之日止共计659天,某房地产公司要求某建筑安装公司支付违约金。

某建筑安装公司抗辩称某房地产公司不及时组织验收,不按合同约定及时支付工程款,拒不履行结算义务故某建筑安装公司无法交付工程,并依法享有留置权。

法院裁判

施工合同约定"第五次付款，待工程交工验收合格后付工程总造价的25％。"据此，双方履行的顺序是先交工验收，后支付工程款，某建筑安装公司负有先履行的义务，在某建筑安装公司未履行交付工程的义务时，某房地产公司可拒绝支付工程款。在某房地产公司已支付80％工程款的情况下，某建筑安装公司未给付职工工资，致使民工上访，并以工程款未付清为由留置工程，拒不移交承建工程及施工资料，没有法律依据。工程于2011年7月3日竣工验收后，某建筑安装公司在负有先交付承建工程并且能够交付的情况下，应承担迟延交付工程的违约责任（自2011年7月4日起计算至2013年4月23日止）。

▓▌风险分析▐▓

本案中，某建筑安装公司在2011年7月1日整体工程竣工验收后一直未交付工程，根据合同约定"按协议要求的时间完成并交付工程""不能按合同工期完成应承担违约责任"最终被判决承担逾期交付期间违约责任。

实践中，亦不乏发包人因各种理由拖延或拒付工程款的情形下，承包人为实现自身债权采取拒绝交付竣工资料或拒不退场移交工程的方式，以达到倒逼发包人支付工程款的目的。那么，承包人能否在发包人延付或拒付工程款的情况下拒绝移交工程呢？

1. 实践中存在的不同的观点及理由

支持观点有如下理由。

（1）行使先履行抗辩权：根据《民法典》第五百二十六条规定，"当事人互负债务，有先后履行顺序，应当先履行债务一方未履行的，后履行一方有权拒绝其履行请求。先履行一方履行债务不符合约定的，后履行一方有权拒绝其相应的履行请求。"

（2）行使不安抗辩权：根据《民法典》第五百二十七条规定，"应当先履行债务的当事人，有确切证据证明对方有下列情形之一的，可以中止履行：（一）经营状况严重恶化；（二）转移财产、抽逃资金，以逃避债务；（三）丧失商业信誉；（四）有丧失或者可能丧失履行债务能力的其他情形。当事人没有确切证据中止履行的，应当承担违约责任。"

（3）未办清工程竣工结算工程不得交付使用规定：法律依据主要是《建设工程价款结算暂行办法》（财建〔2004〕369号）第二十一条规定，"工程竣工后，发、承包双方应及时办清工程竣工结算，否则，工程不得交付使用，有关部门不予办理权属登记。"

（4）属于特殊留置权：法律依据主要为《民法典》第七百八十三条规定："定作人未向承揽人支付报酬或者材料费等价款的，承揽人对完成的工作成果享有留置权或者有权拒绝交付，但是当事人另有约定的除外。"第八百零八条规定："本章没有规定的，适用承揽合同的有关规定。"

不支持观点理由如下。

（1）建设工程非动产，不符合留置权成立的前提条件。根据《民法典》第四百四十七条规定："债务人不履行到期债务，债权人可以留置已经合法占有的债务人的动产，并有权就该动产优先受偿。前款规定的债权人为留置权人，占有的动产为留置财产。"

（2）部分省市高级人民法院的观点：

《北京市高级人民法院关于审理建设工程施工合同纠纷案件若干疑难问题的解答》（京高法〔2012〕245号）第38条"承包人以发包人拖延结算或欠付工程款为由拒绝交付工程的，如何处理？由此造成的损失如何承担？"解答认为："工程竣工验收合格后，承包人以发包人拖延结算或欠付工程款为由拒绝交付工程的，一般不予支持，但施工合同另有明确约定的除外。承包人依据合同约定拒绝交付工程，但其拒绝交付工程的价值明显超出发包人欠付的工程款，或者欠付工程款的数额不大，而部分工程不交付会严重影响整个工程使用的，对发包人因此所受的实际损失，应由当事人根据过错程度予以分担。"

广东省高院在《全省民事审判工作会议纪要》（粤高法〔2012〕240号）第二十九条规定："承包人应当通过行使建设工程价款优先受偿权等合法途径追索工程欠款，不得留置建设工程或施工资料。"[①]

[①] 该法规已经被《广东省高级人民法院关于废止部分审判业务文件的决定》（2020年12月31日发布，2021年1月1日实施）废止。

（3）《建设工程施工合同（示范文本）》（GF—2017—0201）第13.2.5项"移交、接收全部与部分工程"规定："除专用合同条款另有约定外，合同当事人应当在颁发工程接收证书后7天内完成工程的移交。发包人无正当理由不接收工程的，发包人自应当接收工程之日起，承担工程照管、成品保护、保管等与工程有关的各项费用，合同当事人可以在专用合同条款中另行约定发包人逾期接收工程的违约责任。承包人无正当理由不移交工程的，承包人应承担工程照管、成品保护、保管等与工程有关的各项费用，合同当事人可以在专用合同条款中另行约定承包人无正当理由不移交工程的违约责任。"

在法律并无直接规制，存在不同观点情形下，承包人是否能拒绝移交工程呢？我们认为应厘清"留置权"及"拒绝交付"的定义与性质，并区分不同情形予以处理。

2. 正确区分"留置权"与"拒绝交付"

根据我国法律规定，留置权系担保物权之一。成立留置权，必须具备两个前提：（1）债务人不履行到期债务；（2）债权人已经合法占有债务人的动产。依照《民法典》第四百四十七条关于留置权的规定以及第一百一十六条的物权法定原则，留置权具有只因法律规定而发生的法定性，其设定不以双方是否存在约定为前提。"拒绝交付"是在合同履行过程中的一项抗辩，不具有为合同履行提供担保的法律效果。拒绝交付之后，承包人即便占有财产但并非必然能够实现其债权。

承包人通过承建工程项目，将建筑材料固化为建筑物，占有的标的物是不动产，并不符合法律对留置权标的物的规定。因此，发包人拒绝支付工程款，承包人不能行使所谓的留置权。由此以上持支持观点者，部分系混淆了"留置"与"拒绝交付"之间的本质区别，而将承包人拒不交付工程的行为错误认定成对建设工程的"留置"。

3. 不能行使留置权，发包人拖延结算或欠付工程款情形下承包人是否必须移交

如前分析，"拒绝交付"是在合同履行过程中的一项抗辩，则需根据相关法律规定及合同约定，对该抗辩行为的正当性与合法性进行价值判断，并确定其所应当承担的法律责任。

实践中主流观点认为合同约定"先付款、后交付工程"的，约定有效，承包人拒绝交付工程具有合理性。相反，若施工合同中没有约定拒绝交付情形，或者明确约定先交付再付款的，那么承包人不得以发包人拖延结算或欠付工程款为由拒绝交付工程，而应当先交付工程。

三、应对指南

（一）承包人应根据合同约定，按时移交工程

《建设工程施工合同（示范文本）》（GF—2017—0201）通用条款第13.2款"竣工验收"明确规定了发包人在验收合格后颁发工程接收证书以及双方办理工程移交的时间，在双方无其他约定情形下，承包人不应以发包人未支付工程款拒绝移交，否则将因此承担违约责任。

（二）发包人原因未能移交工程的，承包人应注意保留工程照管、成品保护、保管等费用证据

发包人未按约接收工程的，承包人有权主张工程照管、成品保护、保管等费用，并根据合同专用条款约定主张发包人逾期接收工程的违约责任。但参照前述案例分析发包人应注意保留相关证据，如催促发包人接收工程的函件、工程照看发生的相关费用协议、单据、支付凭证等。

（三）为维护合法权益，承包人应注意在施工合同中约定工程移交相关事宜

根据《民法典》第五百二十六条关于先履行抗辩权的规定，结合《北京市高级人民法院关于审理建设工程施工合同纠纷案件若干疑难问题的解答》（京高法〔2012〕245号）第三十六条解答的"工程竣工验收合格后，承包人以发包人拖延结算或欠付工程款为由拒绝交付工程的，一般不予支持，但施工合同另有明确约定的除外。"实践中，人民法院通常认为施工合同中"先付款后交付"的约定有效，故承包人可根据情况选择在施工合同中是否约定"先付款后交付"相关内容。

为维护合法权益，承包人应注意在施工合同中对工程移交或接收的时限、流程、逾期移交或接收的违约责任等进行明确约定。

第二章
建设工程结算阶段的风险防控

建设工程施工合同结算是指在工程实施过程中，承包人依据施工合同关于付款条款的约定和已完成的工程量，并按照规定的程序向建设单位（业主）收取价款的经济活动。工程结算是工程项目实施中的一项十分重要的且贯穿工程始终的持续性活动。

《建设工程价款结算暂行办法》第十一条规定："工程价款结算应按合同约定办理，合同未作约定或约定不明的，发、承包双方应依照下列规定与文件协商处理：（一）国家有关法律、法规和规章制度；（二）国务院建设行政主管部门、省、自治区、直辖市或有关部门发布的工程造价计价标准、计价办法等有关规定；（三）建设项目的合同、补充协议、变更签证和现场签证，以及经发、承包人认可的其他有效文件；（四）其他可依据的材料。"

实践中，工程结算依据包括招标书、投标书、合同、设计变更、委托单、联系单、施工方案及措施、价格确认单、工程量签证单、工程索赔等。

第一节　合同效力对结算条款效力的影响

鉴于建设工程项目周期长、影响因素多等特殊性，建设工程施工合同订立后，发包人与承包人为了进一步明确双方权利义务，并对双方无争议事项进行确认、结算和清理，往往会根据施工的实际情况另行签订补充协议、结算协议。当建设工程施工合同被认定无效时，该类补充协议、结算协议的效力问题通常会成为双方的争议焦点。

《民法典》第七百九十三条规定："建设工程施工合同无效，但是建设工程经验收合格的，可以参照合同关于工程价款的约定折价补偿承包人。"《最高人民法院关于审理建设工程施工合同纠纷案件适用法律问题的解释（一）》第二十四条规定："当事人就同一建设工程订立的数份建设工程施工合同均无效，但建设工程质量合格，一方当事人请求参照实际履行的合同关于工程价款的约定折价补偿承包人的，人民法院应予支持。实际履行的合同难以确定，当事人请求参照最后签订的合同关于工程价款的约定折价补偿承包人的，人民法院应予支持。"

前述规定明确了建设工程施工合同无效情形下工程价款结算的一般原则，即建设工程经验收合格的，工程价款结算参照建设工程合同中有关工程价款的约定，采取折价补偿的方式支付给承包人。本节将结合案例对结算协议的性质、施工合同效力对结算协议效力的影响问题进行分析，以帮助施工单位准确理解结算协议的法律地位，从而做好结算阶段的风险防控。

一、风险提示：建设工程施工合同无效，不影响关于结算的补充协议效力

案例

A 公司与 B 公司建设工程施工合同纠纷

基本案情

官某借用建筑施工企业 A 公司资质，以 A 公司名义承揽工程并以 A 公司名义与 B 公司签订《建设工程施工合同》，施工合同约定由 A 公司承包 B 公司的商住楼工程。后官某以该项目实际施工人身份与 B 公司就官某已完工程款的支付等问题签订了《补充协议》。

法院裁判

依据《最高人民法院关于审理建设工程施工合同纠纷案件适用法律问

题的解释》第一条①第（二）项规定，没有资质的实际施工人借用有资质的建筑施工企业名义签订的建设工程施工合同，应当认定无效。A公司与B公司签订的《建设工程施工合同》属于借用资质的无效协议。

关于《补充协议》的效力，官某以案涉项目实际施工人身份与B公司签订的《补充协议》，载明协议签订目的是解决官某已完工程款的支付问题，协议内容明确了官某实际投入金额20562803元、工程质量合格、具体付款方式、A公司管理费、预算费、资料费的支付主体、项目对外负债（劳务费和材料费等）。法院认为该《补充协议》具有对账和清算的性质，其内容并非对诉争《建设工程施工合同》的补充约定，应视为一份独立协议。该《补充协议》的约定不违反法律、行政法规的强制性规定，应认定为有效。

▓▏▎风险分析▏▎▓

一般情况下，补充协议是在原协议内容的基础上的变更或补充，具有一定的附属性，不能独立于原协议而存在。但建设工程中的结算协议具有特殊性，其内容是依据原施工合同而形成且主要是发包人与承包人就工程价款金额、工程价款支付等问题在施工合同之外另行达成的协议，并可形成于工程预付款结算、进度款结算、竣工结算、施工合同解除后的结算等各阶段。故结算协议属于当事人就结算问题另行达成的新的合意，是对相应施工阶段既存债权债务关系的清结，能够及时固定债权债务关系，符合迅速解决纠纷的经济原则，其法律效力应当独立判断。

根据最高人民法院民事审判第一庭2022年第3次法官会议纪要："当事人有权通过协议方式确定合同无效后的权利义务。"建设工程施工合同无效并不必然导致建设工程施工合同关系终止后当事人就工程价款（折价补偿款）支付方式、支付时间、未按约定支付的违约责任所签订的合同无效。依据该款规定，建设工程施工合同无效，但是建设工程经验收合格的，发包人与承包人就工程价款（折价补偿款）的数额、支付方式和时间作出约定，是当事人的权利，是自愿原则的体现，并不违反法律的强制性规定，故建设工程施工合同无效不影响结算协议的效力。

---

① 对应《最高人民法院关于审理建设工程施工合同纠纷案件适用法律问题的解释（一）》第一条。

二、风险提示：建设工程施工合同无效，双方就工程款的支付问题达成的协议有效

案例

C公司与D建材部、某工程队等建设工程施工合同纠纷

基本案情

C公司（甲方）与D建材部（乙方）签订《土石方及河道治理工程承包合同》，合同约定C公司将某商品混凝土生产线土石方工程及河道治理附属工程以费用包干价承包给乙方施工。合同中特别约定：本工程双方约定由D建材部全部垫资完成，严禁分包和转包，否则，C公司有权单方面终止合同，且不向D建材部支付任何工程费用，并追究违约经济赔偿。两天后，D建材部作为案涉工程的无施工资质承包人，又将工程违法转包给同样没有施工资质的某工程队，从中赚取差价。

工程完工后，C公司与某工程队就工程款的支付问题签订《协议书》，该协议意思表示真实，有双方的盖章和法定代表人签名。后因结算金额无法达成一致意见，某县人民政府召开解决案涉工程清算支付问题办公会议，成立工程清算组进行了造价鉴定并出具了《结算审核书》及清算报告。

法院裁判

因D建材部、某工程队均无建设工程施工资质，依据《建筑法》及《最高人民法院关于审理建设工程施工合同纠纷案件适用法律问题的解释》①施工主体应当具有相应施工资质的规定，《施工合同》及《补充协议》均为无效合同。另外，C公司与某工程队就工程款的支付问题签订《协议书》，并在当地政府组织下对案涉工程进行了造价鉴定，出具了《结

---

① 已被《最高人民法院关于废止部分司法解释及相关规范性文件的决定》（2020年12月29日发布，2021年1月1日起实施）废止。

算审核书》，双方对此均无异议。从以上事实可以看出，双方就工程款的支付问题签订《协议书》，且《结算审核书》是在C公司和施工方双方同意的情况下，由有工程结算资质的专业单位和有全国建设工程造价员资格证的专业人员作出，双方均未提出异议，上述就工程款的支付问题达成的《协议书》及《结算审核书》可以成为本案工程款的支付依据。

▓▌ 风险分析 ▐▓

在建设工程施工合同无效的场合，如果当事人针对已完工程的工程款数额、履行期限等达成新的合意，就可以解释为新的独立协议而不受建设工程施工合同的影响。根据《民法典》第一百五十七条的规定，因建设工程施工合同无效，承包人已经完成部分工程或全部工程就成为发包方的不当得利，因已完工程难以返还，因此应返还相应的价款，在性质上就成为发包方的不当得利返还之债。因此，尽管当事人在订立此类协议时建设工程施工合同的效力尚未被人民法院确定无效、当事人主观上也是按照有效合同来履行，但因为双方对已完工程价款的数额和履行期限及违约责任达成了新的合意，因此就可以解释为与建设工程施工合同相互独立的协议，在性质上就具有解释为双方当事人对不当得利之债的内容、履行期限及违约责任的约定的可能。

综上，建设工程部分完工时或工程竣工验收后双方订立的工程款的支付协议，在合同无效的情况下，应被解释为双方关于合同无效后不当得利返还范围、期限及违约责任的约定，在性质上独立于无效的建设工程施工合同，不受建设工程施工合同无效的影响，应认定为有效约定。

三、应对指南

（一）避免出现建设工程施工合同无效的情形

在签订建设工程施工合同之前，应遵守法律、行政法规、司法解释有关效力性强制规定，确保不存在导致建设工程施工合同无效的因素（如超越资质承包工程、违反招标投标法规强制性规定等），从而保证所签订的建设工程施工合同合法有效。合同有效情形下，由合同双方按照合同约定履行义务、承担责任。由此，避免建设工程施工合同被认定为无效后，合同条款无法适用而引发争议。

（二）审慎签订结算协议

根据前文分析，结算协议具有独立性，建设工程施工合同无效原则上不影响结算协议的效力，有效的结算协议对双方均具有约束力。因此，施工单位在签订结算协议时应审慎对待，注意核实协议中确定的工程量、工程价款、款项支付条件及方式等内容，并结合实际情况，确定有利于己方的结算条款，避免因结算协议约定不明确而陷入不利地位。

第二节　结算依据的风险防控

建设工程施工合同项下，承包人主要义务是进行工程建设，交付合格工程，而发包人则是支付工程价款。《民法典》第七百九十九条第一款规定："建设工程竣工后，发包人应当根据施工图纸及说明书、国家颁发的施工验收规范和质量检验标准及时进行验收。验收合格的，发包人应当按照约定支付价款，并接收该建设工程。"所以理论上来说，承包人完工后，只要工程经竣工验收合格，承包人对发包人的工程价款债权就已经形成，基础付款条件已经成就，发包人应当支付工程价款。然而支付工程价款的前提是确定工程价款，工程经竣工验收合格后，必然要进行结算程序，以便确定工程价款。

一、风险提示：未按合同约定流程办理结算的情况下，仅有一方工作人员签字的结算文件不能作为结算依据

案例

A公司与B公司建设工程分包合同纠纷

基本案情

B公司（甲方）与A公司（乙方）签订《某中心项目主体劳务合同》，

合同第一部分协议书约定：B公司将某中心项目主体基础、主体结构的钢筋等项目施工分包给A公司。合同约定："所有本合同约定工作内容完工后一周内，乙方向甲方报送工程结算资料，由甲方项目预算员确认收到完整结算资料后，45天内办理完结算，送项目生产经理、总工程师、商务经理、项目经理签字确认后报送B公司合约部审核，B公司领导签字确认的金额为最终结算金额。此后，乙方提供的任何单据，无论是否经项目任何部门盖章和签字，均不得作为结算的依据，乙方不得以此要求甲方支付任何款项。"

合同签订后，A公司按约进场施工。其间，A公司向项目经理曹某报送了相关汇总资料。后曹某以B公司的名义与A公司签署了一份《协议书》，双方对施工完毕后的工程最终结算金额、甲方已付工程款、剩余工程款等金额进行约定。曹某在甲方栏处签名，A公司在乙方栏处签章。后A公司与B公司就第三人曹某越权代表B公司签订《协议书》和出具《承诺书》的行为能否代表B公司进行结算的意思表示产生争议，诉至法院。

法院裁判

法院认为《某中心项目主体劳务合同》对项目经理曹某的职权范围已进行了明确的约定，即曹某作为项目经理，仅代表B公司对项目施工现场进行管理，无权代表B公司与分包单位就工程价款进行结算，工程结算的审核和最终决定权在B公司，因此A公司在明知工程的具体结算方式以及曹某不享有最终结算权限的情况下，与曹某签订工程结算的《协议书》并以此作为主张工程款的依据明显违反合同约定。事后B公司对该协议内容不予认可，明确表示不予追认。本案亦不符合表见代理的情形，故《协议书》确定的工程结算款对B公司不具有约束力。

▓ 风险分析 ▓

作为承包人，须注意在结算过程中严格按照合同约定流程办理结算，否则即使签字确认人员系项目经理，也不必然对发包方产生约束力。

承包人在与发包人签订建设工程施工合同过程中，需注意合同中对发包人项目经理的权限范围是否明确；在施工合同履行过程中，为避免项目经理签字的效力瑕疵，合同、文件需要项目经理签字确认时，承包人应加强对发包人项目经理权限的审查，要求项目经理提供其授权委托书并核对确认项目经理权利行使是否在发包人授权范围，避免无权代理。

二、风险提示：仅通用条款中存在"逾期答复视为认可"条款的，承包人无权要求按报审价进行结算

案例

Z 公司与 H 公司建设工程施工合同纠纷

基本案情

Z 公司与 H 公司签订《建设工程施工合同》，合同约定由 Z 公司承包建设 H 公司开发的某项目一期工程和二期工程。

一期施工合同通用条款中约定："工程验收合格 15 日内承包方向发包方递交决算书及工程竣工资料。发包方应于 60 日内决算完毕，逾期则视为认可。"一期施工合同约定竣工结算价为三方确认的决算价×90％。2015年 1 月 30 日，H 公司代表罗某收到 Z 公司提交的某项目决算书。

H 公司提交的《审核报告》中的报审金额与 Z 公司提供的决算书一致，证明 H 公司收到了 Z 公司提交的决算材料。H 公司未提供证据证明其提交《审核报告》的时间在双方合同约定的时间内。因此，Z 公司主张根据一期施工合同通用条款第九条竣工验收与结算的规定应视为认可，双方就工程款的结算是否能够适用通用条款约定的承包人提交的竣工结算文件可作为工程款结算的依据诉至法院。

法院裁判

《最高人民法院关于审理建设工程施工合同纠纷案件适用法律问题的

解释》第二十条①规定："当事人约定，发包人收到竣工结算文件后，在约定期限内不予答复，视为认可竣工结算文件的，按照约定处理。承包人请求按照竣工结算文件结算工程价款的，应予支持。"最高人民法院民事审判庭《关于发包人收到承包人竣工结算文件后，在约定期限内不予答复，是否视为认可竣工结算文件的复函》（〔2005〕民一他字第23号）载明："适用该司法解释第二十条的前提条件是当事人之间约定了发包人收到竣工结算文件后，在约定期限内不予答复，则视为认可竣工结算文件。承包人提交的竣工结算文件可以作为工程款结算的依据。建设部制定的建设工程施工合同格式文本②中的通用条款第33条第3款的规定，不能简单地推论出，双方当事人具有发包人收到竣工结算文件一定期限内不予答复，则视为认可承包人提交的竣工结算文件的一致意思表示，承包人提交的竣工结算文件不能作为工程款结算的依据。"

▓▓ 风险分析 ▓▓

根据《民法典》第一百四十条规定："行为人可以明示或者默示作出意思表示。沉默只有在有法律规定、当事人约定或者符合当事人之间的交易习惯时，才可以视为意思表示。"在建设工程施工合同中双方当事人并未约定以默示的意思表示双方对某一条款的认可，且沉默也不符合建工领域的交易习惯，故当合同专用条款中关于"逾期答复视为认可的"结算默示条款并没有约定时，该沉默并不是表示对通用条款约定的默认或认可，也即双方并没有就结算默示条款达成一致，所以在这种情形下，不宜适用通用条款。承包人要求按照"逾期答复视为认可"的约定进行工程结算的，存在不被人民法院支持的风险。

---

① 对应《最高人民法院关于审理建设工程施工合同纠纷案件适用法律问题的解释（一）》第二十一条。

② 该文本为《建设工程施工合同（示范文本）》（GF—1999—0201）。

三、风险提示：合同约定"以政府审计为准"，原则上只能以政府审计结论作为结算依据

案例

X建筑公司与Y县产投公司建设工程施工合同纠纷

基本案情

X建筑公司承包了Y县产投公司发包的Y县食品企业孵化园项目的建设生产厂房、物流仓库及配套设施等施工工作。施工总承包合同第16.2款第4项约定："承包人最终结算价款以财务评价为结算依据，按中标总价下浮比例据实结算，最终以审计局出具的审计报告为准。"

案涉工程经五方验收合格后，Y县产投公司委托第三方机构对案涉工程进行了竣工结算审核并出具《Y县食品企业孵化园项目审核报告》，工程总价318144985.54元，X建筑公司、Y县产投公司双方及造价咨询公司在上述报告以及结算审核定案表上均盖章确认。后案涉项目工程价款是按合同约定以审计局最终出具的审计报告为准，还是在合同的实际履行过程中，双方对工程价款的结算方式进行了变更，变更为以第三方出具的审核报告为准，双方产生争议诉至法院。

法院裁判

法院认为本案工程的最终结算总价应以政府审计为准。本案中，第三方造价咨询公司的审核金额并非最终的结算价款，仅是结算过程中的初审金额，本案工程的最终结算总价应以审计局出具的审计报告为准。

▨▊ 风险分析 ▊▨

根据上述案例，在合同约定"以政府审计为准"，但实际上由第三方审计机构率先出具审计结论的情况下，结算依据的风险点有以下几点：

首先，若双方所签订施工合同中明确约定了"承包人最终结算价款以财务评价为结算依据，按中标总价下浮比例据实结算，最终以审计局出具的审计报告为准"等类似描述，表明双方在合同中以约定形式将政府审计引入工程结算条款中，工程价款的结算方式及程序需经政府审计，现行法律法规未否定该约定的有效性情形下，当事人应按照约定履行。

其次，即使合同约定"以政府审计为准"等内容，并非限定发包人不能先行委托第三方机构进行初审，但第三方机构的审核并非最终结算依据或承包人要求发包人付款的依据。

再次，如本案约定最终以审计局出具的审计报告为准的情形下，施工方在取得第三方造价咨询公司出具的审核报告后，应积极联系、催促发包人按照约定报审计局出具审计报告。

最后，实践中施工合同中约定类似"工程结算价款以政府审计为准"条款情形下，若因承包人原因导致政府审计程序未启动或未完成，则承包人不享有突破"以政府审计为准"条款的权利。

四、风险提示：承包人逾期提交结算资料，可能无法主张工程款利息

案例

某建筑公司与某实业公司建设工程施工合同纠纷

基本案情

某建筑公司承建某实业公司开发的某工程，双方签订的《建设工程施工合同补充协议》第八条约定，某建筑公司应于竣工验收合格交付10日内提交完整的结算资料。

后该工程于2015年1月30日办理综合验收。某建筑公司于2015年6月1日向某实业公司报送完整结算资料。后双方因工程造价结算、已付工程款金额、未付工程款利息等事项发生争议，引发诉讼。

法院裁判

关于工程款利息计算期间问题，根据双方《建设工程施工合同补充协议》约定，某建筑公司应于 2015 年 2 月 9 日前提交完整的结算资料，实际于 2015 年 6 月 1 日报送已超出合同约定期限，某建筑公司未提交充分证据证明系某实业公司原因导致，上述某建筑公司逾期提交结算资料的期间不应计算工程款利息。

风险分析

《最高人民法院关于审理建设工程施工合同纠纷案件适用法律问题的解释（一）》第二十七条规定："利息从应付工程价款之日开始计付。当事人对付款时间没有约定或者约定不明的，下列时间视为应付款时间：（一）建设工程已实际交付的，为交付之日；（二）建设工程没有交付的，为提交竣工结算文件之日；（三）建设工程未交付，工程价款也未结算的，为当事人起诉之日。"

若承包人按期提交结算资料，因发包人原因未能及时办理结算的，则从提交竣工结算文件之日，承包人可主张工程结算款利息，但因承包人自身原因逾期提交或未提交工程结算材料，会对整体工程进度推进产生重大不利影响且有违合同约定和诚信原则，可能无法主张其逾期提交资料导致结算延迟期间的工程款利息。

五、应对指南

当前建筑市场仍是甲方市场，在招标投标、合同签订、施工、结算过程中，发包人处在更强势的地位，拥有更多话语权，因此合同条款设置、结算进度推进、价款支付等，发包人处于优势地位。司法实践中，当事人所遇到的结算困境，其实具有普遍性，承包人完工后发包人以各种理由拖延结算，实践中屡见不鲜。鉴于此，施工方在工程款结算问题上如何能更好地保护自己的合法权益，笔者在此提出以下几点合规性建议。

（一）施工单位应注意按照合同约定的要求及时提供完整结算材料

实践中业主认为结算资料不完整，反复要求承包人补充结算资料的情况较为普遍。《建筑工程施工发包与承包计价管理办法》（住建部第 16 号令）第十八条规定："工程完工后，应当按照下列规定进行竣工结算：（一）承包方应当在工程完工后的约定期限内提交竣工结算文件……发承包双方在合同中对本条第（一）项、第（二）项的期限没有明确约定的，应当按照国家有关规定执行；国家没有规定的，可认为其约定期限均为 28日。"《建设工程施工合同（示范文本）》（GF—2017—0201）第 14.1 款"竣工结算申请"中规定："除专用合同条款另有约定外，承包人应在工程竣工验收合格后 28 天内向发包人和监理人提交竣工结算申请单，并提交完整的结算资料，有关竣工结算申请单的资料清单和份数等要求由合同当事人在专用合同条款中约定。"

由此，提交竣工结算文件是启动结算程序的前提，也是承包人的法定及约定义务，承包人应及时提交完整的竣工结算文件申请结算，以进一步主张工程款支付。

（二）提交结算资料的注意事项

无论是在施工合同有效还是无效的情形下，若拟根据竣工结算资料确定工程价款，则需要注意竣工结算文件的提交时间及接收方式，尤其注意以下几点：

首先，承包人在约定时间提交竣工结算资料的前提必须基于工程验收合格。

其次，结算文件提交的方式必须是书面的，且有效送达发包人并留存相关证据。如果承包人不能举出证据证明自己已经向发包人提交了结算文件，则不能产生将承包人作出的结算文件作为结算依据的法律后果。此条规则在适用《最高人民法院关于审理建设工程施工合同纠纷案件适用法律问题的解释（一）》第二十条关于"以送审价为准"的规则时尤为重要，通常建议承包人在递交时需注意将发包人的签收证明文件予以妥善保存，如快递签收单上须写明递交的是竣工结算文件，并保存邮寄单据记录证明发包人已签收；若当面提交，需要提前制作签收文件，在提交给发包人后由接收人签署签收文件并确认接收人有权代表发包方。

再次，承包人提交的结算文件资料不完整，在收到发包人的整改通知后，须在约定的整改期限内予以修改、完善并再次提交发包人并留存提交证据，否则不能认定承包人已提交结算报告。

最后，承包人提交结算报告的时间需注意合同约定时间，避免因逾期提交结算资料导致无法主张因发包人拖延结算产生的延迟期间的工程款利息。

（三）注意结算流程的风险防控

根据《最高人民法院关于审理建设工程施工合同纠纷案件适用法律问题的解释（一）》第二十条规定："当事人对工程量有争议的，按照施工过程中形成的签证等书面文件确认。承包人能够证明发包人同意其施工，但未能提供签证文件证明工程量发生的，可以按照当事人提供的其他证据确认实际发生的工程量。"因此结算文件的签署规范性尤为重要。

实践中结算流程的不规范在某种程度上扩大了个案的争议性。结合典型性案例呈现的倾向性规律，我们在审查或判断施工合同纠纷结算文件的有效性时，如果高度重视并做好以下两点，将一定程度上降低结算文件法院不予认可的风险。

首先，确保办理结算的主体适格，做好授权管理及审查工作。办理结算主体应当是发包人、承包人双方，或双方合法授权代表。作为施工方，应当做好发包方结算代表授权人信息和授权范围的审查。否则由未经授权的发包人现场员工或监理人员进行结算的，除非有相应证据证明发包人现场员工有相应的代理权限或构成表见代理，否则做出的工程结算面临失效的法律风险。值得一提的是，监理机构及其人员地位具有相对独立性，在某些情况下，即使监理机构及其人员超出授权范围对现场工作进行了结算确认，在无相反证据的情况下也可能被裁判机关采信。施工单位应当特别注意要求监理机构及人员参与结算办理，提交给发包方的结算资料可同时提交给监理机构。

其次，确保结算满足约定要件和程序。第一，各方主体应当知道单方制作的结算文件作为证据的证明效力较低，如无其他证据佐证，发承包双方极易因此产生不必要的争议，因此应当采用各方共同签字确认的书面形式。第二，在签订施工合同时，承包人应当与发包人在合同中明确结算文件的实质和形式要求，例如是否需要填写结算申请表，是否需要监理单位和建设单位两个单位的签字及盖章，哪些主体有权签字，是否对进度结算提交时间有时限要求，以及明确不符合约定要件和程序的后果。第三，施工单位应当严格按照合同约定内容签署结算文件并按时提交结算资料。此外，施工单位施工过程中也应做好进度结算管理，阶段性资料也需要有意识地要求监理人、发包人签字确认并妥善保留相关证据。

（四）争取在专用条款中约定视为认可条款

根据相关规定及实务裁判观点，在实践中，要达到"发包人逾期未答复视为认可"的效果，首先，需承包人在与发包人签订的建设工程施工合同专用条款中明确约定发包人收到竣工结算文件后的答复期限和逾期未答复视为认可的法律后果；其次，承包人应向发包人送达完整的结算资料，并注意送达时间和送达方式，避免口头送达、留置送达等争议较大的方式；最后，在发包人逾期未答复后，承包人应根据实际情况进行判断，避免双方重新协商价款等行为，否则可能会被认定为对"逾期未答复视为认可"条款的变更，不利于后期工程款追偿。

第三节 结算协议的风险防控

结算协议是指发包人与承包人就工程价款金额、工程价款支付等问题在建设工程施工合同之外另行达成的协议。结算协议可形成于工程预付款结算、进度款结算、竣工结算、施工合同解除后的结算等各阶段。而结算协议作为双方乃至多方核对建设工程造价最重要的依据，一旦发生纠纷必然是双方争议之焦点。本节将结合结算协议的签订时间、内容等进行法律分析，以帮助施工单位准确理解结算协议的法律地位，从而审慎签订结算协议，维护自身合法权益。

一、风险提示：当事人诉前达成结算协议，人民法院将不再准予鉴定

案例

某学院与 A 公司建设工程施工合同纠纷

基本案情

A 公司（承包人）与某学院（发包人）签订了一份《建设工程施工合同》。合同签订后，A 公司进场施工。2015 年 6 月 15 日，相关工程分别通过五方验收。后某学院委托 M 公司对案涉工程进行竣工结算造价审核。2017 年 8 月 4 日，M 公司出具了竣工结算审核报告。2017 年 8 月 11 日，A 公司在上述四份审核报告中的审核验证定案表中盖章予以认可。2017 年 8 月 15 日，某学院在上述四份审核报告中的审核验证定案表中盖章予以认可。2017 年 8 月 16 日，M 公司在上述四份审核报告中的审核验证定案表中盖章予以认可。

法院裁判

案涉工程已竣工验收，某学院委托第三方 M 公司进行造价评估。M 公司于 2017 年 8 月 4 日出具了竣工结算审核报告，该报告中载明了案涉工程的送审金额、净减额、审定额，某学院、A 公司、M 公司作为建设单位、施工单位、审核单位在结算报告上签字盖章予以确认，该结算报告中载明的内容明确，能够反映案涉工程审核、调减、确定案涉工程结算价款的具体内容，故该审核报告应被认定为经双方确认后对案涉工程最终的结算结果，某学院主张盖章仅代表收到报告的理由，法院未予采纳。法院认为该审核报告应当视为双方确认之后形成的对案涉工程价款达成的协议，某学院主张对案涉工程重新鉴定不符合上述司法解释的规定。

▓▌ 风险分析 ▐▓

《最高人民法院关于审理建设工程施工合同纠纷案件适用法律问题的解释（一）》第二十九条规定"当事人在诉讼前已经对建设工程价款结算达成协议，诉讼中一方当事人申请对工程造价进行鉴定的，人民法院不予准许。"

《四川省高级人民法院关于审理建设工程施工合同纠纷案件若干疑难问题的解答》（川高法民一〔2015〕3号）第二十二条①解答认为："当事人在诉讼前已就工程价款的结算达成协议，一方在诉讼中要求重新结算的，不予支持，但结算协议被人民法院或仲裁机构认定为无效或撤销的除外。"

通常认为，当事人各方就诉前达成结算协议是指发包人与承包人、分包人或实际施工人之间已经就工程价款金额、工程价款支付等问题在工程施工过程中或工程完工后达成一致。对于建筑工程施工合同中各方当事人在已经就相应价款、金额问题达成一致的情况下要求重新鉴定为由推翻此结算的行为，原则上人民法院不予支持。

二、风险提示：结算协议签订后，可能无法另行主张工程索赔

案例

A公司、B公司建设工程分包合同纠纷

基本案情

A公司作为承包人与发包人B公司签订《3000吨工程合同》。2012年

---

①　已于2022年被重庆市高级人民法院、四川省高级人民法院《关于审理建设工程施工合同纠纷案件若干问题的解答》更新，原第二十二条无对应解答。

5月，A公司与B公司签订《结算协议》，协议载明：A公司与B公司于2009年3月签订的某工程施工合同的最终结算金额为793万元，双方共同确定此价格为最终费用，协议签订后双方互不针对原合同提出任何索赔要求。该《结算协议》附《工程结算汇总表》载明：合同金额768万元，增加项金额25万元，工程结算金额793万元，累计已付款6912000元，未支付款项（质保金＋增加项金额）1018000元。

法院裁判

A公司主张因B公司的原因导致A公司产生窝工损失，双方曾口头约定按照212万元进行窝工费损失赔偿。为证明其主张，A公司在原审中提供2009年9月14日的《税务机关代开统一发票》、2011年2月28日和3月2日的《建筑业统一发票（代开）》《EMS国内特快专递邮件详情单》以及二审中四组证据。法院认为A公司提供的证据均发生在双方签订《结算协议》之前，不能否定《结算协议》的内容。因此，对于A公司要求B公司向其支付200万元窝工费的主张，法院不予支持。

风险分析

结算协议系原施工合同当事人之间签订的对于工程施工所产生的债权债务的清理与认可，在不违背法律及行政法规强制性规定且没有相反证据证明双方当事人意思表示虚假的情况下，应推定其真实有效，并对协议签订各方产生约束效力。对于发生在结算协议签订之前的各种索赔情况，应认定索赔方在知道索赔事项发生后仍签订相关结算协议属于其对自身权利的处分放弃，后续再以此向人民法院提起诉讼要求索赔将难以得到人民法院支持。

三、风险提示：承包人在发包人出具的施工罚款单上签字，将视为其对罚款的认可，发包人将有权在结算款中抵减

案例

C公司、B公司建设工程施工合同纠纷

基本案情

B公司作为发包方与C公司作为承包方签订了一份《建设工程施工合同》，该合同约定C公司承包B公司开发的某项目。后双方对承包人在发包人出具的罚款单上签字的金额，以及发包人是否有权在结算款中扣减发生争议。

法院裁判

B公司所举证据中有C公司签字的罚款单数额为71300元，承包人在发包人出具的施工罚款单上签字为双方真实意思表示，且发包人举证按照施工合同约定的应罚款情形证据属实，因此承包人在罚款单上的签字行为将被视为承包人对罚款的认可，发包人将有权在结算款中抵减。

▨▨ 风险分析 ▨▨

在施工合同中约定如果承包人出现工期逾期、工程质量问题、未支付民工工资、使用不合格材料等情形，则由发包人或监理人进行"罚款"等条款非常常见。司法实践中，虽认为发包人、监理人无行政处罚权限，但通常认为施工合同中的"罚款"约定实质是要求承包人承担一定的违约责任。

山东省高级人民法院2020年发布的《山东省高级人民法院关于审理建设工程施工合同纠纷案件若干问题的解答》中对于建设工程施工合同约定对承包人的违约行为罚款的问题专门做了解答："建设工程施工合同约定对承包人的违约行为罚款的，应按照具体约定内容，对罚款的性质作出区分：（1）建设工程施工合同约定承包人存在工期迟延、工程质量缺陷或未达到合同约定的工程质量标准、转包或违法分包等违约行为，发包人可对

承包人罚款的，该约定可以视为当事人在合同中约定的违约金条款。（2）建设工程施工合同约定对承包人实施除履行合同义务之外的行为进行罚款的，不予支持。"此外，江苏省、北京市、河北省、陕西省等多地高院也印发了关于审理建设工程施工合同纠纷案件问题的解答，并在其中明确建设工程施工合同中的"罚款"条款应视为违约金。

故承包人在发包人或监理人发送的载明金额的"罚款单"上签字，通常将视为其对违约金的认可，且该行为及合同约定的罚款不违反法律、行政法规的效力性规定情形，通常将得到人民法院的支持。

由此，为避免被视为对金额的认可或丧失根据法律规定对于过高违约金要求调整的权利，承包人在签字前需注意：第一，确认罚款金额是否接受；第二，如果确需签字可注明仅代表收到相关文件，不视为对内容的认可；第三，承包人若对事项及金额有异议，也可进行备注说明；第四，将签署的文件资料留底备存。

四、风险提示：若施工合同中明确约定竣工结算造价审计中核减超出部分的审计费由承包人承担，应遵循合同约定

案例

X公司、Y集团建设工程施工合同纠纷

基本案情

2012年，发包人X公司作为甲方和承包人Y集团作为乙方签订《建设工程施工合同》，合同约定"乙方上报结算额不得超出甲方审计额的6%。如超出6%，则6%以外的审计费用由乙方承担。6%以内的审计费用由甲方承担。"

后经承包人签字同意，发包人委托审计公司对本工程进行结算核对和审计，《工程结算审定单》载明单位工程名称为"建筑及装饰合同内结算价"的送审价为453733995.30元，审定价为397777380.24元，核减额为55956615.06元，核增核减率为12.33%，后双方因欠付工程款中审计费的

承担主体和数额问题产生较大争议诉至法院。

根据 X 公司和审计公司签订的《X 省建设工程造价咨询合同》专用条款第三十条以及双方签订的《建设工程施工合同》专用条款第 47 条，Y 集团应当承担审计费的计算方式为：Y 集团上报结算额超出 X 公司审计额 6％但小于 10％部分的审计费（按 3.5％计算）＋Y 集团上报结算额超出 X 公司审计额 10％部分的审计费（按 4％计算）。根据上述计算规则，Y 集团应当承担的审计费用为 1093379.58 元（119150791.64 元×（10％－6％）×3.5％＋超出核减额 10％部分的审计费用 926568.47 元＝1093379.58 元），法院最终判决超出核减额的部分审计费 1093379.58 元应全额计入已付工程款。

▨▨▨ 风险分析 ▨▨▨

承包人在报送结算资料时，为最大限度争取经济利益，往往就高报送结算金额，为控制承包人尽量客观报送，发包人通常通过在双方在施工合同中约定对工程造价审计费用核减超出一定比例的由承包人承担。就工程造价审计费用核减超过一定比例承担主体进行约定的，通常认为应尊重当事人的意思自治，属合法有效。由此，若合同中存在相关约定情形下，承包人报送结算资料时应尽量客观、真实，以避免承担高额审计费用。

五、风险提示：承发包方约定如有错报漏报视为放弃的条款有效

某投资有限公司与孔某建设工程施工合同纠纷

某投资有限公司（甲方）与孔某（乙方）签订了《建设工程合同》，

该工程项目已于 2013 年 1 月投入使用。乙方于 2013 年 4 月 16 日提交某县土石方挖填工程《阶段结算承诺书》承诺:"结算资料真实、合法、完整,无错报漏报,如有错报漏报自行承担相应责任,不再补报。"

法院裁判

本案所涉工程已于 2013 年 1 月投入使用。乙方也于 2013 年 1 月 5 日将工程竣工结算资料报送给甲方,并于 2013 年 4 月 16 日向甲方出具承诺书,承诺:结算资料真实、合法、完整,无错报漏报,如有错报漏报自行承担相应责任,不再补报。双方当事人在《建设工程合同》第 13.2 款中约定,工程竣工验收报告经甲方认可之日起 7 个工作日内,乙方向甲方递交竣工结算报告及完整的结算资料进行工程竣工结算。也就是说,乙方是在明知案涉工程已经交付使用,其与甲方之间仅是结算工程款关系的情况下向甲方提交的结算报告,该结算报告是乙方向甲方主张结算工程款的依据,且乙方对于该结算报告承诺无错报漏报,如有错报漏报自行承担相应责任,不再补报。该承诺应视为乙方已经放弃了竣工结算报告范围以外的工程价款。

▓▓ 风险分析 ▓▓

当事人在结算协议中做出无错报漏报、如有错报漏报自行承担相应责任的承诺即意味着其放弃对案涉工程中竣工结算报告范围以外的工程款主张权利,系其对自身民事权利的处分,法院对此不能进行干涉。同时,当事人在放弃相应权利之后,也不能再以结算有误否认结算协议的效力或要求人民法院重新鉴定。

六、应对指南

(一)承包人签订结算协议时应保持慎重

根据《最高人民法院关于审理建设工程施工合同纠纷案件适用法律问题的解释(一)》第二十九条规定以及各地方高院就相关问题的解答,结合当前司法实践,诉前达成结算协议后不被允许鉴定的案例不胜枚举,坚持诉前达成结算协议后不允许鉴定也是当前很多建设工程施工案件审判实践的一大原则。此外，结合本章第一节中所述结算协议的独立性，因此，作为施工企业在签订结算协议时应保持慎重的态度，应做好核对确认工作，注意核实协议中确定的工程量、工程价款、款项支付条件及方式等内容，并结合实际情况，确定有利于己方的结算条款，避免因结算协议约定不清楚、不完善或与实际不符，而陷入被动局面。

（二）对于结算协议签订之前发生的可能产生纠纷的索赔问题或争议事项约定保留诉权

结算协议一旦达成即意味着双方当事人对工程价款或工程价款的支付方式达成了约定，甚至是终局性约定。因此，在结算协议签订前，一定要做好项目工程的验收结算工作以避免后续产生争议而无法进行重新结算导致己方利益受损。同时，承包人对于可能产生的索赔或争议项，可争取在协议中约定另行协商或者通过诉讼方式解决。

（三）签订施工合同时注意对罚款规则审查及罚款上限金额予以限制，在施工过程中严格施工流程，尽可能减少罚单的签署

建设工程施工合同履行过程中，发包人按照合同约定对施工单位进行罚款的情况较为常见。施工单位项目人员应当在签署罚款单时注明保留意见，避免将来发生争议时，法院以施工单位已经认可为由直接从应付工程中予以扣除。

（四）避免在结算协议中做出无错报漏报、如有错报漏报自行承担相应责任的承诺

在结算协议中做出放弃相应权利的表述即意味着放弃对案涉工程中竣工结算报告范围以外的工程款主张权利，后续再以结算协议有误为由推翻现有结算协议或要求人民法院重新鉴定则难以被许可。因此，在签订结算协议时，除了保持谨慎的态度，严谨核对确认协议中的工程量和工程价款之外，更需要结合实际情况，具体分析适用对己方有利的条款，承包人避免做出无错纰漏、如有错误自行承担等表述，以防止后续己方在工程价款发生争议时处于不利地位。

CHAPTER V

第五篇

质量与保修篇

质量作为建设工程项目的生命线，无论是法律法规还是规范性文件都规定了施工单位的质量责任。以建设工程竣工验收合格为节点，施工单位在施工建设过程中应当根据《建筑法》《建设工程质量管理条例》等法律法规和规范性文件的规定进行施工建设，不得出现未按图施工、违法分包、违法转包等行为，否则应承担相应的民事责任、行政责任，甚至是刑事责任。此外，在建设工程竣工验收合格后，施工单位还应当在一定期限内对建设工程项目承担缺陷责任和保修责任。

本篇将对施工单位在各个阶段应承担的质量责任以及相应的法律风险进行详细分析，对于典型的质量风险场景进行介绍，易混淆的质量责任类型进行区分，以帮助施工企业厘清其应承担的质量责任并提出风险防控建议。

第一章
建设工程质量风险防控

工程质量是建设工程发挥其使用价值的关键，也是工程能够交付使用的前提，是建设工程施工合同中的核心内容之一。在社会公益层面，建设工程质量不合格不仅威胁使用者的生命财产安全，而且会产生不良的社会影响，其质量和安全不容忽视。在法律层面，工程质量的合格与否，也将直接决定发包人缔约目的是否能够实现，影响着承包人能否取得相应的工程价款。

工程质量问题产生的原因具有多发性，一般情况下，工程质量问题的责任承担主体为承包人，但因建设工程各方参与主体均有确保工程质量合格责任，故也存在因发包人问题或者承包、发包人混合过错导致的工程质量问题。

根据《民法典》《建筑法》《建设工程质量管理条例》等法律法规的规定，建设单位、勘察单位、设计单位、施工单位、工程监理单位均依法对建设工程质量承担相应的法律责任。施工单位作为建设工程的主要参与方，法律法规对于其承担的质量责任进行了详细的规定。

实践中，施工单位需要对建设工程质量承担责任的情形主要有以下五种：施工单位未尽施工图纸审核义务、施工单位未按图施工、施工单位未获特定奖项、建设工程未经验收擅自使用，以及建设工程发生安全事故。

因此，本章拟从施工单位可能需要对建设工程质量承担责任的情形出发，对建设工程质量的责任主体、责任划分及责任承担方式进行分析并提出施工单位质量风险防控的相应措施。

第一节 施工单位未尽施工图纸审核义务的责任承担

一、风险提示：施工单位未及时发现或发现后未提出设计图纸存在的错误，应根据其过错程度承担责任

案例

某团体与某实业公司建设工程施工合同纠纷

基本案情

某团体与某实业公司签订了建设工程施工合同。施工期间，某团体口头要求某实业公司继续建设全地下室（原设计图纸设计为半地下室且已取消设计）。

该工程经竣工验收后，案涉项目地下室出现质量问题。诉讼中某实业公司申请对地下室渗水情况是设计原因还是施工原因进行鉴定。经鉴定，地下室筏板基础防水设计不可靠，不符合规范相关标准；墙体砂浆防水层局部存在空鼓、渗漏等施工质量缺陷，影响地下室的防水效果。

后某实业公司要求进一步鉴定造成地下室防水工程渗漏原因及对有关方面的责任进行说明。鉴定机构出具鉴定意见，认为施工方在施工过程中发现设计文件和图纸有差错，但未及时提出意见和建议，对于地下室墙体存在的空鼓和渗漏现象应承担责任。

法院裁判

法院认为，对地下室防水工程存在的质量问题，经鉴定，设计方及建

设方均应承担主要责任。施工方发现图纸和设计文件有差错应提出修改和建议意见。综合鉴定结论，依据《建设工程质量管理条例》第二十八条第二款"施工单位在施工过程中发现设计文件和图纸有差错的，应当及时提出意见和建议"的规定，施工方某实业公司在施工中发现设计单位对地下室工程的防水设计有差错，设计单位作出了设计变更，但其并没有书面提出建议或意见对施工图纸进行修改。因此施工方在对地下室工程进行施工时存在过错，根据其过错程度，施工方可按该鉴定维修费用的 20% 承担责任。

▨▨ 风险分析 ▨▨

《建设工程质量管理条例》第二十八条规定："施工单位必须按照工程设计图纸和施工技术标准施工，不得擅自修改工程设计，不得偷工减料。施工单位在施工过程中发现设计文件和图纸有差错的，应当及时提出意见和建议。"

《建设工程勘察设计管理条例》[①]　第二十八条规定："建设单位、施工单位、监理单位不得修改建设工程勘察、设计文件；确需修改建设工程勘察、设计文件的，应当由原建设工程勘察、设计单位修改。经原建设工程勘察、设计单位书面同意，建设单位也可以委托其他具有相应资质的建设工程勘察、设计单位修改。修改单位对修改的勘察、设计文件承担相应责任。施工单位、监理单位发现建设工程勘察、设计文件不符合工程建设强制性标准、合同约定的质量要求的，应当报告建设单位，建设单位有权要求建设工程勘察、设计单位对建设工程勘察、设计文件进行补充、修改。建设工程勘察、设计文件内容需要作重大修改的，建设单位应当报经原审批机关批准后，方可修改。"

因此，施工单位作为施工建设单位仍然应当对设计文件和图纸进行审查，若施工单位未及时发现设计文件和图纸中存在的错误，或发现错误后未及时提出意见或建议的，当工程出现质量问题时，可能会被判决承担一定比例的责任。

---

① 　此处引用的《建设工程勘察设计管理条例》为 2017 年修订版，如无特别标注，本书下同。

二、风险提示：建设单位承诺不能免除施工单位的赔偿责任

案例

某广电公司与某施工单位施工合同纠纷

基本案情

某广电公司作为建设单位启动某市"片区城中村改造项目"，后与某施工单位签订《施工总承包合同》。某施工单位在按照《施工设计图》施工的过程中，发现基坑相邻的某派出所房屋出现沉降，于是两次向建设单位发出停工请求，建设单位却发函要求施工单位继续按照《施工设计图》施工，并承诺"如有问题由建设单位负责"。

某施工单位根据建设单位的指示，继续按照《施工设计图》施工，然而施工单位的继续施工不仅导致周边的道路受损，还破坏了周边的房屋及附属公共设施。建设单位对周边房屋以及附属公共设施进行维修并支付了费用，随即将施工单位诉诸法庭，要求其承担相应责任。

法院裁判

施工单位系违法违规施工，导致周边建筑物出现沉降、开裂等损害后果的发生，具有重大过错，与案涉房屋受损具有直接因果关系，应承担较大赔偿责任。建设单位的承诺对施工单位的继续施工及侵权后果的发生有一定影响，应当分担施工单位应承担的部分责任，但作为专业的施工单位，应具备独立的施工风险判断和防范能力，仍应为自己的行为后果承担相应的责任，故酌定施工单位承担25％的赔偿责任。

▓▓风险分析▓▓

该案例中，施工单位就设计错误提出了意见或建议且获得了建设单位"如有问题由建设单位负责"的承诺，但法院并未就此免除施工单位的赔偿责任。因此，即使施工单位已就设计错误提出了意见或建议，并且建设单位还对安全质量等问题作出如有问题全权负责的承诺，施工单位也应保持独立的施工风险判断和防范能力。如有相关风险应及时向有关部门汇报并暂停施工，否则仍存在被判决承担责任的风险。

三、应对指南

施工单位负有对设计图纸进行审核的义务，当发现存在设计错误时，应及时提出意见和建议。

第一，施工单位应在拿到图纸后第一时间熟悉图纸，并按图纸要求进行核对工程量、编制施工方案等工作。此阶段发现图纸存在问题，应当做好记录，并在建设单位组织图纸会审时，向设计单位请示或要求设计单位澄清。

第二，施工单位任何时候发现图纸有问题，都应及时通过书面形式向项目监理单位、建设单位进行汇报，必要时应向建设主管部门汇报。设计意图不明的，可以要求设计人员澄清；设计精度不够的，可以要求深化设计；对某些部位施工有更优的想法，可以提出优化设计方案；可能影响安全、质量或违反强制性标准的，应暂停该部分施工，请求建设单位责令设计人员更改或出具书面说明。

第三，施工单位不能任意对施工图进行调整。即便设计图纸确实存在错误、遗漏等问题的，也应当及时向建设单位汇报，由项目原设计单位或经建设单位委托的其他设计单位进行修改。

第二节　施工单位未按图施工的责任承担

一、风险提示：施工单位未按图施工，需承担修理、返工、改建或赔偿损失等民事责任

案例

南通某集团公司与吴江某房地产公司建设工程施工合同纠纷

基本案情

吴江某房地产公司与南通某集团公司签订建设工程施工合同，合同约定吴江某房地产公司将某广场项目全部土建工程发包给南通某集团公司。

后南通某集团公司因工程结算争议提起诉讼，要求吴江某房地产公司支付拖欠的工程款和利息。吴江某房地产公司就南通某集团公司未按图施工，导致屋面广泛渗漏等问题提起反诉，要求判令重做。诉讼中法院委托司法鉴定，司法鉴定结论确定南通某集团公司未按图施工，屋面构造做法不符合原设计。

法院裁判

法院认为，南通某集团公司依据《建设工程质量管理条例》认为其只应承担保修责任而不应重做的理由，不能成立。本案屋面渗漏主要系南通某集团公司施工过程中偷工减料而形成，其交付的屋面本身不符合合同约定，且已对吴江某房地产公司形成仅保修无法救济的损害，故本案裁判的基本依据为《中华人民共和国民法通则》《合同法》[①] 等基本法律而非该条

①　《中华人民共和国民法通则》《合同法》均已被《民法典》（2021年1月1日起实施）废止。

例，根据法律位阶关系，该条例在本案中只作参考。本案中屋面渗漏质量问题的赔偿责任应按"谁造成、谁承担"的原则处理，符合公平原则。

关于本案屋面渗漏应按何种方案修复的问题，根据《合同法》第一百零七条、第二百八十一条之规定①，因施工方原因致使工程质量不符合约定的，施工方理应承担无偿修理、返工、改建或赔偿损失等违约责任。本案中，双方当事人对案涉屋面所做的工序进行了明确约定，但南通某集团公司在施工过程中，擅自减少多道工序，尤其是缺少对防水起重要作用的2.0毫米厚聚合物水泥基弹性防水涂料层，其交付的屋面不符合约定要求，导致屋面渗漏，其理应对此承担违约责任。鉴于吴江某房地产公司几经局部维修仍不能彻底解决屋面渗漏，双方当事人已失去信任的合作基础，为彻底解决双方矛盾，按照司法鉴定意见认定按全面设计方案修复，由吴江某房地产公司自行委托第三方按照全面设计方案对屋面渗漏予以修复，南通某集团公司承担相关修复费用。

▓▓ 风险分析 ▓▓

（一）未按照建设单位提供图纸进行施工的应承担违约责任

《民法典》第八百零一条规定："因施工人的原因致使建设工程质量不符合约定的，发包人有权请求施工人在合理期限内无偿修理或者返工、改建。经过修理或者返工、改建后，造成逾期交付的，施工人应当承担违约责任。"因此，施工单位未按照建设单位提供的图纸进行施工，构成违约，应当承担修理、返工、改建或赔偿损失等违约责任。

（二）"按图施工"是指按照蓝图施工而非按照白图施工

《建设工程质量管理条例》第十一条第二款规定："施工图设计文件未经审查批准的，不得使用。"《房屋建筑和市政基础设施工程施工图设计文件审查管理办法》② 第三条第三款规定："施工图未经审查合格的，不得使

---

① 《合同法》第一百零七条现对应《民法典》第五百七十七条；《合同法》第二百八十一条现对应《民法典》第八百零一条。

② 如无特别说明，本书引用的《房屋建筑和市政基础设施工程施工图设计文件审查管理办法》均为 2017 年修订版。

用。从事房屋建筑工程、市政基础设施工程施工、监理等活动，以及实施对房屋建筑和市政基础设施工程质量安全监督管理，应当以审查合格的施工图为依据。"

实践中，经审查合格的施工图称为蓝图，是设计最终文件；而未经审查合格的施工图称为白图，是设计过程文件。若施工单位使用白图进行施工，将导致建设工程的责任边界模糊、建设工程项目管理权责不清等问题，这将对建设工程的质量、安全造成极大风险。

对施工单位而言，白图并非经过有关政府部门审批的最终设计文件，如按照白图施工，将出现图纸修改、覆盖而引起的变更、返工等。此时，施工单位通常难以第一时间办理相关的签证手续，难以对工期进行协调和变更，这将增加施工单位造价和工期管理的风险。并且，在建设工程出现质量、安全问题时作为主要的实施主体，往往难以划分自身责任边界，从而不得不承担相应责任。

二、风险提示：如施工单位未按图施工的，可能面临罚款、停业整顿甚至吊销资质证书等行政处罚

> 案例

四川某建筑公司行政处罚案

基本案情

成都市交通局执法人员对乐西高速某项目进行检查时，发现该路段某大桥左线 10-2# 桩基、墩柱及地系梁钢筋制作、焊接、安装未按照工程设计图纸、施工技术标准施工（桩基部分主筋与墩柱钢筋搭接长度小于 10 倍钢筋直径，焊缝表面不光滑，地系梁钢筋笼未采用专门制作的定型产品作为垫块）。经调查发现四川某建筑公司未按照工程设计图纸或者施工技术标准施工。

处罚结果

成都市交通局对四川某建筑公司作出处以 4.89 万元罚款的行政处罚。

▓▌风险分析▐▓

《建筑法》第七十四条规定："建筑施工企业在施工中偷工减料的，使用不合格的建筑材料、建筑构配件和设备的，或者有其他不按照工程设计图纸或者施工技术标准施工的行为的，责令改正，处以罚款；情节严重的，责令停业整顿，降低资质等级或者吊销资质证书；造成建筑工程质量不符合规定的质量标准的，负责返工、修理，并赔偿因此造成的损失；构成犯罪的，依法追究刑事责任。"

《建设工程质量管理条例》第六十四条规定："违反本条例规定，施工单位在施工中偷工减料的，使用不合格的建筑材料、建筑构配件和设备的，或者有不按照工程设计图纸或者施工技术标准施工的其他行为的，责令改正，处工程合同价款2％以上4％以下的罚款；造成建设工程质量不符合规定的质量标准的，负责返工、修理，并赔偿因此造成的损失；情节严重的，责令停业整顿，降低资质等级或者吊销资质证书。"

因此，施工单位不按照建设单位提供的图纸进行施工或者按照白图施工的，属于违法施工行为，可能面临罚款、停业整顿甚至吊销资质证书等行政处罚。

三、风险提示：施工单位未按图施工造成重大安全事故的，可能构成重大安全事故罪

> 案例

杜某、王某、宋某、方某及陈某等重大责任事故罪

基本案情

某经济技术开发区在建工程钢结构屋面在进行刚性保护层混凝土浇捣施工时发生坍塌事故，共造成6人死亡、6人受伤，直接经济损失1097.55万元。后经事故调查组认定，案涉项目坍塌事故是一起因未按经施工图审

查的设计图纸施工而引发坍塌的较大生产安全责任事故。

处理结果

对杜某、王某、宋某、方某及陈某等项目实际承包人、现场负责人等施工单位人员以涉嫌重大责任事故罪进行依法逮捕。

▓‖风险分析‖▓

《建筑法》第七十四条规定："建筑施工企业在施工中偷工减料的，使用不合格的建筑材料、建筑构配件和设备的，或者有其他不按照工程设计图纸或者施工技术标准施工的行为的，责令改正，处以罚款；情节严重的，责令停业整顿，降低资质等级或者吊销资质证书；造成建筑工程质量不符合规定的质量标准的，负责返工、修理，并赔偿因此造成的损失；构成犯罪的，依法追究刑事责任。"

《刑法》第一百三十四条第一款规定："在生产、作业中违反有关安全管理的规定，因而发生重大伤亡事故或者造成其他严重后果的，处三年以下有期徒刑或者拘役；情节特别恶劣的，处三年以上七年以下有期徒刑。"第一百三十七条规定："建设单位、设计单位、施工单位、工程监理单位违反国家规定，降低工程质量标准，造成重大安全事故的，对直接责任人员，处五年以下有期徒刑或者拘役，并处罚金；后果特别严重的，处五年以上十年以下有期徒刑，并处罚金。"

因此，未按图施工将对建设工程的质量、安全造成极大威胁，发生重大安全事故时，施工单位的相关责任人员将被追究刑事责任。

四、应对指南

施工单位在参与项目建设过程中应当高度重视施工图纸的审查和使用，不能把按图施工简单理解为按照建设单位提供的图纸施工，而是应当按照经过有关政府部门审批的最终图纸进行施工，拒绝按照未经审核的白图进行施工。

如施工单位在按照蓝图进行施工的过程中出现了需要进行规划调整的情况时，应当要求建设单位完善规划手续、提供经主管部门对变更图纸审批通过后的施工蓝图。如发生上述情形的，施工单位应及时通过书面形式告知建设单位，并在施工日志、监理例会会议纪要中进行详细记录，为后续可能发生的工程价款调整、工期索赔、质量责任认定等做好证据支撑。

第三节　建设工程特定奖项的奖惩责任

一、风险提示：对获得特定奖项约定不明的，法院可能根据合同目的进行解释

> 案例

汕头某实业公司与广州某建筑公司建设工程施工合同纠纷

基本案情

大学城办公室与广州某建筑公司签订了《某大学房屋建筑工程施工合同》，合同约定由广州建筑公司承建某学校宿舍楼工程（共 10 栋宿舍楼）；承包人承诺创优目标一览表载明，学生宿舍楼的建筑面积 119315 平方米，建筑质量标准为工程取得广州市优良样板。

施工合同签订后，广州某建筑公司将安装工程分包给汕头某实业公司，合同约定：建筑公司有权向汕头某实业公司收取工程总造价计 6％ 管理费（若工程质量获广州市优良样板或以上等级，该管理费为 4％）。竣工验收后，仅 7 号楼获得广州市建筑业联合会、广州市建筑装饰协会发布的广州市年度优良样板工程奖项。广州某建筑公司与汕头某实业公司对如果

只有一栋楼取得奖项，是否满足合同约定的奖励条件产生争议。汕头某实业公司认为 7 号楼获得广州市年度优良样板工程奖项，应按 4% 计取管理费。

法院裁判

法院认为，广州某建筑公司和汕头某实业公司签订的专业分包工程合同以及汕头某实业公司签署的承诺书均有约定获广州市优良样板或以上等级，该管理费为 4%，但是没有明确约定是否需要全部达到广州市优良样板或以上等级，也没有约定部分达标的管理费为 4%。在双方就此产生争议的情况下，应当按照合同的目的解释上述条款的真实意思。广州某建筑公司从发包人处承建工程，后又将部分工程分包给汕头某实业公司，汕头某实业公司所承建的工程是整个大工程的一部分，双方签订分包合同也是为了完成总包工程的任务。在广州某建筑公司向发包人承诺所有的学生宿舍楼均达到广州市优良样板的情况下，汕头某实业公司获得管理费下浮的前提也应当是全部宿舍楼均达到广州市优良样板，这种解释更符合双方合同的目的。因此，汕头某实业公司主张按照 4% 的费率结算的依据不足。

风险分析

在建设工程领域，发包人为了提高工程质量和增加工程项目的知名度，通常会设置工程取得某个奖项给予承包人一定的奖励，如未取得则予以一定处罚或收取违约金的条款，该条款通常被称为"建设工程创奖条款"。

"建设工程创奖条款"通常需要在合同中进行明确约定才具有适用基础，但从司法裁判案例情况来看，施工企业是否满足了合同约定的奖励条件多会由于合同约定不明确而产生诸多的纠纷矛盾。因此，施工企业在签订合同时应对获取奖项的名称、究竟是工程整体获奖还是单楼栋获奖、获得奖项后奖励的金额、支付奖励的时间等进行明确约定，避免在后续合同履行过程中产生不必要的纠纷。

二、风险提示：对未获特定奖项情形下扣罚工程款的约定，可能得到法院的支持

案例

某实业公司与某中学建设工程施工合同纠纷

基本案情

某实业公司与某中学签订了工程施工合同，合同约定某中学将其科技综合楼工程发包给某实业公司施工，工程内容为施工图所示综合楼的土建、给排水及电气安装工程。某实业公司将严格按照省优工程"扬子杯"标准组织施工，以60万元作为省优工程保证金。如本工程最终未能获得"扬子杯"，则保证金不退还，作罚款处理。如果本工程最终获得"扬子杯"，则中学按每平方米8元给予奖励。

法院裁判

上述"扬子杯"条款内容的实现不以中学实际受到损失为条件，工程本身质量也非衡量奖惩的标准，而是以整体工程及管理获得"扬子杯"作为奖惩的依据。某实业公司承建的本案工程未获得"扬子杯"，中学按约有权拒绝返还60万元保证金。

风险分析

工程未获得某奖项而对施工单位予以罚款是建设工程领域常见的"罚款"条款。通常所说的"罚款"是国家机关根据法律法规的规定追究违法行为法律责任的一种方式，多出现于行政法领域，指行政机关强制违法者缴纳一定数量的金钱。因此，发包人不具有"罚款"的权力。

但是，在建设工程施工合同中关于罚款的约定在不违反法律法规的情况下，通常会得到法院的支持。如在各地法院的建设工程施工合同纠纷的

解答中（陕西省高级人民法院印发的《关于审理建设工程施工合同纠纷案件若干问题的解答》、浙江省高级人民法院民事审判第一庭印发的《关于审理建设工程施工合同纠纷案件若干疑难问题的解答》等）均将建设工程施工合同中的罚款条款认定为违约金条款。

同时，建设工程施工合同被认为是典型的商事合同，缔约双方均为对行业具有一定认知水平和履约能力的商事主体，人民法院多会尊重双方当事人的意思自治，不会一刀切地否定罚款条款的效力。如山东省高级人民法院发布的《关于印发全省民事审判工作会议纪要的通知》认为："对于当事人约定的建设工程质量标准高于国家规定的强制性安全标准的，如约定获得'鲁班奖'等，应当认定该约定有效，承包人的工程质量不符合合同约定质量标准的，应当按照合同约定承担违约责任，但合同另有约定的除外。"

因此，施工企业应当重视建设工程施工合同中关于未获得特定奖项而予以罚款的条款。

三、应对指南

对于施工企业而言，在签署合同时应注意以下事项，避免后续争议发生时出现对施工企业不利的解释。

（一）应明确约定获得奖励或支付罚款/违约金的条件

首先，奖项名称描述务必规范准确。

其次，应明确获得该奖励或支付罚款/违约金的条件：该特定奖项的获取范围是需要整个工程获得该奖项，还是只要某楼栋获得该奖项即可满足约定的奖励条件。

最后，应避免约定过高的罚款数额：司法实践中多会将未能获得特定奖项的罚款认定为惩罚性违约金，而认可发包、承包双方可以约定较高的违约金而不予以调整。

（二）应明确约定奖励金属于工程款的范畴

《最高人民法院关于审理建设工程施工合同纠纷案件适用法律问题的解释（一）》第三十五条规定："与发包人订立建设工程施工合同的承包

人，依据民法典第八百零七条的规定请求其承建工程的价款就工程折价或者拍卖的价款优先受偿的，人民法院应予支持。"

在司法实践中，如果发包、承包双方将奖励金约定为工程款的范畴，并且取得该奖项是付出了更多的人力、物力的，那么奖励金属于工程款的主张会得到法院的支持。主要是由于法院认为建设工程能够获得优秀工程奖，施工单位在施工环节中将付出比工程合格更为复杂的劳动及建筑工艺。施工方将劳动成果及材料物化于建设工程上，发包方也享受由此所带来的附加经济利益，故优质工程奖励金应当属于工程款的组成部分。

因此，施工单位应尽量将奖励金约定为工程款的范畴，以获得该款项的优先受偿权。

第四节　建设工程发生质量安全事故的责任承担

质量为建设工程的重中之重，建设过程的任何一个环节、工程项目的任何一个部位出现问题，都会给工程的整体质量带来严重的财产损失、人身伤害，甚至是生命损失。

因此，在建设工程项目发生质量问题或者质量安全事故时，建设单位、施工单位等不仅会对遭受人身或财产损害的主体承担民事责任，而且会被国家机关做出行政处罚甚至受到刑事追责。

一、风险提示：建设工程发生质量安全事故的，施工单位将面临行政处罚

案例

某执法局对某建设公司的行政处罚决定书

基本案情

某建设公司承建的某地块建设项目于 2022 年 12 月 15 日办理施工许可

证，2022 年 12 月底正式开工建设，经执法局执法人员调查发现建设公司承建的建设项目场地内有箍筋间距过大的钢筋笼，建设公司在施工中存在偷工减料的行为。

处罚内容

建设公司的行为违反了《建设工程质量管理条例》第二十八条第一款的规定。根据《建设工程质量管理条例》第六十四条的规定，对当事人作出如下行政处罚：（1）对当事人处工程合同价款 2% 的罚款，罚款人民币 380552.72 元；（2）对单位直接负责的主管人员陈某某处单位罚款数额 5% 的罚款，罚款人民币 19027.63 元，合计罚款人民币 399580.35 元。

风险分析

（一）施工单位对建设项目负有质量责任和义务

《建筑法》第五十二条第一款规定："建筑工程勘察、设计、施工的质量必须符合国家有关建筑工程安全标准的要求，具体管理办法由国务院规定。"

《建筑法》第五十八条至第六十二条对施工单位的质量管理责任进行了明确规定，《建设工程质量管理条例》第四章更是以专章的形式对施工单位的质量责任和义务进行了具体和明确的规定。

因此，施工单位对建设工程质量应当履行法律法规规定的义务和责任。

（二）施工单位违反法定质量责任和义务的，应承担相应的行政责任

1. 《建筑法》关于施工单位行政责任的规定

第六十九条第一款规定："工程监理单位与建设单位或者建筑施工企业串通，弄虚作假、降低工程质量的，责令改正，处以罚款，降低资质等级或者吊销资质证书；有违法所得的，予以没收；造成损失的，承担连带赔偿责任；构成犯罪的，依法追究刑事责任。"

第七十四条规定："建筑施工企业在施工中偷工减料的，使用不合格的建筑材料、建筑构配件和设备的，或者有其他不按照工程设计图纸或者施工技术标准施工的行为的，责令改正，处以罚款；情节严重的，责令停业整顿，降低资质等级或者吊销资质证书；造成建筑工程质量不符合规定的质量标准的，负责返工、修理，并赔偿因此造成的损失；构成犯罪的，依法追究刑事责任。"

2.《建设工程质量管理条例》关于施工单位行政责任的规定

第六十四条规定："违反本条例规定，施工单位在施工中偷工减料的，使用不合格的建筑材料、建筑构配件和设备的，或者有不按照工程设计图纸或者施工技术标准施工的其他行为的，责令改正，处工程合同价款 2％以上 4％以下的罚款；造成建设工程质量不符合规定的质量标准的，负责返工、修理，并赔偿因此造成的损失；情节严重的，责令停业整顿，降低资质等级或者吊销资质证书。"

因此，建设工程质量责任是施工单位的法定责任，施工单位应当履行相应的义务，否则将面临被予以行政处罚的风险。

二、风险提示：建设工程发生质量安全事故的，直接责任人员将承担刑事责任

案例

杨某某等工程重大安全事故案

基本案情

某国际小区施工期间，杨某某在建设 9 号楼消防通风口时，没有按照施工图纸的设计规定进行施工，降低了工程质量标准；后项目由建设单位、施工单位、监理单位、设计单位进行竣工验收，参加验收的人员均未对消防通风口的质量问题提出意见，后小区投入使用。

2018 年 3 月 25 日 13 时 40 分许，小区居民在其居住的虞城县的消防

通风口不幸坠亡。被告人杨某某作为建设方在工程中派驻的现场代表，其职责是负责工程施工期间质量、安全、进度、投资管理，在施工过程中和工程竣工验收时，未履行法定职责，导致工程质量标准降低，未按规定完成消防通风口施工以致发生该事故。

法院裁判

杨某某作为建设单位的直接责任人员，违反国家规定，不认真履行职责，致使居民坠亡的后果发生，其行为已构成工程重大安全事故罪。

风险分析

《刑法》第一百三十七条"工程重大安全事故罪"规定："建设单位、设计单位、施工单位、工程监理单位违反国家规定，降低工程质量标准，造成重大安全事故的，对直接责任人员，处五年以下有期徒刑或者拘役，并处罚金；后果特别严重的，处五年以上十年以下有期徒刑，并处罚金。"

首先，本罪的主体特定，只能是建设单位、设计单位、施工单位及工程监理单位。

其次，本罪的行为要件为"违反国家规定，降低工程质量标准"的行为，主要包括《建筑法》《建设工程质量管理条例》规定的降低工程质量标准的行为：超过资质等级范围承接工程或者发包分包工程、使用降低标准的建筑材料、建筑构配件和设备、违反国家工程质量强制性标准、擅自或者任意更改原设计、施工单位隐蔽工程不符合规定进行验收、偷工减料、违反有关材料试验规定等。

最后，本罪的结果要件为"造成重大安全事故的"，即本罪为结果犯。根据司法解释规定，造成重大安全事故要求具有下列情形之一：（1）造成死亡一人以上，或者重伤三人以上的；（2）造成直接经济损失一百万元以上的；（3）其他造成严重后果或者重大安全事故的情形。由此可见，并不是所有违反国家规定，降低工程标准的行为都构成本罪，只有因此造成重大安全事故，造成严重后果，危害公共安全，才构成本罪。

因此，尽管施工单位是犯罪主体，但是施工单位的直接责任人员才为被处罚主体，施工单位的相关人员尤其是管理人员应当尽到质量管理、安全管理职责，避免发生违反国家规定、降低工程质量标准并导致重大安全事故的情形。

三、风险提示：建设工程发生质量安全事故的，施工单位应对第三人承担民事赔偿责任

案例

柳某某与某置业公司、某工程公司财产损害纠纷

基本案情

柳某某作为某小区业主，将车辆停放在小区物业用房旁边的地面停车位，后由于小区物业用房倒塌，导致其车辆被损坏至无法使用的状态。柳某某将开发商某置业公司、施工单位某工程公司诉至人民法院，要求其共同承担损害赔偿责任。

法院裁判

本案中，小区物业用房倒塌直接导致柳某某车辆毁损，柳某某的财产损失与小区物业用房倒塌存在直接关系，尽管某置业公司、某工程公司提供了案涉项目竣工验收报告，拟证明案涉项目已经验收合格，不存在质量缺陷，但是检测机构的鉴定报告显示，墙体混凝土实际强度不能满足现行规范的要求，墙体实际配筋不能满足现行规范规定的最小配筋率要求，存在质量问题，因此某置业公司与某工程公司应当对柳某某承担损害赔偿责任。

▓▓ 风险分析 ▓▓

《民法典》第一千二百五十二条第一款规定："建筑物、构筑物或者其他设施倒塌、塌陷造成他人损害的，由建设单位与施工单位承担连带责任，但是建设单位与施工单位能够证明不存在质量缺陷的除外。建设单

位、施工单位赔偿后，有其他责任人的，有权向其他责任人追偿。"

根据前述条款的规定，在建设物、构筑物或其他设施发生倒塌、坍塌并造成他人损害的，施工单位应承担的是无过错责任，即只要发生了前述情形的，建设工程的施工单位就应当承担法律责任；如施工单位想免于承担责任，只能通过举证证明建设工程不存在质量缺陷实现。司法实践中，施工单位往往会以建设工程通过竣工验收作为不存在质量缺陷的证明，但是法院通常认为竣工验收证明文件不足以起到该证明作用。

四、风险提示：在建设工程质量事故中，总承包单位应当对分包单位、实际施工人的行为承担连带责任

案例

某建筑公司与某工程公司追偿权纠纷

基本案情

A 小区外墙脱落导致小区业主万某头部损伤，万某对建设单位某置业公司以及施工总承包单位某建筑公司提起诉讼要求承担赔偿责任。

法院裁判

尽管施工总承包单位与外墙单位签订的外墙施工合同约定："由于工程外墙发生质量问题的，事故的全部责任及经济损失由乙方（外墙单位）承担，甲方（施工总承包单位）无任何连带责任"，但是因施工总承包方系发包方经过谨慎筛选所确定，其履约能力应当具有保障，在《建筑法》及《建设工程安全生产管理条例》中也明确规定了施工总承包单位对分包工程与分包单位承担连带责任，该项义务和责任不应以协议约定而免除。

风险分析

在建设工程领域，总承包单位、分包单位、甲指分包单位、实际施工

人都是参与建设工程项目施工的主体，同时也是对质量问题承担责任的主体。

《建筑法》第五十五条规定："建筑工程实行总承包的，工程质量由工程总承包单位负责，总承包单位将建筑工程分包给其他单位的，应当对分包工程的质量与分包单位承担连带责任。分包单位应当接受总承包单位的质量管理。"

《最高人民法院关于审理建设工程施工合同纠纷案件适用法律问题的解释（一）》第七条规定："缺乏资质的单位或者个人借用有资质的建筑施工企业名义签订建设工程施工合同，发包人请求出借方与借用方对建设工程质量不合格等因出借资质造成的损失承担连带赔偿责任的，人民法院应予支持。"

因此，根据前述规定，如工程质量问题是分包单位原因导致的，除分包单位自身应承担相应责任外，施工总承包单位、工程总承包单位仍然应当对分包单位和分包工程的质量承担连带责任。

五、应对指南

施工单位作为建设工程的重要参与主体，应当对建设工程的各个环节、各个部分的质量负责，此处的责任包括民事责任，还包括刑事、行政责任，一旦发生重大质量安全事故，施工单位可能同时面临三种责任。尤其是在刑事责任方面，施工单位的直接责任人员还会承担相应的刑事责任。

因此，施工单位应当严格避免发生《建筑法》《建设工程质量管理条例》禁止的情形，并严格按照相应规范尤其是强制规范的要求进行施工建设。

第二章
建设工程保修阶段风险防控

　　施工单位的质量责任不仅体现在建设阶段应当按照法律法规和行业规范的要求进行建设施工，而且包括在建设工程竣工验收之后应当在合理期限内对建设工程承担相应的质量责任。为了将施工单位在建设工程竣工验收之后的责任落在实处，我国法律法规规定了缺陷责任期、质量保修期以及施工单位在相应期限内应承担的义务和责任。本节将对施工单位在建设工程竣工验收之后的义务和责任进行梳理，以帮助施工单位做好保修阶段的风险防控。

第一节　缺陷责任期、工程质量保修期辨析

　　《建筑法》《建设工程质量管理条例》等规范建设工程领域的法律法规明确了工程保修期等问题。建设部、财政部发布于 2005 年的原《建设工程质量保证金管理办法》（建质〔2005〕7 号）及 2017 年修订的《建设工程质量保证金管理办法》（建质〔2017〕138 号）又规定了建设工程的缺陷责任期。在实践中施工单位对上述两个期限极容易产生混淆。

一、缺陷责任期和质量保修期的定义及法律依据

（一）缺陷责任期

　　根据《建设工程施工合同（示范文本）》（GF—2017—0201）对于缺

陷责任期的定义，缺陷责任期是指承包人按照合同约定承担缺陷修复义务，且发包人预留质量保证金（已缴纳履约保证金的除外）的期限，自工程实际竣工日期起计算。

缺陷责任期这一期限的设定主要来源于《建设工程质量保证金管理办法》的规定，其制定的主要目的在于"为规范建设工程质量保证金管理，落实工程在缺陷责任期内的维修责任"，并设置了工程质量保证金对施工单位在缺陷责任期内的维修责任进行保证，如未在缺陷责任期内履行维修义务的，发包人有权对质量保证金予以扣留。

（二）质量保修期

根据《建设工程施工合同（示范文本）》（GF—2017—0201）对于保修期的定义，质量保修期是指承包人按照合同约定对工程承担保修责任的期限，从工程竣工验收合格之日起计算。

《建设工程质量管理条例》通过规定的形式建立起建设工程保修制度，规定了建设工程的最低保修期限、施工单位在保修期内承担的义务以及违反保修义务的法律责任。

二、缺陷责任期和工程质量保修期的比较

（一）相同点

1. 二者目的都是要求施工单位对建设工程承担质量责任

无论是缺陷责任期还是工程质量保修期都是通过设置一定的期限和施工单位在期限内应承担的义务从而落实施工单位对建设工程的质量责任。

2. 法律法规允许当事人对缺陷责任期和工程质量保修期进行自由约定，但也对其意思自治的范围进行了限制

尽管缺陷责任期和工程质量保修期的期限存在差异，但是法律法规都对二者的期限进行了规定，在不低于法定最低的期限的前提下，允许当事人对缺陷责任期和工程质量保修期的具体期限进行约定。

3. 一般情况下，缺陷责任期和工程质量保修期起算点均为工程竣工验收之日起

竣工验收作为建设工程的关键节点之一，也是缺陷责任期和工程质量保修期的起算标准，但二者在表述上存在一定差异，即缺陷责任期为通过竣工验收之日，工程质量保修期为竣工验收合格之日。

（二）不同点

尽管缺陷责任期和质量保修期都是为了落实施工单位的质量责任而设置的，但是二者在责任期限、责任范围、承担责任的方式等方面存在诸多不同。

1. 责任期限不同

（1）缺陷责任期。

缺陷责任期一般为 1 年，最长不超过 2 年，由发、承包双方在合同中约定。

（2）质量保修期。

在正常使用条件下，建设工程的最低保修期限为：（一）基础设施工程、房屋建筑的地基基础工程和主体结构工程，为设计文件规定的该工程的合理使用年限；（二）屋面防水工程、有防水要求的卫生间、房间和外墙面的防渗漏，为 5 年；（三）供热与供冷系统，为 2 个采暖期、供冷期；（四）电气管线、给排水管道、设备安装和装修工程，为 2 年。其他项目的保修期限由发包方与承包方约定。

2. 是否预留资金不同

（1）缺陷责任期。

在缺陷责任期内，发包人应按照合同约定方式预留保证金，保证金总预留比例不得高于工程价款结算总额的 3%。

（2）质量保修期。

在质量保修期内，没有法律法规对于预留资金进行了强制性规定，但是发承包双方可以进行协议约定。

第二节 质量保证金

一、风险提示：施工合同约定缺陷责任期超过 2 年的，效力存在争议

观点一：《建设工程质量保证金管理办法》关于缺陷责任期最长不超过 2 年的规定不属于效力性强制性规定

案例一

四川某建筑公司、昭通某房地产开发公司
建设工程施工合同纠纷

基本案情

四川某建筑公司与昭通某房地产开发公司通过招标投标方式签订了某项目的《建设工程施工合同》，昭通某房地产开发公司将某工程发包给四川某建筑公司。同时，合同约定质保金在分部工程两年质保期满后退还，防水质保金在五年防水工程质保期满后退还。四川某建筑公司认为关于质保金在工程竣工验收之日起五年后退还的约定违反法律法规强制性规定无效。

法院裁判

《最高人民法院关于审理建设工程施工合同纠纷案件适用法律问题的解释（二）》第八条①规定："有下列情形之一，承包人请求发包人返还工

---

① 对应《最高人民法院关于审理建设工程施工合同纠纷案件适用法律问题的解释（一）》第十七条。

程质量保证金的，人民法院应予支持：（一）当事人约定的工程质量保证金返还期限届满。（二）当事人未约定工程质量保证金返还期限的，自建设工程通过竣工验收之日起满二年……"本案中，双方当事人对于质保金的返还期限在《建设工程施工合同》中进行了明确约定，即"质保金在分部工程两年质保期满后退还，防水质保金在五年防水工程质保期满后退还"，因本案工程尚有部分地下安装工程须待消防工程完毕后方可施工完成，且五年防水工程质保金的返还期限尚未届满。建筑公司主张《建设工程质量保证金管理暂行办法》① 第二条关于"缺陷责任期一般为六个月、十二个月或二十四个月，具体可由发、承包双方在合同中约定"的规定系法律关于质保金返还期限不得超过两年的强制性规定没有依据。

观点二：约定超过两年的质保金期限，视为没有约定

> 案例二

某建设集团与某置业公司建设工程施工合同纠纷

基本案情

某置业公司作为某项目发包人与某建设集团签订了《建设工程施工合同》。其中合同附件一《房屋建筑工程质量保证书》约定，保证金为合同造价的 4%，在工程竣工结算时预留，保修费由造成质量缺陷的责任方承担。保修金在土建、安装、防水工程各自保修期限到期后，按造价比例乘以保修金分别无息退还承包人。发包人在各自质量保修期满后 14 天内将质量保修金返还承包人，其他保修项目仍由承包人负责，直至保修期满后无息退还。后某建设集团在诉讼中主张某置业公司逾期退还质量保证金，要求某建设集团承担逾期退还的违约责任。

---

① 已被《建设工程质量保证金管理办法（2016）》（2016 年 12 月 27 日发布，2016 年 12 月 27 日实施）废止。《建设工程质量保证金管理暂行办法》第二条对应《建设工程质量保证金管理办法（2017）》第二条。

法院裁判

首先，缺陷责任期内的质量缺陷修复义务与保修期内质量保修义务不同。缺陷责任期是扣留工程质量保证金的期限，缺陷责任期内承包人承担的是质量缺陷修复义务，保修期内承包人承担的是保修义务。缺陷责任期满，发包人应当按照合同约定退还工程质量保证金。工程质量保证金的返还与保修期期限没有必然联系，发包人不能以保修期未届满为由拒绝向承包人返还工程质量保证金。对于缺陷责任期，《建设工程质量保证金管理办法》[①] 第二条第三款规定："缺陷责任期一般为 1 年，最长不超过 2 年，由发、承包双方在合同中约定。"虽然双方在质量保修书中对返还工程质量保证金约定按土建、安装、防水工程各自保修期限到期后，按造价比例乘以保修金分别无息退还承包人，但防水工程质量保证金约定部分违反了《建设工程质量保证金管理办法》第二条第三款规定的缺陷责任期最长不得超过 2 年的规定，超过 2 年的期限不能被认定为缺陷责任期。

▓▓ 风险分析 ▓▓

如前所述，《建设工程质量保证金管理办法》确立了"缺陷责任期"这一期间，而施工单位在缺陷责任期内承担责任的方式之一是赋予发包人享有扣留质保金的权利。根据《建设工程质量保证金管理办法》的规定，建设工程质量保证金是指发包人与承包人在建设工程承包合同中约定，从应付的工程款中预留，用以保证承包人在缺陷责任期内对建设工程出现的缺陷进行维修的资金；缺陷责任期一般为 1 年，最长不超过 2 年，由发、承包双方在合同中约定；缺陷责任期满后，发包人应当向施工单位退还质量保证金。因此，在建设工程领域，质量保证金的退还期限、是否满足退还条件是发承包双方常见的争议点。

发包人为了加强对施工单位质量保证责任的管控，以及避免施工单位逃避承担质量保证责任，往往会约定更长的缺陷责任期并延长退还质量保

---

① 　如无特别说明，本书引用的《建设工程质量保证金管理办法》均为 2017 年修订版。

证金的期限，而《建设工程质量保证金管理办法》属于部门规章，位阶较低，这就导致司法实践中对超出《建设工程质量保证金管理办法》规定缺陷责任期范围的约定条款效力认定的不同。

在案例二中，法院以当事人双方约定违反《建设工程质量保证金管理办法》的规定为由，认为关于缺陷责任期超过两年的约定无效；而在案例一中，法院又对司法解释的规定做出推导，即只有在当事人没有约定或约定不明的情况下才适用《建设工程质量保证金管理办法》对于缺陷责任期两年的规定，而双方当事人明确约定且约定缺陷责任期超过两年的，则应尊重双方当事人的意思表示。

因此，对于施工单位而言，一旦在合同中约定质量保证金的退还期限超过法定缺陷责任期两年的，法院可能会支持该条款约定的效力，从而影响施工单位收回全部工程款的进度和期限。

二、风险提示：发包人未经竣工验收擅自使用工程的，仍然有权扣留质量保证金，缺陷责任期自建设工程转移占有之日起算

案例

某建设公司、某房地产公司建设工程施工合同纠纷

基本案情

某建设公司作为甲方与某房地产开发公司作为乙方签订《建设工程施工合同》，约定由某房地产公司将位于××街道的某商场2号楼发包给某建设公司承建，双方约定"竣工结算后，甲方向乙方支付已完工程款的97%，预留质保金3%"，质保金自竣工验收之日起两年后退还。某房地产公司为加快案涉商场开业，在商场竣工验收合格之前就将商铺交付给业主使用。双方发生纠纷后，某建设公司在诉讼中主张某房地产公司未经竣工验收擅自使用，故房地产公司无权扣留质量保证金。

法院裁判

施工方对建设工程应承担的质量责任，包括对工程施工中出现的质量问题及经验收不合格工程应承担的质量返修责任，以及对经验收合格的工程在使用过程中出现的质量问题应承担的保修责任。房地产公司未经竣工验收擅自使用，只是推定工程质量合格，并不能免除承包人对案涉工程的质量责任，房地产公司有权扣留质量保证金，建设公司仍然应当根据规定在缺陷责任期履行维修义务，缺陷责任期自转移占有建设工程之日开始计算，建设公司关于不应当予以扣减的主张不能成立。

风险分析

（一）发包人未经验收擅自使用的情况下，发包人仍然有权扣留质量保证金

在发包人未经验收擅自使用的情况下，施工单位仍然需要承担缺陷责任期内因主体和地基问题产生的责任，故发包人有权基于规定和合同约定扣留质量保证金。

（二）发包人未经验收擅自使用的，会影响缺陷责任期的起算时间，进而影响质量保证金的退还时间

《建设工程质量保证金管理办法》第八条中规定："缺陷责任期从工程通过竣工验收之日起计。"《最高人民法院关于审理建设工程施工合同纠纷案件适用法律问题的解释（一）》第九条规定："当事人对建设工程实际竣工日期有争议的，人民法院应当分别按照以下情形予以认定：……（三）建设工程未经竣工验收，发包人擅自使用的，以转移占有建设工程之日为竣工日期。"

因此，在发包人未经验收擅自使用建设工程的情况下，影响的只有缺陷责任期的起算时间，即自建设工程转移至发包人占有之日起算。

（三）其他特殊情形下的缺陷责任期起算时间

除了发包人未经验收擅自使用这一特殊情形之外，还包括发包人故意

拖延验收、承包人原因导致无法通过验收等情形，而这些特殊影响也不会免除施工单位作为承包人应遵守的缺陷责任期，只会影响缺陷责任期的起算时间。《建设工程质量保证金管理办法》第八条中对此进行了明确规定，即："由于承包人原因导致工程无法按规定期限进行竣工验收的，缺陷责任期从实际通过竣工验收之日起计。由于发包人原因导致工程无法按规定期限进行竣工验收的，在承包人提交竣工验收报告90天后，工程自动进入缺陷责任期。"

三、风险提示：施工合同关于工程质量保证金比例超过3%的约定有效

案例

某建工公司与某置业公司建设工程施工合同纠纷

基本案情

某建工公司与某置业公司签订《建设工程施工合同》，某建工公司为承包人，某置业公司为发包人，合同约定案涉工程项目结算总价款5%作为质量保证金，自缺陷责任期满后30日内一次性付清。后某建工公司完成维修后，某置业公司未及时支付质保金外剩余工程款。某建工公司遂向法院起诉，要求某置业公司支付剩余工程款，并主张质保金约定不符合规定，为无效条款，某置业公司应当一并支付作为质保金的工程款。

法院裁判

虽然合同约定的5%的质量保证金比例违反了《建设工程质量保证金管理办法》的规定，但《建设工程质量保证金管理办法》系部门规章，部门规章不能作为认定合同效力的依据，且该约定亦不存在违反公序良俗的情形，故该约定有效，质量保证金的比例应为结算工程款的5%。但置业公司预留超过结算金3%的工程质量保证金的行为，违反了《建设工程质

量保证金管理办法》第七条的规定，建工公司可向相关行政部门举报，追究其行政责任。

▦ 风险分析 ▦

《民法典》第一百五十三条规定："违反法律、行政法规的强制性规定的民事法律行为无效。但是，该强制性规定不导致该民事法律行为无效的除外。违背公序良俗的民事法律行为无效。"

《建设工程质量保证金管理办法》是由中华人民共和国住房和城乡建设部、中华人民共和国财政部颁布的部门规章，并不当然属于《民法典》第一百五十三条规定的强制性法律、行政法规。《全国法院民商事审判工作会议纪要》（法〔2019〕254号）第三十一条指出："违反规章一般情况下不影响合同效力，但该规章的内容涉及金融安全、市场秩序、国家宏观政策等公序良俗的，应当认定合同无效。人民法院在认定规章是否涉及公序良俗时，要在考察规范对象基础上，兼顾监管强度、交易安全保护以及社会影响等方面进行慎重考量，并在裁判文书中进行充分说理。"而约定质量保证金比例超过3％的，也不会当然地影响建设工程市场秩序或者国家宏观政策，通常也不会因违反公序良俗而被认定无效。

四、风险提示：施工合同无效的，发包人可以预留质保金

观点一：施工合同无效，质保金应当继续保留

案例一

某置业公司与某建设公司建设工程施工合同纠纷

基本案情

某置业公司将必须进行招标的某项目一期工程直接发包给某建设公

司，并与某建设公司签订《建设工程施工合同》，由某建设公司作为某商业综合体项目一期工程的施工总承包单位。合同附件六《建设工程质量保修书》约定自工程竣工验收之日起两年退还质量保证金。后某建设公司因工程款支付问题将某置业公司诉至法院，并主张某置业公司无权扣留质量保证金，应当与未付工程款一起支付给某建设公司。

法院裁判

置业公司将必须招标的项目未经公开招标即确定建设公司作为施工总承包单位，其所签订的《建设工程施工合同》无效。案涉《建设工程施工合同》虽被确认无效，但建设工程实行质量保修制度。工程质量保证金一般是用以保证承包人在缺陷责任期内对建设工程出现的质量缺陷进行维修的资金。虽然工程质量保证金可以由当事人双方在合同中约定，但从性质上讲，工程质量保证金是对工程质量保修期内工程质量的担保，是一种法定义务，故不应以合同效力为认定前提，因此质保金应当在合同约定期限届满后支付。

观点二：建设工程施工合同无效，质量保证金条款亦无效，应随工程款一并支付

案例二

某建设集团公司与某置业公司建设工程施工合同纠纷

基本案情

某置业公司与某建设集团公司在未经招标投标的情况下，签订了第一份《建设工程施工合同》。后某建设集团公司通过公开招标投标方式，确定某置业公司为中标单位。为完善招标投标工程的合同备案手续，某置业公司、某建设集团公司签署了第二份《建设工程施工合同》。后双方因工程款结算问题发生争议，某建设集团公司将某置业公司诉至法院，诉讼中某置业公司主张其有权扣留质量保证金。

法院裁判

因案涉施工合同无效，质保金条款亦无效，合同中关于质保金扣留比例及返还时间的约定，对合同当事人不具有法律约束力。某置业公司依据合同约定主张扣留质保金不能成立，案涉工程价款质保金应随工程款一并返还。

观点三：建设工程施工合同无效，质量保证金条款亦无效，但质保金应按相关规定的时间、比例返还

案例三

某投资公司与某建筑公司建设工程施工合同纠纷

基本案情

某投资公司将某市政工程直接发包给某建筑公司施工，某建筑公司于2015年8月进场施工。2015年9月，为满足招标要求，某投资公司组织招标并由某建筑公司中标。后双方因工程结算问题发生争议，某建筑公司将某投资公司诉至法院。某投资公司以项目未经招标为由主张合同无效。

法院裁判

因双方所签《补充条款》及《建设工程施工合同》为无效合同，故合同中约定的质保金条款对双方不具有约束力。根据《建设工程质量保证金管理办法》第二条、第八条的规定，质保金应从工程通过竣工验收之日起计算，质保金最长不超过2年。案涉工程的缺陷责任期并未届满，故某投资公司有权不予支付质量保证金。

▓▓ 风险分析 ▓▓

虽然质量保证金属于部门规章规定的法定义务，但是保证金预留方

式、预留比例、返还期限等仍然需要由当事人自行进行约定，这就导致了在合同无效、被解除情形下对该条款效力认定的差异。

持有肯定观点的人认为：一方面，质量保证金是由部门规章为落实施工单位在缺陷责任期内的质量责任而设置的，质量责任、缺陷责任期、质量保证金都属于法定义务，并不因合同无效、被解除而免除，合同约定只是对法定义务的细化；另一方面，《民法典》第五百六十七条规定，"合同的权利义务关系终止，不影响合同中结算和清理条款的效力。"而质量保证金则属于清理条款，其并不因合同无效而无效，施工单位仍然应当在缺陷责任期内承担法定义务，建设单位仍然有权扣留质量保证金。

而持有否定观点的人认为：质量保证金条款并非像结算条款、违约责任条款一样属于典型的结算和清理条款，在合同无效的情形下，不应适用合同关于质量保证金的约定。而在质量保证金条款因合同无效而无效的观点之下，质量保证金如何处理又分为两种观点：一是质量保证金属于法定义务，应当根据《建设工程质量保证金管理办法》规定的期限、比例、退还时间进行处理；二是施工合同无效，质保金应当随工程款一并返还。

五、风险提示：承包人未在缺陷责任期内修复工程质量问题的，发包人有权拒绝退还质保金

案例

某酒店与某建设公司建设工程施工合同纠纷

基本案情

某酒店作为发包方将案涉工程发包给某建设公司（承包方）施工，双方签订了《建设工程施工合同》，约定工程质量保修金金额为结算价款的3％，不计利息。后双方对于工程款结算产生纠纷，某酒店主张案涉工程存在质量问题且该质量问题是由某建设公司原因造成的，该质量保证金不应予以退还。

法院裁判

按照双方建设工程施工合同的约定，工程竣工验收合格后开始计算缺陷责任期，期限届满且无工程质量问题或者所产生的质量问题已得到妥善解决的，发包人应在 14 天内，将剩余质量保证金和利息返还承包人。故案涉工程质保期虽已届至，但尚需满足无工程质量问题或者所产生的质量问题已得到妥善解决的条件。现双方均认可案涉房屋出现了漏水等问题，并对出现问题的原因各执一词，发包人并与案外人就漏水修复签订了施工合同进行了部分修复，另有部分房屋质量问题尚未得到妥善解决。因此，承包人现仅以工程质保期已届满为由主张返还质保金，不能得到支持。

▓▓ **风险分析** ▓▓

质量保证金作为对施工单位质量责任进行担保的方式，其主要目的是保障施工单位依法在缺陷责任期内对工程质量缺陷履行维修义务，如无法履行维修义务，则意味着施工单位违反了法律规定和合同约定，对作为该义务担保的质量保证金则可以予以扣留。

第三节　质量保修期及保修责任

一、风险提示：工程质量保修期的约定短于法定最低保修期限的，将被认定为无效

案例

某防水材料公司与某建筑公司建设工程施工合同纠纷

基本案情

某建筑公司与某防水材料公司签订《厂房钢结构屋面防水系统工程施

工合同》，约定施工内容为屋面防水系统工程，质保期为自验收合格之日起2年。2011年12月16日，辽阳县工程质量监督站出具《质量问题通知单》，载明问题为该工程屋面防水采用某防水材料公司生产的PVC防水卷材，经1年多使用后，该材料存在屋面大面积爆裂渗漏。处理意见为该屋面工程必须返工重做，保证使用功能，否则对该工程不予以验收。后双方因质量维修问题产生争议诉至法院。

法院裁判

建设工程实行质量保修制度，建设工程在保修范围和保修期限内发生质量问题的，施工单位应当履行保修义务，并对造成的损失承担赔偿责任。建设工程施工合同中约定正常使用条件下工程的保修期限低于法律、行政法规规定的最低期限的，该约定无效。根据《建设工程质量管理条例》第四十条规定，屋面防水工程正常使用条件下的最低保修期限为5年，而本案中，某防水材料公司与某建筑公司签订的施工合同中的保修期（2年）低于上述行政法规规定的最低期限，故双方之间关于缩短工程保修年限的约定，因违反法律、行政法规的强制性规定而无效。某防水材料公司仍应按照5年期限承担保修义务。

风险分析

《建筑法》第六十二条规定："建筑工程实行质量保修制度。建筑工程的保修范围应当包括地基基础工程、主体结构工程、屋面防水工程和其他土建工程，以及电气管线、上下水管线的安装工程，供热、供冷系统工程等项目；保修的期限应当按照保证建筑物合理寿命年限内正常使用，维护使用者合法权益的原则确定。具体的保修范围和最低保修期限由国务院规定。"

《建设工程质量管理条例》第四十条规定："在正常使用条件下，建设工程的最低保修期限为：（一）基础设施工程、房屋建筑的地基基础工程和主体结构工程，为设计文件规定的该工程的合理使用年限；（二）屋面防水工程、有防水要求的卫生间、房间和外墙面的防渗漏，为5年；（三）供热与供冷系统，为2个采暖期、供冷期；（四）电气管线、给排水管道、设备安装和装修工程，为2年。其他项目的保修期限由发包方与承包方约定。建设工程的保修期，自竣工验收合格之日起计算。"

《四川省高级人民法院关于审理建设工程施工合同纠纷案件若干疑难问题的解答》（川高法民一〔2015〕3号）第十条①规定："建设工程施工合同中约定的正常使用条件下工程的保修期限低于国家和省级相关行政主管部门规定的最低期限的，该约定应认定无效。"

因此，若建设工程施工合同中约定正常使用条件下工程的保修期限低于法律、行政法规规定的最低期限，则该约定因违反法律、行政法规的强制性规定而无效。

二、风险提示：施工单位不履行或者拖延履行保修义务的，应承担相应的民事责任及行政责任

案例一

某建设开发公司与某投资公司建设工程施工合同纠纷

基本案情

某投资公司（发包人）与某建设开发公司（承包人）签订《建设工程施工合同》约定，某投资公司将"水性科技产业园项目"发包给某建设开发公司承建，若因承包人原因工程达不到合格，由承包人承担返修费用，直到达到合格。

后某投资公司因施工质量问题向某建设开发公司发送《工程联系单》，要求某建设开发公司进行维修，但某建设开发公司并未履行其维修义务。

---

① 已于2022年被重庆市高级人民法院、四川省高级人民法院《关于审理建设工程施工合同纠纷案件若干问题的解答》更新，原第十条无对应解答。

法院裁判

《中华人民共和国建筑法》第七十五条规定："建筑施工企业违反本法规定，不履行保修义务或者拖延履行保修义务的，对在保修期内因屋顶、墙面渗漏、开裂等质量缺陷造成的损失，承担赔偿责任。"根据该条款规定，建筑施工企业应履行保修义务，不履行或者拖延履行的，应承担相应的责任。某投资公司发函要求某建设开发公司履行保修义务以及起诉时均在案涉工程质保期内，某建设开发公司迟延履行保修义务，应对工程质量缺陷承担质保责任。

案例二

某房屋建筑工程质量问题行政处罚案

基本案情

A 公司施工建造的某小区 1—8 号楼于 2014 年 11 月竣工。2015 年起，案涉房屋外墙开始出现脱落、渗水问题。A 公司于 2015 年至 2017 年下半年期间陆续对该建设项目外墙进行局部修补，但外墙渗水问题仍未解决。由于小区业主不断投诉，衢州市建设工程质量监督站于 2018 年 8 月 10 日发函给 A 公司，要求其会同各方责任主体开展全面排查制定维修方案，尽快维修，但 A 公司迟迟未进场维修。

处罚结果

对 A 公司处罚款 180000 元，对直接负责人姜某处单位罚款 8% 的罚款，计 14400 元。

▦‖ 风险分析 ‖▦

《中华人民共和国建筑法》第七十五条规定："建筑施工企业违反本法规定，不履行保修义务或者拖延履行保修义务的，责令改正，可以处以罚款，并对在保修期内因屋顶、墙面渗漏、开裂等质量缺陷造成的损失，承担赔偿责任。"

《建设工程质量管理条例》第四十一条规定："建设工程在保修范围和保修期限内发生质量问题的，施工单位应当履行保修义务，并对造成的损失承担赔偿责任。"第六十六条规定："违反本条例规定，施工单位不履行保修义务或者拖延履行保修义务的，责令改正，处 10 万元以上 20 万元以下的罚款，并对在保修期内因质量缺陷造成的损失承担赔偿责任。"

《最高人民法院关于审理建设工程施工合同纠纷案件适用法律问题的解释（一）》第十八条规定："因保修人未及时履行保修义务，导致建筑物毁损或者造成人身损害、财产损失的，保修人应当承担赔偿责任。保修人与建筑物所有人或者发包人对建筑物毁损均有过错的，各自承担相应的责任。"

据此，保修义务属于施工单位的法定义务，施工单位不履行保修义务或者拖延履行保修义务的，应承担相应的民事责任及行政责任。

关于施工单位应承担的民事责任。通常情况下，发承包人双方会在施工合同及工程质量保修书中对承包人不履行保修义务的责任承担方式进行相应约定，如扣除质量保证金、支付违约金等，一旦承包人拒不履行保修义务，发包人就有权依照合同约定要求承包人承担违约责任。另外，由于承包人未修复或瑕疵修复工程，发包人为避免损失扩大，有权委托有资质的第三方单位进行维修，因此产生的修复费用由承包人承担。再者，工程质量问题不仅关系到使用建筑工程一方的人身、财产利益，也可能会侵害到第三方的人身、财产利益。若因工程质量缺陷造成人身、财产损害，受侵害人有权要求承包人承担损害赔偿责任。

除民事责任以外，施工单位拒绝履行或拖延履行工程质量维保义务的，可能面临相应的行政处罚，即主管部门有权对拒不履行维保义务的承包人责令其整改，并处以罚款。

三、风险提示：保修期内，建设单位未履行通知义务的修复费用承担问题

观点一：发包人虽然未履行通知承包人进行修复的义务，但并不免除承包人的维修义务，对于发生的合理修复费用，承包人应当承担

案例一

某房地产开发公司与某集团公司建设工程施工合同纠纷

基本案情

某房地产开发公司（发包人）与某集团公司（承包人）于2008年11月2日订立《建设工程施工合同》，约定由某集团公司承建某房地产开发公司开发的高层商住楼工程，且约定该工程屋面防水的保修期为5年。2012年5月10日，该工程中的D2楼竣工验收。2016年6月，某房地产开发公司在未通知某集团公司履行维修义务的情形下，委托第三方某防水工程公司进行D2楼屋面防水维修。后双方就维修费用的承担问题等产生争议诉至法院。

法院裁判

双方约定屋面防水的保修期为5年，D2楼于2012年5月10日竣工验收，某房地产开发公司委托第三方某防水工程公司进行D2楼屋面防水维修的时间在2016年6月和7月间，尚在质量保修期内。虽然某房地产开发公司未提交证据证明已通知某集团公司进行维修，但维修的事实存在，某房地产开发公司支付了本应由某集团公司承担的维修费用，且某集团公司要求给付的工程款中已包含了质保金，故维修费用应扣抵某集团公司的工程款。

观点二：发包人未经通知，自行委托第三人进行修复的，修复费用不应当由承包人承担

案例二

某殡葬管理处与某建设集团建设工程施工合同纠纷

基本案情

某建设集团与某殡葬管理处签订《建设工程施工合同》约定某建设集团对某殡仪馆搬迁工程进行施工。2012 年 3 月 5 日，案涉工程竣工并经验收合格。

2016 年 6 月起，某殡葬管理处先后委托案外人对殡仪馆部分防水工程进行维修。

法院裁判

某殡葬管理处与案外人签订维修合同，对殡仪馆防水工程进行维修，但是根据已查明的事实，某殡葬管理处并未提供证据证明其对质量问题进行固定，且未将所涉的质量问题及该处置办法的意见通知某建设集团；另某殡葬管理处委托案外人进行维修，但其所涉工程量较大，部分工程量甚至按上千平方米计算，其大面积施工是否超出因某建设集团质量问题而需进行维修的范围值得质疑。某殡葬管理处作为发包人就质量问题未通知承包人而自行修复，因改变了现场而无法判断是否为承包人的原因，故该不利后果应由某殡葬管理处自行承担。

▓▓ 风险分析 ▓▓

在工程质量不合格的时候，虽然根据修复责任承担的规定与约定，应当先行通知承包人进行修复，承包人拒绝修复时发包人才可以自行修复或者委托第三方修复。但是实务中，当工程质量存在质量问题时，双方往往

还存在其他争议，甚至处于对立状态，双方已经完全丧失信任关系。对于发包人在未通知承包人的情形下，自行或委托第三方进行修复的，发包人能否向承包人主张自行修复或委托第三方修复的费用，司法实践中存在认定差异。

比如《北京市高级人民法院关于审理建设工程施工合同纠纷案件若干疑难问题的解答》第三十条解答认为："因承包人原因致使工程质量不符合合同约定，承包人拒绝修复、在合理期限内不能修复或者发包人有正当理由拒绝承包人修复，发包人另行委托他人修复后要求承包人承担合理修复费用的，应予支持。发包人未通知承包人或无正当理由拒绝由承包人修复，并另行委托他人修复的，承包人承担的修复费用以由其自行修复所需的合理费用为限。"

但重庆市高级人民法院、四川省高级人民法院《关于审理建设工程施工合同纠纷案件若干问题的解答》第四条解答认为："承包人请求发包人支付工程价款，发包人以建设工程质量不符合合同约定或者法律规定为由主张权利的，应当区分情形分别予以处理：建设工程竣工验收后，发包人以建设工程质量不符合合同约定或者法律规定为由主张权利的，人民法院应当告知其按照建设工程有关质量缺陷责任、保修责任的规定进行处理。建设工程虽未竣工验收但发包人擅自使用后，发包人以建设工程质量不符合合同约定或者法律规定为由拒付工程价款或主张质量缺陷责任的，人民法院不予支持，但发包人有证据证明地基基础工程和主体结构工程存在重大质量问题的除外。建设工程完工后尚未进行竣工验收且发包人未擅自使用的，承包人请求发包人支付工程价款，应当根据发包人抗辩的具体内容分别作出处理：（一）以建设工程质量不符合合同约定或者法律规定为由拒绝支付工程款，发包人举证证明因承包人原因导致工程尚未进行竣工验收或申请司法鉴定确认建设工程质量不合格的，人民法院予以支持；（二）发包人根据《最高人民法院关于审理建设工程施工合同纠纷案件适用法律问题的解释（一）》第十二条之规定主张减少支付工程价款的，发包人能够举证证明应当减少的工程价款数额或者合理修复费用的，人民法院可以从工程价款中予以扣除；（三）发包人根据《最高人民法院关于审理建设工程施工合同纠纷案件适用法律问题的解释（一）》第十六条之规定主张承包人承担违约金或者赔偿修理、返工、改建的合理费用等损失的，人民法院可告知发包人提起反诉。"

四、风险提示：建设工程施工合同无效，承包人仍应承担保修责任

案例

某置业公司与某建设集团建设工程施工合同纠纷

基本案情

某置业公司与某建设集团签订了建设工程施工合同，约定某置业公司将某工程发包给某建设集团。2012 年 12 月 18 日，某建设集团向某置业公司提交该工程投标文件。某建设集团中标后，双方于 2013 年 4 月 1 日签订了备案合同。后双方因工程款、停工损失等问题诉至法院。诉讼过程中，经鉴定，该工程土建部分、给排水、暖通部分、电气部分及卫生间漏水均存在一定程度的质量问题。

法院裁判

本案中，某建设集团承建某置业公司发包的某工程 1 号、4 号住宅楼及部分车库人防工程，属于法律规定必须进行招标投标的工程项目。某建设集团、某置业公司在招标投标前，先行订立了建设工程施工合同，进行了实质性的谈判并达成合意，属于先定后招。某建设集团、某置业公司作为招标人与投标人串通投标，导致招标投标流于形式，应当认定某建设集团中标无效。因中标无效，双方当事人就案涉工程签订的全部建设工程施工合同、补充协议、备案合同及备忘录，均违反了法律法规的强制性规定，应认定为无效合同。案涉建设工程施工合同虽为无效合同，但某建设集团作为承包人仍应承担案涉工程的质量保修责任，应承担相应的建设工程质量保修义务和责任。

风险分析

《建筑法》第六十二条规定："建筑工程实行质量保修制度。建筑工程

的保修范围应当包括地基基础工程、主体结构工程、屋面防水工程和其他土建工程，以及电气管线、上下水管线的安装工程，供热、供冷系统工程等项目；保修的期限应当按照保证建筑物合理寿命年限内正常使用，维护使用者合法权益的原则确定。具体的保修范围和最低保修期限由国务院规定。"

《建设工程质量管理条例》第三十九条规定："建设工程实行质量保修制度。建设工程承包单位在向建设单位提交工程竣工验收报告时，应当向建设单位出具质量保修书。质量保修书中应当明确建设工程的保修范围、保修期限和保修责任等。"

《北京市高级人民法院关于审理建设工程施工合同纠纷案件若干疑难问题的解答》第三十一条解答认为："建设工程施工合同无效，但工程经竣工验收合格并交付发包人使用的，承包人应依据法律、行政法规的规定承担质量保修责任。发包人要求参照合同约定扣留一定比例的工程款作为工程质量保修金的，应予支持。"

《浙江省高级人民法院民事审判第一庭关于审理建设工程施工合同纠纷案件若干疑难问题的解答》第二十条解答认为："建设工程施工合同无效，不影响发包人按合同约定、承包人出具的质量保修书或法律法规的规定，请求承包人承担工程质量责任。"

《安徽省高级人民法院关于审理建设工程施工合同纠纷案件适用法律问题的指导意见》第十四条规定："建设工程施工合同无效，但工程经竣工验收合格并交付发包人使用的，承包人应承担相应的工程保修义务和责任，发包人可参照合同约定扣留一定比例的工程款作为工程质量保修金。"

因此，施工合同无效后，作为合同组成部分的工程保修的约定也无效，对发承包双方不再具有法律约束力。但是法律、行政法规对施工单位的工程保修义务和责任进行了规定，因此即便约定无效施工合同的施工单位仍应承担法定的工程保修义务和责任。

五、应对指南

（一）施工单位应注重合同关于质量保证金条款的约定

质量保证金的返还条件、返还时间、返还方式属于建设工程领域的常见争议，主要原因是合同关于质量保证金的约定多会与质量保修责任相混淆，且质量保证金条款较为笼统、宽泛，因此，施工单位在合同签署阶段就应对此加以重视。

首先，施工单位在进行合同谈判及签署时，应对质量保证金的返还期限与保修期期限进行区分，尽量不以保修期届满作为质量保证金的返还期限，从而尽早地收回质量保证金。

其次，由于《建设工程质量保证金管理办法》属于部门规章，其位阶相对较低，如约定的质量保证金比例、返还期限超过规定不一定会被认定为无效。因此，施工单位应尽量将合同约定与《建设工程质量保证金管理办法》规定的期限保持一致，避免发包人规定的比例更高、返还期限更长而被认定为有效，从而拉长了质量保证金的收回期限。

再次，施工单位应当重视质量保证金的返还条件，尽量只将缺陷责任期届满作为质量保证金的返还条件，而不附加其他条件，从而降低施工单位向发包人要求返还质量保证金的成本。

最后，施工单位应当对发包人逾期返还质量保证金的违约责任进行约定，从而降低施工单位因发包人违约占用质量保证金而遭受的资金损失。

（二）施工单位应履行质量缺陷的维修义务，从而按时取得质量保证金

施工单位在缺陷责任期内的维修义务属于施工单位的法定义务，施工单位不得通过约定的方式进行免除，如施工单位未按照法律规定、合同约定履行维修义务，不仅将导致施工单位无法收回质量保证金，而且会导致施工单位承担更重的法律责任，遭受更重的经济损失。因此，当建设工程出现质量缺陷问题时，施工单位应当尽快按照规定和合同约定进行维修，并保留履行维修义务的相应证据，并在缺陷责任期满后及时向发包人申请退还质量保证金。

（三）加强施工质量管理，从根本上防范质量保修风险

首先，施工单位应注重施工过程性管理，提高一次施工质量合格率，减少潜在缺陷；其次，施工单位应具有资料留存意识，对相应施工资料进行妥善保管，避免人员更换而导致施工资料遗失的情况；再次，施工单位应定期对建设工程项目进行定期回访，及时发现隐患，尽可能减少因施工质量问题而导致的损失。

（四）事先明确约定保修义务，事后注意证据留存

首先，重视质量保证书的签署。质量保证书的内容应该明确、具体，避免出现责任约定混淆、不清晰的情况，特别是对保修责任、保修范围、保修期限、保修金返还方式和期限等要约定明确。

其次，应做好保修记录，以书面形式对保修问题、保修结果等保修情况进行详细记录并拍照留存，防止发生诉讼后无法举证的风险。

最后，施工单位保修义务履行完毕后，应取得发包人对维修质量予以接受的书面文件，对质量存在争议的，应及时申请质量检验部门进行鉴定。

后记

2020 年我与刘俊律师合著出版《商品房销售疑难法律问题与典型案例裁判观点》后，就开始构思建设工程全流程法律风险防范，确定了写作的主要思路、框架以及各板块提纲。随后两年多的时间里，我在个人自媒体平台上陆续发表了部分文章（目前已修改并收录了本书部分章节）。2023 年初，华中科技大学出版社邀请我所出版企业风险防控系列丛书，确定了由我负责《建设工程全流程风险防控一本通》编写。借此机会，我立足原有的思考和成果，适当调整了提纲及写作思路，组织团队成员分工撰写各板块初稿，经我审阅提出修改意见后，再由团队成员修改，最后由我审改定稿。在写作过程中，我们尽了最大努力来撰写，最后统稿时我也进行了反复的校对及调整，力求本书各篇章风格一致。出版前我又根据新颁布的政策、文件完善此书，尽管如此，书中的观点表达、案例使用等难免存在不当甚至错误之处，恳请读者批评指正。

钟俊芳

二○二四年十月二十日于四川成都